高等学校物理及光电类专业适用教材

数学物理方法

王友年 宋远红 张钰如 主编

第二版

大连理工大学出版社
Dalian University of Technology Press

图书在版编目(CIP)数据

数学物理方法 / 王友年，宋远红，张钰如主编. —
2 版. — 大连 ：大连理工大学出版社，2015.9(2022.7 重印)
ISBN 978-7-5685-0114-9

Ⅰ．①数… Ⅱ．①王… ②宋… ③张… Ⅲ．①数学物
理方法—高等学校—教材 Ⅳ．①O411.1

中国版本图书馆 CIP 数据核字(2015)第 209583 号

大连理工大学出版社出版

地址:大连市软件园路 80 号　邮政编码:116023
发行:0411-84708842　传真:0411-84701466　邮购:0411-84703636
E-mail:dutp@dutp.cn　URL:http://www.dutp.cn
大连图腾彩色印刷有限公司印刷　　大连理工大学出版社发行

幅面尺寸:160mm×230mm　　　印张:16.25　　字数:316 千字
2014 年 9 月第 1 版　　　　　　　　　　2015 年 9 月第 2 版
2022 年 7 月第 6 次印刷

责任编辑:陈　玫　　　　　　　　　责任校对:来庆妮
封面设计:宋善怡

ISBN 978-7-5685-0114-9　　　　　　　定　价:36.00 元

前　言

　　"数学物理方法"是高等学校物理及光电类等相关专业的一门重要的本科生基础课,它是"电动力学""量子力学"等后续课程的基础。同时,它在自然科学及应用技术等领域也具有广泛的应用。

　　目前,国内已有很多关于"数学物理方法"的优秀教材,如郭敦仁教授、梁昆森教授及吴崇试教授等分别所著的同名教材。但自 2000 年以来,国内各高校物理类专业的"数学物理方法"课程的学时数普遍地受到压缩,有的学校甚至把该课程压缩到 80 学时以内。如何能在较短的学时内把数学物理方法的主要知识传授给学生,是一项非常艰巨的任务。为了做到这一点,作者在编写本书时,重点做了两方面的尝试:一是在不失数学理论的严谨性和课程内容的完整性的前提下,尽量避免过多的数学公式推导和证明,而侧重于数学方法在解决实际物理问题中的应用;二是尽量使各章的前后顺序安排更加合理,前后内容相互连贯,层次清晰。

　　本书包括复变函数、数学物理方程及特殊函数三大部分内容,共分十四章。第一部分主要介绍复变函数、复变函数的积分、解析函数的幂级数展开、留数定理及应用、傅里叶变换和拉普拉斯变换;第二部分主要介绍数学物理方程的建立、分离变量法、傅里叶级数展开法、积分变换法及格林函数法;第三部分主要介绍球函数、柱函数及量子力学中的厄密函数和广义拉盖尔函数。

　　这里需要对上述课程内容编排进行几点说明:(1)为了突出课程内容的前后连贯性,首先系统介绍求解数学物理方程的几种不同的方法,然后再专门介绍分离变量过程中遇到的几种特殊函数;(2)在分离变量法这一章,系统地介绍了三种不同形式的数学物理方程(波动方程、输运方程及泊松方程)在四种不同坐标系(直角坐标系、平面极坐标系、柱坐标系及球坐标系)中的分离变量方法;(3)在现有的一些"数学物理方法"教科书中,很少对厄密函数和广义拉盖尔函数进行介绍。即便是有,也是把它们放在附录中。但这两种特殊函数是量子力学的重要数学工具。为此,本书在第三部分中专门用一章对这两种特殊函数的引入及其性质进行详细的介绍。

　　本书可作为高等学校物理及光电类专业的"数学物理方法"课程教材,也可作为高等学校其他相关专业的教学参考用书。

　　本书是根据作者自 2000 年以来在为大连理工大学物理和光电类专业本

科生讲授"数学物理方法"课程的讲义整理而成的。大连理工大学物理与光电学院宋鹤山教授对本书第十四章的编写提出了许多宝贵意见,特此致谢。此外,赵书霞、高飞和张钰如三位青年教师也参与了本书的文字和公式校对,尤其是张钰如老师对本书进行了通篇校对,在此一并向他们表示感谢。

限于作者的学识水平,本书在内容的取舍和编排、基本概念和方法的叙述等方面难免存在一些不当之处,恳请读者批评指正。

编　者

2014 年 3 月于大连理工大学

目　录

第一篇　复变函数

第二篇　数学物理方程

第三篇　特殊函数

第一篇　复变函数

第一章 复变函数

复变函数论在许多科学技术中有着广泛的应用,特别是它是物理学的重要数学工具。本章首先简要回顾一下复数的基本概念和运算规则,在此基础上再进一步介绍复变函数的基本概念、复变函数的导数、解析函数及多值函数等。其中解析函数是一个重要的概念,它将贯穿本书的整个复变函数论中。

§1.1 复数的概念及运算

1. 复数的概念

(1)复数的定义

一个复数 z 可以表示成

$$z = x + \mathrm{i}y \tag{1.1-1}$$

其中 $x = \mathrm{Re}z$,是复数的实部;$y = \mathrm{Im}z$,是复数的虚部;$\mathrm{i} = \sqrt{-1}$,是虚数单位。

(2)复数的矢量表示式

如果把复数的实部 x 和虚部 y 看成是平面直角坐标系中的一点 (x, y),则复数 z 与平面上的点是一一对应的,称该平面为复平面,见图1-1。也就是说,一个复数与平面直角坐标系中的一个矢量相对应。

(3)复数的三角函数表示式

如果将平面直角坐标系 (x, y) 变换成平面极坐标系 (r, θ),即

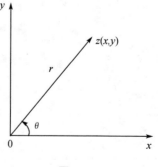

图 1-1

$$\begin{cases} x = r\cos\theta \\ y = r\sin\theta \end{cases}, \text{其中} \begin{cases} r = \sqrt{x^2 + y^2} \\ \theta = \arctan\left(\dfrac{y}{x}\right) \end{cases} \tag{1.1-2}$$

则复数 z 在平面极坐标系中的表示式为

$$z = r(\cos\theta + i\sin\theta) \tag{1.1-3}$$

其中 $r = |z|$ 是复数的模；θ 是复数的辐角，记作 Arg z。

(4) 复数的指数表示式

利用欧拉公式，也可以把复数写成指数形式的表示式，即

$$z = re^{i\theta} \tag{1.1-4}$$

注意，一个复数的辐角不是唯一的，它可以任意增加或减少 2π 的整数倍，即

$$\text{Arg } z = \arg z + 2\pi k \quad (k = 0, \pm 1, \pm 2, \pm 3, \cdots) \tag{1.1-5}$$

其中 $\arg z \in [0, 2\pi]$，为主辐角。

(5) 共轭复数

与复数 z 对应的共轭复数为

$$z^* = x - iy \tag{1.1-6}$$

或

$$z^* = re^{-i\theta} \tag{1.1-7}$$

即 z 与 z^* 是一对共轭复数，它们的模相等，且关于实轴对称。

2. 复数的运算法则

令两个复数分别为 $z_1 = x_1 + iy_1$ 及 $z_2 = x_2 + iy_2$，则有

加（减）法规则：

$$z_1 \pm z_2 = (x_1 \pm x_2) + i(y_1 \pm y_2) \tag{1.1-8}$$

乘法规则：

$$z_1 \cdot z_2 = (x_1 x_2 - y_1 y_2) + i(x_1 y_2 + x_2 y_1) \tag{1.1-9}$$

除法规则：

$$\frac{z_1}{z_2} = \frac{(x_1 x_2 + y_1 y_2) - i(x_1 y_2 - x_2 y_1)}{x_2^2 + y_2^2} \quad (z_2 \neq 0) \tag{1.1-10}$$

如果利用复数的指数表示式，则可以很方便地对复数进行乘法、除法、乘方及开方等运算。令两个复数分别为 $z_1 = r_1 e^{i\theta_1}$ 及 $z_2 = r_2 e^{i\theta_2}$，则有

$$\begin{aligned} z_1 \cdot z_2 &= r_1 r_2 e^{i(\theta_1 + \theta_2)} \\ &= r_1 r_2 [\cos(\theta_1 + \theta_2) + i\sin(\theta_1 + \theta_2)] \end{aligned} \tag{1.1-11}$$

$$\begin{aligned} \frac{z_1}{z_2} &= \frac{r_1}{r_2} e^{i(\theta_1 - \theta_2)} \\ &= \frac{r_1}{r_2} [\cos(\theta_1 - \theta_2) + i\sin(\theta_1 - \theta_2)] \end{aligned} \tag{1.1-12}$$

$$\begin{aligned} z^n &= r^n e^{in\theta} \\ &= r^n [\cos(n\theta) + i\sin(n\theta)] \quad (n \text{ 为整数}) \end{aligned} \tag{1.1-13}$$

$$\sqrt[n]{z} = \sqrt[n]{r}\, e^{i\theta/n} \tag{1.1-14}$$

$$= \sqrt[n]{r}\,[\cos(\theta/n) + i\sin(\theta/n)] \quad (n \text{ 为整数})$$

注意,由于复数 z 的辐角不是唯一的,可以加减 2π 的整数倍[见式(1.1-5)],则根式 $\sqrt[n]{z}$ 的辐角也可以相应地加减 $2\pi/n$ 的整数倍,即

$$\mathrm{Arg}\,\sqrt[n]{z} = \theta/n \tag{1.1-15}$$

$$= \frac{1}{n}\mathrm{arg}z + \frac{2\pi k}{n} \quad [k = 0, \pm1, \pm2, \cdots, \pm(n-1)]$$

可见,对于给定的 n,根式 $\sqrt[n]{z}$ 有 n 个不同的值。

例 1 证明 $(\cos\theta + i\sin\theta)^n = \cos(n\theta) + i\sin(n\theta)$。

解:根据式(1.1-13),令 $r = 1$,则有

$$(e^{i\theta})^n = \cos(n\theta) + i\sin(n\theta)$$

根据欧拉公式,有 $e^{i\theta} = \cos\theta + i\sin\theta$,将它代入上式的左边,则可以得到

$$(\cos\theta + i\sin\theta)^n = \cos(n\theta) + i\sin(n\theta) \tag{1.1-16}$$

该式称为棣莫弗公式。

例 2 计算复数 $\sqrt{1+i}$ 的值。

解:由于 $z = 1 + i = \sqrt{2}\, e^{i\pi/4 + i2\pi k}$,则

$$\sqrt{1+i} = \sqrt{\sqrt{2}\, e^{i\pi/4 + i2\pi k}} = 2^{1/4} e^{i\pi/8 + i\pi k}$$

它有两个值,分别为

$$\sqrt[4]{2}\,[\cos(\pi/8) + i\sin(\pi/8)],$$

$$-\sqrt[4]{2}\,[\cos(\pi/8) + i\sin(\pi/8)]。$$

§1.2 复变函数

1. 复变函数的概念

当复变量 $z = x + iy$ 在复平面上某个点集 E(复数的集合)中连续变动时,有一个或多个复数值 w 与之相对应,则称 w 为复变量 z 的函数,即复变函数

$$w = f(z) \qquad z \in E \tag{1.2-1}$$

与复变量 $z = x + iy$ 一样,复变函数 $f(z)$ 也可以用实部和虚部来表示

$$f(z) = u(x, y) + iv(x, y) \tag{1.2-2}$$

不过它的实部 $u(x, y)$ 和虚部 $v(x, y)$ 都是实变量 x 和 y 的二元函数,即一个复变函数是两个二元函数的有序组合。

2. 区域的概念

在复变函数论中,通常讨论的是一种特殊性质的复变函数,即解析函数(其定义将在后面给出)。对于这类函数,其定义域不是一般的点集,而是满足一定条件的特殊点集,称之为区域,用 D 表示。

下面先介绍几个与区域有关的概念:

(1) **邻域**:以复数 z_0 为圆心,以任意小的正实数 ε 为半径作一个圆,则圆内所有点的集合称为 z_0 的邻域。

(2) **内点**:若 z_0 及其邻域均属于点集 E,则称 z_0 为点集的内点。

(3) **外点**:若 z_0 及其邻域均不属于点集 E,则称 z_0 为点集的外点。

(4) **边界点**:若在 z_0 的每个邻域内,既有属于点集 E 的点,也有不属于点集 E 的点,则称 z_0 为点集的边界点。边界点的全体称为边界或边界线。

(5) **区域**:区域就是复变量 z 在复平面上的取值范围,但严格地说,它是应满足如下两个条件的点集:

① 全部由内点构成;

② 具有连通性,即点集中的任意两个点均可以用一条折线连接起来,且折线上的点全部属于该点集。

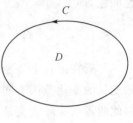

图 1-2

(6) **边界的走向**:如果沿着边界走,区域 D 总在左方,则该走向定义为边界的正方向。如图 1-2 中的 C 就是区域 D 的边界,箭头所指示的方向就是边界的正方向。

(7) **闭区域**:由区域 D 及边界线所组成点集为闭区域,用 $\bar{D}=D+C$ 来表示。

在复变函数论中,有不同形状的区域,如圆形区域 $|z|<R$,环形区域 $R_1<|z|<R_2$,及位于上半平面的半圆形区域 $|z|<R,\operatorname{Im}z>0$ 等,其中 R,R_1 和 R_2 均为大于零的实数,见图 1-3。

§1.3 复变函数的导数

1. 复变函数的连续性

与实变函数一样,复变函数也有它的极限和连续性。复变函数的连续性定义为:当复变量 z 在复平面上趋于某一定点 z_0 时,与之对应的复变函数 $f(z)$ 也趋于一个确定的值 $f(z_0)$,即

$$\lim_{z \to z_0} f(z) \to f(z_0) \tag{1.3-1}$$

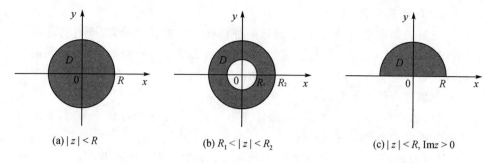

(a) $|z| < R$ (b) $R_1 < |z| < R_2$ (c) $|z| < R, \mathrm{Im}\, z > 0$

图 1-3

由于复变函数 $f(z)$ 可以用两个二元实变函数 $u(x,y)$ 和 $v(x,y)$ 来表示[见式(1.2-2)]，这样复变函数 $f(z)$ 的连续性则归结于这两个二元函数的连续性问题，即

$$\text{当} \begin{cases} x \to x_0 \\ y \to y_0 \end{cases} \text{时，要求有} \begin{cases} u(x,y) \to u(x_0,y_0) \\ v(x,y) \to v(x_0,y_0) \end{cases}$$

尽管在形式上复变函数的极限和连续性与实变函数相同，但由于两者的变量的变化范围不同（一个是在复平面上变化，另一个是在实轴上变化），因此两者的实际含义是不同的。

2. 复变函数的导数

设 $w = f(z)$ 是区域 D 中的单值函数，即对于 D 的每一个 z 值，只有一个 w 值与之相对应。若对于 D 内某点 z，有极限

$$\lim_{\Delta z \to 0} \frac{\Delta w}{\Delta z} = \lim_{\Delta z \to 0} \frac{f(z + \Delta z) - f(z)}{\Delta z}$$

存在，且与 $\Delta z \to 0$ 的方式无关，则称函数 $w = f(z)$ 在 z 点的导数存在，并记为

$$f'(z) = \frac{\mathrm{d}f(z)}{\mathrm{d}z} = \lim_{\Delta z \to 0} \frac{f(z + \Delta z) - f(z)}{\Delta z} \tag{1.3-2}$$

对于复变函数的导数，需要做如下几点说明：

(1)若 $f(z)$ 在 z 点可导，则它一定在 z 点连续；反之，不一定成立。例如，对于 $f(z) = x$，它在全平面上连续，但却是处处不可导，这是因为

$$\frac{f(z + \Delta z) - f(z)}{\Delta z} = \frac{\Delta x}{\Delta x + \mathrm{i} \Delta y}$$

的值与 $\Delta z \to 0$ 的方式有关。例如，当 Δz 沿着实轴趋于零时，即 $y = 0, \Delta x \to 0$，上式的极限值为 1；当 Δz 沿着虚轴趋于零时，即 $x = 0, \Delta y \to 0$，上式的极限值为 0。

(2)可以看出，复变函数导数的定义在形式上与实变函数的定义完全相

同。因此,可以把实变函数的导数规则应用到复变函数上,如

$$\frac{\mathrm{d}}{\mathrm{d}z}(w_1 \pm w_2) = \frac{\mathrm{d}w_1}{\mathrm{d}z} \pm \frac{\mathrm{d}w_2}{\mathrm{d}z}$$

$$\frac{\mathrm{d}}{\mathrm{d}z}(w_1 \cdot w_2) = w_2 \frac{\mathrm{d}w_1}{\mathrm{d}z} + w_1 \frac{\mathrm{d}w_2}{\mathrm{d}z}$$

$$\frac{\mathrm{d}}{\mathrm{d}z}\left(\frac{w_1}{w_2}\right) = \frac{w_2 w'_1 - w_1 w'_2}{w_2^2}$$

(3)虽然在形式上复变函数的导数定义与实变函数的导数定义相同,但实质上两者有很大的差别。对于实变函数 $f(x)$,它的导数存在,要求 Δx 沿着实轴趋于零;而对于复变函数 $f(z)$,它的导数存在,则要求 Δz 可以在复平面上沿任一条路径趋于零。因此,与实变函数相比,对复变函数可导性存在的要求要苛刻得多。

3. 柯西-黎曼条件

如果复变函数 $f(z) = u(x,y) + iv(x,y)$ 在区域 D 中的导数存在,则有

$$\begin{cases} \dfrac{\partial u}{\partial x} = \dfrac{\partial v}{\partial y} \\ \dfrac{\partial u}{\partial y} = -\dfrac{\partial v}{\partial x} \end{cases} \tag{1.3-3}$$

式(1.3-3)称为柯西-黎曼(Cauchy-Riemann)条件(或简称 C-R 条件)。下面对这个条件进行证明。

由于函数 $f(z)$ 可导,则有

$$f'(z) = \lim_{\Delta z \to 0} \frac{\Delta u + \mathrm{i}\Delta v}{\Delta x + \mathrm{i}\Delta y} \tag{1.3-4}$$

当 Δz 沿着平行于实轴的方向趋于零时,有 $\Delta y = 0$,$\Delta x \to 0$,则有

$$f'(z) = \lim_{\Delta z \to 0} \frac{\Delta u + \mathrm{i}\Delta v}{\Delta x} = \frac{\partial u}{\partial x} + \mathrm{i}\frac{\partial v}{\partial x} \tag{1.3-5}$$

当 Δz 沿着平行于虚轴的方向趋于零时,有 $\Delta y \to 0$,$\Delta x = 0$,则有

$$f'(z) = \lim_{\Delta z \to 0} \frac{\Delta u + \mathrm{i}\Delta v}{\mathrm{i}\Delta y} = -\mathrm{i}\frac{\partial u}{\partial y} + \frac{\partial v}{\partial y} \tag{1.3-6}$$

由于 $f(z)$ 的导数存在与 $\Delta z \to 0$ 的方式无关,这样式(1.3-5)的右边应与式(1.3-6)的右边相等,由此可以得到 C-R 条件。

在平面极坐标系 (r,θ) 中,利用 $z = re^{i\theta}$ 及 $\Delta z = (\Delta r + ir\Delta\theta)e^{i\theta}$,则类似地可以证明:极坐标系中的 C-R 条件为

$$\begin{cases} \dfrac{\partial u}{\partial r} = \dfrac{1}{r}\dfrac{\partial v}{\partial \theta} \\ \dfrac{1}{r}\dfrac{\partial u}{\partial \theta} = -\dfrac{\partial v}{\partial r} \end{cases} \tag{1.3-7}$$

例 1　证明函数 $\cos z$ 的实部和虚部满足 C-R 条件。

解：由函数 $\cos z$ 的定义，有

$$\cos z = \frac{1}{2}(e^{iz} + e^{-iz})$$

$$= \frac{1}{2}(e^y + e^{-y})\cos x - i\frac{1}{2}(e^y - e^{-y})\sin x$$

$$\equiv u(x,y) + iv(x,y)$$

由此可以得到

$$\frac{\partial u}{\partial x} = -\frac{1}{2}(e^y + e^{-y})\sin x = \frac{\partial v}{\partial y}$$

$$\frac{\partial u}{\partial y} = \frac{1}{2}(e^y - e^{-y})\cos x = -\frac{\partial v}{\partial x}$$

即 $\cos z$ 的实部和虚部满足 C-R 条件。

§1.4　解析函数

1. 解析函数的定义

如果一个复变函数 $f(z)$ 在区域 D 中处处可导，则称 $f(z)$ 为解析函数。因此，我们判断一个函数 $f(z)$ 是否解析，首先应确定在所讨论的区域内该函数的实部和虚部是否满足 C-R 条件。例如，对于幂函数 $f(z) = z^n$ 或指数函数 $f(z) = e^z$，可以验证它们在全平面上都是解析的。

需要说明的是，解析函数的定义要求该函数在考虑的区域中是处处可导的。这样，如果一个函数在某一点解析，则在该点一定可导，反之却不一定成立。也就是说，复变函数 $f(z)$ 在某点上的可导与解析是不等价的，只有在所考虑的全区域中，函数的解析与可导才是等价的。

2. 解析函数与调和函数

我们将在 §2.3 节中证明，如果一个函数在某个区域解析，则它的高阶导数存在，即它的实部和虚部的高阶偏导都是存在的。这样根据 C-R 条件

$$\frac{\partial u}{\partial x} = \frac{\partial v}{\partial y}, \quad \frac{\partial u}{\partial y} = -\frac{\partial v}{\partial x}$$

可以得到

$$\frac{\partial^2 u}{\partial x^2} + \frac{\partial^2 u}{\partial y^2} = 0 \tag{1.4-1}$$

及

$$\frac{\partial^2 v}{\partial x^2} + \frac{\partial^2 v}{\partial y^2} = 0 \tag{1.4-2}$$

方程(1.4-1)或(1.4-2)是一个典型的二维拉普拉斯方程。如一个二元函数 $u(x,y)$ 或 $v(x,y)$ 满足二维拉普拉斯方程,则这个函数被称为**调和函数**。可见,解析函数的实部和虚部都是调和函数,而且还是一对共轭的调和函数。

如果我们把一个调和函数看成是一个解析函数的实部(或虚部),并利用 C-R 条件求出相应的虚部(或实部),就可以确定出这个解析函数。例如,假设函数 $u(x,y)$ 是一个调和函数,并把它看作是一个解析函数的实部。这样,它的虚部的全微分为

$$dv(x,y) = \frac{\partial v}{\partial x}dx + \frac{\partial v}{\partial y}dy \tag{1.4-3}$$

利用 C-R 条件,则可以进一步得到

$$dv(x,y) = -\frac{\partial u}{\partial y}dx + \frac{\partial u}{\partial x}dy \tag{1.4-4}$$

于是,可以得到

$$v(x,y) = \int^{(x,y)} \left(-\frac{\partial u}{\partial y}dx + \frac{\partial u}{\partial x}dy \right) \tag{1.4-5}$$

计算 $v(x,y)$ 的方法有如下三种:

(1)**曲线积分法**　我们知道,一个无源的静电势函数要满足拉普拉斯方程,而且由于它是一个保守势,对应的静电力所做的功与路径无关。现在 u(或 v)是调和函数,就相当于一个静电势函数,因此式(1.4-5)中的积分与路径无关。这样,我们可以选取某种特殊的路径,使得积分容易算出。如选取积分路径为$(0,0)\rightarrow(x,0)\rightarrow(x,y)$,这样可以把式(1.4-4)写成

$$v(x,y) = -\int_{(0,0)}^{(x,0)} \frac{\partial u}{\partial y}dx + \int_{(x,0)}^{(x,y)} \frac{\partial u}{\partial x}dy + c \tag{1.4-6}$$

其中 c 为积分常数。

(2)**凑成全微分法**　对于某些特殊形式的调和函数,可以把式(1.4-5)的右端凑成一个全微分,这样就自然求出积分了。

(3)**不定积分法**　在这种方法中,可以先假定 x(或 y)不变,对 y(或 x)进行积分。例如,先假定 x 不变,这样可以将式(1.4-5)写成

$$v(x,y) = \int \frac{\partial u}{\partial x}dy + \varphi(x) \tag{1.4-7}$$

或先假定 y 不变,有

$$v(x,y) = -\int \frac{\partial u}{\partial y}dx + \psi(y) \tag{1.4-8}$$

然后,再利用 C-R 条件,确定待定函数 $\varphi(x)$ 或 $\psi(y)$。

例 1　已知调和函数 $u(x,y) = xy$ 是某个解析函数的实部,确定这个解

析函数的形式。

解：根据 $u(x,y)=xy$，可以得到

$$\frac{\partial u}{\partial x}=y \text{ 及 } \frac{\partial u}{\partial y}=x$$

下面采用上述三种不同的方法来确定出这个解析函数的虚部 $v(x,y)$。

(1)曲线积分法

根据式(1.4-6)，可以得到

$$v(x,y)=-\int_{(0,0)}^{(x,0)}x\mathrm{d}x+\int_{(x,0)}^{(x,y)}y\mathrm{d}y+c$$

$$=-\frac{1}{2}(x^2-y^2)+c$$

(2)凑成全微分法

直接根据式(1.4-5)，可以得到

$$v(x,y)=\int^{(x,y)}(-x\mathrm{d}x+y\mathrm{d}y)$$

$$=-\frac{1}{2}\int^{(x,y)}\mathrm{d}(x^2-y^2)$$

$$=-\frac{1}{2}(x^2-y^2)+c$$

(3)不定积分法

根据式(1.4-7)，可以得到

$$v(x,y)=\int y\mathrm{d}y+\varphi(x)$$

$$=\frac{1}{2}y^2+\varphi(x)$$

将上式对 x 求导，则有 $\frac{\partial v}{\partial x}=\varphi'(x)$。再利用 C-R 条件 $-\frac{\partial u}{\partial y}=\frac{\partial v}{\partial x}$，则可以得到

$$\varphi'(x)=-x$$

完成对 x 的积分后，最后得到

$$\varphi(x)=-\frac{1}{2}x^2+c$$

$$v(x,y)=-\frac{1}{2}(x^2-y^2)+c$$

最后，我们得到解析函数 $f(z)$ 的形式为

$$f(z)=xy-\mathrm{i}\frac{1}{2}(x^2-y^2)+\mathrm{i}c$$

$$=-\mathrm{i}z^2/2+\mathrm{i}c$$

§1.5 几种简单的解析函数

对于实变函数,有一些初等的函数,如幂函数 x^n,指数函数 e^x,三角函数 $\sin x$ 和 $\cos x$ 等。对于复变函数,同样也有这样一些简单的函数,如 z^n,e^z,$\sin z$ 及 $\cos z$ 等。可以将这些初等复变函数看成是初等实变函数在复数领域的推广,但它们之间的性质有着许多本质的不同。

(1)幂函数

$$f(z) = z^n \tag{1.5-1}$$

当 $n \geqslant 0$ 时,该函数在全复平面上解析;当 $n < 0$ 时,该函数在 $|z| > 0$ 的区域内处处解析。幂函数的导数为

$$f'(z) = (z^n)' = nz^{n-1} \tag{1.5-2}$$

对于多项式

$$f(z) = \sum_{n=0}^{N} a_n z^n \tag{1.5-3}$$

也具有与幂函数相同的性质,其中系数 a_n 为复常数。

(2)指数函数

$$f(z) = e^z = e^x(\cos y + i\sin y) \tag{1.5-4}$$

可以证明指数函数在全复平面上解析,且

$$(e^z)' = e^z \tag{1.5-5}$$

但在无穷远点无定义,因为很容易验证它沿实轴和虚轴趋于无穷的极限不一样。此外,很容易证明复变指数函数具有周期性,其周期为 $2\pi i$,即 $e^z = e^{z+2\pi i}$。

(3)三角函数

$$f(z) = \sin z = \frac{1}{2i}(e^{iz} - e^{-iz})$$

$$\tag{1.5-6}$$

$$f(z) = \cos z = \frac{1}{2}(e^{iz} + e^{-iz})$$

可以证明,$\sin z$ 与 $\cos z$ 在全复平面上解析,且有

$$(\sin z)' = \cos z, \quad (\cos z)' = -\sin z \tag{1.5-7}$$

应注意,由于 z 是复变量,$\sin z$ 及 $\cos z$ 的绝对值可以大于 1,这一点与对应的实变函数不同。如

$$\sin(i) = \frac{1}{2i}(e^{-1} - e^1) = 1.1755i$$

$$\cos(i) = \frac{1}{2}(e^{-1} + e^1) = 1.54308$$

可见有 $|\sin(i)|>1$ 及 $|\cos(i)|>1$。尽管它们各自的绝对值大于 1,但却遵从实数三角函数的公式:

$$\sin^2 z + \cos^2 z = 1 \tag{1.5-8}$$

此外,这两种三角函数的周期为 2π,这一点与实变函数相同。

对于其他复变三角函数,如 $\tan z$,$\cot z$,$\sec z$ 及 $\csc z$,可以用 $\sin z$ 和 $\cos z$ 来定义,其形式与实变量的情况是一样的。

(4)双曲函数

$$f(z) = \mathrm{sh}z = \frac{1}{2}(\mathrm{e}^z - \mathrm{e}^{-z})$$

$$\tag{1.5-9}$$

$$f(z) = \mathrm{ch}z = \frac{1}{2}(\mathrm{e}^z + \mathrm{e}^{-z})$$

它们在全复平面上处处解析,且

$$(\mathrm{sh}z)' = \mathrm{ch}z, \quad (\mathrm{ch}z)' = \mathrm{sh}z \tag{1.5-10}$$

它们的周期为 $2\pi\mathrm{i}$。

§1.6 多值函数

在 §1.1 节中我们已经看到,对于某些复数,如根式和自然对数,具有多值性。同样,对于一些复变函数也具有多值性,如根式函数、对数函数、反三角函数及反双曲函数等。下面以根式函数

$$w(z) = \sqrt{z} \tag{1.6-1}$$

为例,介绍一下多值函数的一些基本概念。

为了更清楚地看出它的多值性,我们令

$$z = r\mathrm{e}^{\mathrm{i}\vartheta}, \quad w = \rho\mathrm{e}^{\mathrm{i}\varphi}$$

这样有

$$\rho\mathrm{e}^{\mathrm{i}\varphi} = \sqrt{r}\mathrm{e}^{\mathrm{i}\vartheta/2}$$

由此可以得到

$$\rho = \sqrt{r}, \quad \varphi = \frac{\vartheta}{2} = \frac{1}{2}\arg z + n\pi \quad (n = 0, \pm 1, \pm 2, \cdots) \tag{1.6-2}$$

其中 $\arg z$ 是 z 的主辐角。显然,对于给定的一个 z,有两个 w 与之相对应:

$$w_1 = \sqrt{r}\mathrm{e}^{\mathrm{i}(\arg z)/2} \quad (\text{对应于 } n = 0, \pm 2, \cdots) \tag{1.6-3}$$

$$w_2 = \sqrt{r}\mathrm{e}^{\mathrm{i}(\arg z)/2 + \mathrm{i}\pi} = -\sqrt{r}\mathrm{e}^{\mathrm{i}(\arg z)/2} \quad (\text{对应于 } n = \pm 1, \pm 3, \cdots) \tag{1.6-4}$$

通常称 w_1 和 w_2 是多值函数 $f(z) = \sqrt{z}$ 的两个**单值分支**。这种函数的多值性来源于宗变量 z 的多值性。

复变函数 $f(z)=\sqrt{z}$ 的两个单值分支并不是互相独立的。为了说明这一点,我们在复平面上选一点 z_0,如图 1-4 所示。在该点,有 $w=w_1=\sqrt{r_0}\,e^{i(\arg z_0)/2}$。当 z 从 z_0 点出发,沿着包围 $z=0$ 的闭合围道 l 一周回到 z_0 点时,z 的辐角增加了 2π。根据式(1.6-2),w 的辐角相应地增加了 π,从而 $w=\sqrt{r_0}\,e^{i(\arg z_0)/2+i\pi}$。这样,$w$ 就从 w_1 分支进入了 w_2 分支。因此,多值函

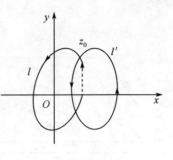

图 1-4

数 $w=\sqrt{z}$ 的两个单值分支 w_1 和 w_2 并不是独立的。如果当 z 从 z_0 点出发,沿着另一个不包围 $z=0$ 的闭合围道 l' 一周而回到 z_0 点时,由于 z 的辐角没有改变,因此 w 仍为 $\sqrt{r_0}\,e^{i(\arg z_0)/2}$,即仍然处于单值分支 w_1 中,没有进入单值分支 w_2。

从以上分析可以看出,对于函数 $w=\sqrt{z}$,$z=0$ 点具有这样的特征:当 z 绕着它一周回到原处时,多值函数 $w=\sqrt{z}$ 由一个分支进入另外一个分支。具有这种性能的点称为**多值函数的支点**。

除了 $z=0$ 点外,可以验证无穷远点 $z=\infty$ 也是多值函数 $w=\sqrt{z}$ 的一个支点。令 $t=1/z$,则 $w(z)=w(t)=1/\sqrt{t}$。当 t 绕 $t=0$ 一周回到原处时,$w(t)$ 的值不还原,因此 $t=0$ 是多值函数 $w(t)=1/\sqrt{t}$ 的支点,即 $z=\infty$ 是多值函数 $w(z)=\sqrt{z}$ 的一个支点。

为了更形象化地说明多值函数 $w(z)=\sqrt{z}$ 的变化情况,下面用作图法来进一步地描述,见图 1-5。这里约定,对于上面两个单值分支 $w_1(z)$ 和 $w_2(z)$,其宗变量 z 的取值范围分别是

$$w_1(z):0\leqslant\mathrm{Arg}z\leqslant2\pi$$
$$w_2(z):2\pi\leqslant\mathrm{Arg}z\leqslant4\pi$$

在上平面 T_1 上,从 $z=0$ 开始,沿正实轴方向至无穷远点将其割开,并规定割线的上下沿分别对应于 $\mathrm{Arg}z=0$ 和 $\mathrm{Arg}z=2\pi$。这样,当 z 在平面 T_1 上变化时,只要不跨越该割线,它的辐角就被限制在 $0\leqslant\mathrm{Arg}z\leqslant2\pi$,相应的函数 $w(z)$ 的值位于上半平面,即 $0\leqslant\mathrm{Arg}w\leqslant\pi$,见图 1-5(a)。

在平面 T_2 上,也作类似的割线,但割线的上下沿分别对应于 $\mathrm{Arg}z=2\pi$ 和 $\mathrm{Arg}z=4\pi$。同样,当 z 在平面 T_2 上变化时,只要不跨越该割线,它的辐角就被限制在 $2\pi\leqslant\mathrm{Arg}z\leqslant4\pi$,相应的函数 $w(z)$ 的值位于下半平面,即 $\pi\leqslant\mathrm{Arg}w\leqslant2\pi$。

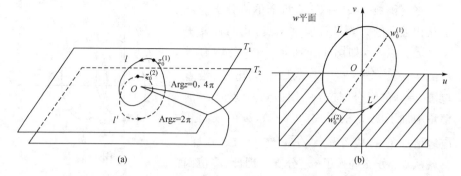

图 1-5

由于在割开的两个平面上,宗变量 z 变化时均不得跨越割线,这样任何闭合曲线都不把支点 $z=0$ 包含在内。因此,函数 $w=\sqrt{z}$ 也只能在一个单值分支上变化。

进一步地,将平面 T_1 和 T_2 按如下方式进行连接:将平面 T_1 的割线上缘(Arg$z=0$)与平面 T_2 的下缘(Arg$z=4\pi$)连接起来,而将平面 T_1 的割线下缘(Arg$z=2\pi$)与平面 T_2 的上缘(Arg$z=2\pi$)连接起来。这样就构成了一个双叶面,并称为函数 $w=\sqrt{z}$ 的黎曼面。

设 z 从平面 T_1 上某点 $z_0^{(1)}$ 出发,并连续变化。当它绕 $z=0$ 转一圈,它的轨迹 l 将跨越割线 Arg$z=2\pi$,并到达 T_2 平面上的 $z_0^{(2)}$ 点($z_0^{(1)}$ 与 $z_0^{(2)}$ 的复数值相同),相应的函数值也从 $w_0^{(1)}$ 沿着 l 相应的轨迹 L 到达 $w_0^{(2)}$,见图 1-5(b)。如果 z 继续绕 $z=0$ 一圈,它的轨迹 l' 将跨越连接起来的割线 Arg$z=0$ 和 Arg$z=4\pi$,并回到平面 T_1 上的 $z_0^{(1)}$ 点,相应的函数值也从 $w_0^{(2)}$ 沿着相应的轨迹 L' 回到 $w_0^{(1)}$。这样,我们看到两个单值分支相互连接,并可以连续过渡,从一支到达另一支。

习 题

1.计算下列复数的模 r 和辐角 θ。

$$(1)\ \frac{1}{2}-\mathrm{i}\frac{\sqrt{3}}{2}\ ;(2)\mathrm{i}^{\mathrm{i}}\ ;(3)(1-\mathrm{i})^4\ ;(4)\sqrt{1-\mathrm{i}}\ ;(5)\sqrt[\mathrm{i}]{\mathrm{i}}$$

2.下列式子在复平面上具有什么样的意义? 并做图。

$$(1)\mathrm{Im}z>2\ ;(2)\ |z|\leqslant1\ ;(3)\mathrm{Re}\left(\frac{1}{z}\right)=2\ ;(4)\left|\frac{z-1}{z+1}\right|\leqslant1\ ;$$

$$(5)0<\arg\frac{z-\mathrm{i}}{z+\mathrm{i}}<\frac{\pi}{4}$$

3.证明如下复变函数为在全复平面上的解析函数。

    $(1)z^2$；$(2)e^z$；$(3)\sin z$；$(4)ze^z$

4.已知解析函数的实部 $u(x,y)$ 或虚部 $v(x,y)$，求该解析函数。

    $(1)u=e^x\sin y$；$(2)u=e^x(x\cos y-y\sin y)$；$(3)u=x^2-y^2+xy$；

    $(4)v=\dfrac{y}{x^2+y^2}$

第二章　复变函数的积分

复变函数的积分是研究解析函数的一个重要工具,尤其是解析函数的一些性质都是通过复变函数积分来证明的。本章首先介绍复变函数积分的一些基本概念及性质,然后进一步讨论解析函数的积分行为,由此引出柯西定理和柯西公式。需要强调的是,柯西定理和柯西公式非常重要,它们是复变函数的理论基础。

§2.1　复变函数的积分

设 c 为复平面上的一条分段光滑的曲线,复变函数 $f(z)$ 在该曲线上有定义。现在把该曲线分成 n 段,如图 2-1 所示。设 τ_k 是 $[z_{k-1}, z_k]$ 段上的任意一点,作如下求和

$$\sum_{k=1}^{n} f(\tau_k)(z_k - z_{k-1}) = \sum_{k=1}^{n} f(\tau_k) \Delta z_k$$

其中当 $n \to \infty$ 时,使得 $\Delta z_k = z_k - z_{k-1} \to 0$。如果这个求和的极限存在,而且与 τ_k 点的选取无关,则这个求和的极限值就是函数 $f(z)$ 沿着该曲线的积分,记为

$$S = \lim_{n \to \infty} \sum_{k=1}^{n} f(\tau_k) \Delta z_k \equiv \int_c f(z) \mathrm{d}z$$

$$(2.1\text{-}1)$$

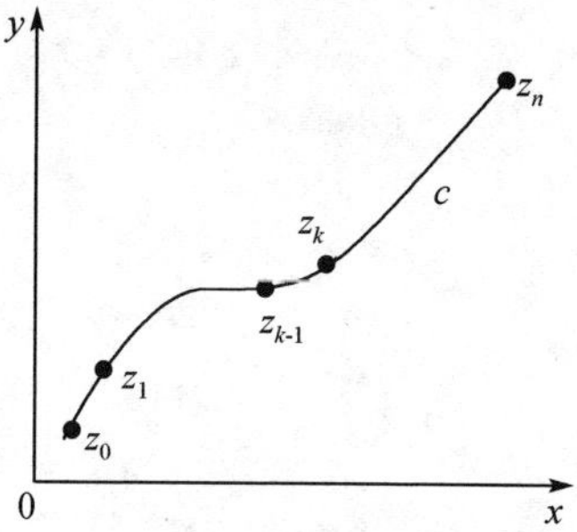

图 2-1

由于 $z = x + \mathrm{i}y$ 及 $f(z) = u(x, y) + \mathrm{i}v(x, y)$,则可以把式 (2.1-1) 的积分写成

$$S = \int_c [u(x,y)\mathrm{d}x - v(x,y)\mathrm{d}y] + \mathrm{i}\int_c [v(x,y)\mathrm{d}x + u(x,y)\mathrm{d}y]$$

$$(2.1\text{-}2)$$

由此可见,一个复变函数的积分可以归结为两个实变函数的积分。因此,实变函数的一些积分性质对复变函数的积分也适用。例如:

（1）函数和的积分等于各函数积分的和：

$$\int_c \sum_{k=1}^n f_k(z)\mathrm{d}z = \sum_{k=1}^n \int_c f_k(z)\mathrm{d}z \qquad (2.1\text{-}3)$$

（2）全路径上的积分等于各段积分之和：

$$\int_{\sum_{k=1}^n c_k} f(z)\mathrm{d}z = \sum_{k=1}^n \int_{c_k} f(z)\mathrm{d}z \qquad (2.1\text{-}4)$$

（3）反转积分路径，积分改变符号：

$$\int_c f(z)\mathrm{d}z = -\int_{c^-} f(z)\mathrm{d}z \qquad (2.1\text{-}5)$$

其中 c^- 表示与 c 相同但走向相反的曲线。

（4）积分不等式：

$$\left| \int_c f(z)\mathrm{d}z \right| \leqslant \int_c |f(z)|\,|\mathrm{d}z| \qquad (2.1\text{-}6)$$

$$\left| \int_c f(z)\mathrm{d}z \right| \leqslant ML \qquad (2.1\text{-}7)$$

其中 M 是 $|f(z)|$ 在曲线 c 上的最大值，L 是曲线 c 的长度。

在一般情况下，复变函数的积分不仅依赖于被积函数和积分的起点与终点，还与积分的路径有关。下节将看到，仅对于解析函数，积分才与路径无关。下面举例进行说明。

例 1　计算积分 $I = \displaystyle\int_c \mathrm{Re}z\mathrm{d}z$ 的值，其中积分路径 c 分别为

$c_1 : (0,0) \to (1,0) \to (1,1)$

$c_2 : (0,0) \to (0,1) \to (1,1)$

$c_3 : (0,0) \to (1,1)$

如图 2-2 所示。

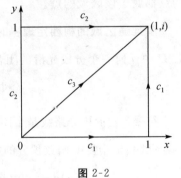

图 2-2

解：（1）沿着 c_1 的积分

$$I = \int_{c_1} x\mathrm{d}z = \int_0^1 x\mathrm{d}x + \int_0^1 1\mathrm{d}(\mathrm{i}y) = \frac{1}{2} + \mathrm{i}$$

（2）沿着 c_2 的积分

$$I = \int_{c_2} x\mathrm{d}z = 0 + \int_0^1 x\mathrm{d}x = \frac{1}{2}$$

（3）沿着 c_3 的积分

令 $z = (1+\mathrm{i})t$，则 $\mathrm{d}z = (1+\mathrm{i})\mathrm{d}t$，$\mathrm{Re}z = t$，则

$$I = \int_{c_3} x\mathrm{d}z = \int_0^1 t(1+\mathrm{i})\mathrm{d}t = \frac{1}{2}(1+\mathrm{i})$$

由此可见，对于不同的积分路径，积分的值也不同。

例 2   计算积分

$$I = \int_c \frac{\mathrm{d}z}{(z-a)^n}$$

的值,其中 c 是一个以 a(为任意复常数)为圆心,以 ρ 为半径的圆周(ρ 为定值),n 为整数。

解:设 $z-a = \rho e^{i\theta}$,则 $\mathrm{d}z = i\rho e^{i\theta}\mathrm{d}\theta$,

$$I = \int_0^{2\pi} \frac{i\rho e^{i\theta}\mathrm{d}\theta}{\rho^n e^{in\theta}} = \int_0^{2\pi} i\rho^{1-n} e^{i(1-n)\theta}\mathrm{d}\theta$$

当 $n = 1$ 时,上面的积分为 $2\pi i$;当 $n \neq 1$ 时,积分则为零。这样,有

$$\int_c \frac{\mathrm{d}z}{(z-a)^n} = \begin{cases} 2\pi i & (n = 1) \\ 0 & (n \neq 1) \end{cases} \tag{2.1-8}$$

这是一个很重要的积分结果,后面要用到。

§2.2   柯西定理

从上一节的讨论可知,在一般情况下,复变函数的积分不仅取决于积分的起点和终点,还与积分的路径有关。本节将要介绍的柯西定理就是讨论复变函数的积分与积分路径之间的关系。下面分两种情况来阐述柯西定理。

1. 单连通区域的柯西定理

所谓的单连通区域,就是指在该区域中作任何简单的闭合围道,围道内的点都属于该区域的点。

单连通区域的柯西定理:如果函数 $f(z)$ 在闭单连通区域 $\bar{D}$ 中解析,则沿着 $\bar{D}$ 中任何一个分段光滑的闭合围道 c 的积分为

$$\oint_c f(z)\mathrm{d}z = 0 \tag{2.2-1}$$

其中符号 $\oint$ 表示积分路线是个闭合曲线。

证明:根据复变函数积分的定义式(2.1-2),则有

$$\oint_c f(z)\mathrm{d}z = \oint_c (u\mathrm{d}x - v\mathrm{d}y) + i\oint_c (u\mathrm{d}y + v\mathrm{d}x) \tag{2.2-2}$$

利用格林公式

$$\oint_c (P\mathrm{d}x + Q\mathrm{d}y) = \iint_S \left(\frac{\partial Q}{\partial x} - \frac{\partial P}{\partial y}\right)\mathrm{d}x\mathrm{d}y \tag{2.2-3}$$

可以分别把式(2.2-2)右端的两个线积分转化成面积分

$$\oint_c f(z)\mathrm{d}z = -\iint_S \left(\frac{\partial v}{\partial x} + \frac{\partial u}{\partial y}\right)\mathrm{d}x\mathrm{d}y + i\iint_S \left(\frac{\partial u}{\partial x} - \frac{\partial v}{\partial y}\right)\mathrm{d}x\mathrm{d}y$$

其中 S 为闭合围道 c 所包含的面积。由于 $f(z)$ 在该区域中解析，它的实部 $u(x,y)$ 及虚部 $v(x,y)$ 应满足 C-R 条件，见式(1.3-3)，因此上式右边的两个积分均为零。这样就证明了柯西定理。

推论：在单连通区域中解析函数 $f(z)$ 的积分值只依赖于积分的起点和终点，与积分的路径无关。

证明：设 c_1 及 c_2 是单连通区域 D 内从 A 点到 B 点的任意两条曲线，如图 2-3 所示。根据柯西定理，则有

$$\oint_{c_1+c_2^-} f(z)\mathrm{d}z = 0$$

其中 c_2^- 表示与 c_2 相同但走向相反的曲线。利用复变函数的积分性质，见式(2.1-3)及式(2.1-5)，则有

$$\int_{c_1} f(z)\mathrm{d}z = -\int_{c_2^-} f(z)\mathrm{d}z = \int_{c_2} f(z)\mathrm{d}z$$

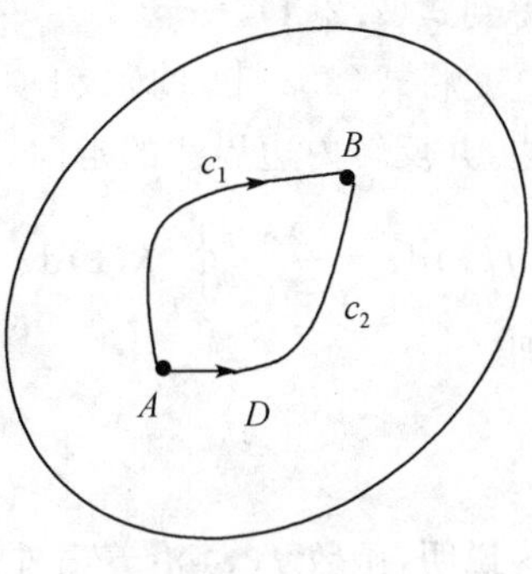

图 2-3

可见积分与路径无关。

根据这个推论，人们在计算解析函数的积分时，可以在所考虑的单连通区域内改变积分路径，使得积分容易算出。另外，这个推论也表明，解析函数的实部或虚部可以代表物理学中的保守势函数，如静电势、引力势等，因为与势函数相对应的力在两点之间所做的功与路径无关。

2. 复连通区域的柯西定理

所谓的复连通区域，就是指在该区域 D 内，只要有一个简单的闭合曲线，其内有不属于 D 内的点，则区域 D 就是复连通区域。

复连通区域的柯西定理：如果函数 $f(z)$ 是复连通区域 $\overline{D}$ 中的单值解析函数，则有

$$\oint_{c_0} f(z)\mathrm{d}z + \sum_{k=1}^{n} \oint_{c_k} f(z)\mathrm{d}z = 0 \qquad (2.2\text{-}4)$$

其中 c_0 为区域外边界线，$c_1,c_2,\cdots c_n$ 是内边界线。

证明：考虑如图 2-4 所示的复连通区域，其中 c_0 为外边界，c_1 及 c_2 为内边界。分别作割线 ab，$a'b'$，cd 及 $c'd'$ 来连接区域的内外边界。这样，就把原来的复连通区域变成了单连通区域，从而有

$$\oint_{c_0} f(z)\mathrm{d}z + \int_a^b f(z)\mathrm{d}z + \oint_{c_1} f(z)\mathrm{d}z + \int_{a'}^{b'} f(z)\mathrm{d}z$$

$$+\int_c^d f(z)\mathrm{d}z + \oint_{c_2} f(z)\mathrm{d}z + \int_{c'}^{d'} f(z)\mathrm{d}z = 0$$

由于 $f(z)$ 是单值解析函数,它沿同一割线两边缘上的积分相互抵消,则有

$$\oint_{c_0} f(z)\mathrm{d}z + \oint_{c_1} f(z)\mathrm{d}z + \oint_{c_2} f(z)\mathrm{d}z = 0$$

将其推广到有 n 个内边界线的情况,即可以得到式(2.2-4)。

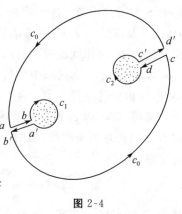

图 2-4

将式(2.2-4)的求和项移到等号的右边,并反转内边界线的走向,则可以得到

$$\oint_{c_0} f(z)\mathrm{d}z = -\sum_{k=1}^{n}\oint_{c_k} f(z)\mathrm{d}z = \sum_{k=1}^{n}\oint_{-c_k} f(z)\mathrm{d}z$$

即

$$\oint_{c_0} f(z)\mathrm{d}z = \sum_{k=1}^{n}\oint_{-c_k} f(z)\mathrm{d}z \qquad (2.2\text{-}5)$$

这说明,函数 $f(z)$ 沿着内外边界线的积分相等,但两者都是沿着逆时针方向进行积分的。

例1 设 a 是任意闭合围道 c_0 内的一点,证明有下式成立

$$\oint_{c_0} \frac{\mathrm{d}z}{(z-a)^n} = \begin{cases} 2\pi\mathrm{i} & (n=1) \\ 0 & (n\neq 1) \end{cases} \qquad (2.2\text{-}6)$$

证明: 以 a 为圆心,作一个半径为 ρ 的圆周 c,而且 c 位于 c_0 内,方向与 c 同向。这样由外边界 c_0 和内边界 c 就构成了一个复连通区域,且函数 $\dfrac{1}{(z-a)^n}$ 在该区域内解析。因此,根据复连通区域的柯西定理[式(2.2-5)],则有

$$\oint_{c_0} \frac{\mathrm{d}z}{(z-a)^n} = \oint_{c} \frac{\mathrm{d}z}{(z-a)^n}$$

再根据本章第一节得到的结果[式(2.1-8)],即可以得到证明。

例2 计算积分 $I = \oint_c \dfrac{\mathrm{d}z}{z^2-1}$ 的值,其中积分围道 c 为 $|z|=2$ 的圆周。

解: 在 $|z| < 2$ 的圆周内,被积函数 $f(z) = \dfrac{1}{z^2-1}$ 有两个奇点,为 $z = \pm 1$。下面分别以 $z = \pm 1$ 为圆心,以半径为 $1/2$ 作两个小圆周 c_1 和 c_2,其方向与 c 同向,则 $f(z)$ 由 $c+c_1+c_2$ 构成的围道内解析。根据复连通区域的柯西定理,则有

$$I = \oint_c \frac{\mathrm{d}z}{z^2-1} = \oint_{c_1} \frac{\mathrm{d}z}{z^2-1} + \oint_{c_2} \frac{\mathrm{d}z}{z^2-1}$$

其中

$$\oint_{c_1} \frac{\mathrm{d}z}{z^2-1} = \frac{1}{2}\oint_{c_1}\left(\frac{1}{z-1}-\frac{1}{z+1}\right)\mathrm{d}z = \pi\mathrm{i}$$

$$\oint_{c_2} \frac{\mathrm{d}z}{z^2-1} = \frac{1}{2}\oint_{c_2}\left(\frac{1}{z-1}-\frac{1}{z+1}\right)\mathrm{d}z = -\pi\mathrm{i}$$

所以有 $I = \pi\mathrm{i} - \pi\mathrm{i} = 0$。

§2.3 柯西公式

解析函数是一种特殊的复变函数,其特殊性之一就是它在所考虑的区域中各处的值不是独立的,而是相互关联的。柯西积分公式就是讨论这种关联性。

设函数 $f(z)$ 在闭单连通区域 $\bar{D}$ 上解析,a 是 $\bar{D}$ 中的任意一点,则有如下**柯西公式**

$$f(a) = \frac{1}{2\pi\mathrm{i}}\oint_c \frac{f(z)\mathrm{d}z}{z-a} \qquad (2.3\text{-}1)$$

成立,其中 c 为 $\bar{D}$ 的边界线。

下面证明柯西公式。尽管 $f(z)$ 是闭单连通区域 $\bar{D}$ 中的解析函数,但 $\dfrac{f(z)}{z-a}$ 在 $\bar{D}$ 中并不解析。为此,我们以 a 为圆心,以充分小的正量 ρ 为半径,在 $\bar{D}$ 中作一个圆周 c_ρ,如图 2-5 所示。这样,在以 c 及 c_ρ^- 为边界(边界线为 $c_t = c + c_\rho^-$)的区域内,函数 $\dfrac{f(z)}{z-a}$ 解析。应用复连通区域的柯西定理,则有

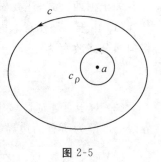

图 2-5

$$\oint_{c_t} \frac{f(z)\mathrm{d}z}{z-a} = 0$$

即

$$\oint_c \frac{f(z)\mathrm{d}z}{z-a} = \oint_{c_\rho} \frac{f(z)\mathrm{d}z}{z-a} \qquad (2.3\text{-}2)$$

利用如下积分公式

$$\oint_{c_\rho} \frac{\mathrm{d}z}{z-a} = 2\pi\mathrm{i}$$

见式(2.1-8),则可以把式(2.3-2)改写成

$$\oint_c \frac{f(z)\mathrm{d}z}{z-a} - 2\pi\mathrm{i}f(a) = \oint_{c_\rho} \frac{f(z)-f(a)}{z-a}\mathrm{d}z$$

将上式两边取绝对值,并利用复变函数的积分性质[式(2.1-6)],则可以得

到

$$\left|\oint_c \frac{f(z)\mathrm{d}z}{z-a} - 2\pi\mathrm{i}f(a)\right| = \left|\oint_{c_\rho} \frac{f(z)-f(a)}{z-a}\mathrm{d}z\right| \leqslant \oint_{c_\rho} \frac{|f(z)-f(a)|}{|z-a|}|\mathrm{d}z|$$

由于 $f(z)$ 在 a 点连续,则对于任意给定的小量 $\varepsilon > 0$,必有 $\delta > 0$,使得当 $|z-a| < \delta$,有 $|f(z)-f(a)| < \varepsilon$。取 $\rho < \delta$,则

$$\oint_{c_\rho} \frac{|f(z)-f(a)|}{|z-a|}|\mathrm{d}z| \leqslant \frac{\varepsilon}{\rho}2\pi\rho = 2\pi\varepsilon$$

即

$$\oint_c \frac{f(z)\mathrm{d}z}{z-a} - 2\pi\mathrm{i}f(a) = 0$$

这就证明了柯西公式。

由式(2.3-1)可以看出,借助于柯西公式,可以把一个解析函数 $f(z)$ 在区域内任一点 a 的值 $f(a)$ 用沿着边界线 c 的回路积分来表示。柯西公式的重要应用之一,就是用它来计算一些积分,但有两个前提条件:(1) 函数 $f(z)$ 在闭合围道 c 内是解析的;(2) 点 $z = a$ 一定要位于闭合围道 c 内。

关于柯西公式,还要做如下几点说明:

(1) 由于 a 是任意取的,通常将 a 换成 z,将积分变量用 ζ 来表示,则可以将柯西公式改写为

$$f(z) = \frac{1}{2\pi\mathrm{i}}\oint_c \frac{f(\zeta)\mathrm{d}\zeta}{\zeta-z} \tag{2.3-3}$$

(2) 对于复连通区域中的解析函数 $f(z)$,柯西公式仍然成立,只是把边界线 c 理解为所有的边界线,且其方向均取正向。

(3) 如果函数 $f(z)$ 在闭区域 $\bar{D}$ 内解析,则在 $\bar{D}$ 内 $f(z)$ 的任意阶导数 $f^{(n)}(z)$ 均存在,而且

$$f^{(n)}(z) = \frac{n!}{2\pi\mathrm{i}}\oint_c \frac{f(\zeta)\mathrm{d}\zeta}{(\zeta-z)^{n+1}} \tag{2.3-4}$$

其中 c 是 $\bar{D}$ 的边界线,ζ 是 c 上的点。式(2.3-4)是柯西公式的一个重要的推论,下面给以证明。

由柯西公式[式(2.3-3)],有

$$\frac{f(z+\Delta z)-f(z)}{\Delta z} = \frac{1}{\Delta z}\left[\frac{1}{2\pi\mathrm{i}}\oint_c \frac{f(\zeta)\mathrm{d}\zeta}{\zeta-(z+\Delta z)} - \frac{1}{2\pi\mathrm{i}}\oint_c \frac{f(\zeta)\mathrm{d}\zeta}{\zeta-z}\right]$$

$$= \frac{1}{2\pi\mathrm{i}}\oint_c \frac{f(\zeta)\mathrm{d}\zeta}{(\zeta-z-\Delta z)(\zeta-z)}$$

$$\tag{2.3-5}$$

令

$$\left| \oint_c \frac{f(\zeta)\mathrm{d}\zeta}{(\zeta-z-\Delta z)(\zeta-z)} - \oint_c \frac{f(\zeta)\mathrm{d}\zeta}{(\zeta-z)^2} \right| = \left| \oint_c \frac{\Delta z f(\zeta)\mathrm{d}\zeta}{(\zeta-z-\Delta z)(\zeta-z)^2} \right| < |\Delta z| ML$$

其中 L 是 c 的周长，M 是函数 $\dfrac{f(\zeta)}{(\zeta-z-\Delta z)(\zeta-z)^2}$ 的上界。可见，当 $|\Delta z| \to$

0 时，则有

$$f^{(1)}(z) = \lim_{\Delta z \to 0} \frac{f(z+\Delta z) - f(z)}{\Delta z} = \lim_{\Delta z \to 0} \frac{1}{2\pi\mathrm{i}} \oint_c \frac{f(\zeta)\mathrm{d}\zeta}{(z-\zeta-\Delta z)(z-\zeta)}$$

$$= \frac{1}{2\pi\mathrm{i}} \oint_c \frac{f(\zeta)\mathrm{d}\zeta}{(z-\zeta)^2}$$

再利用数学归纳法，即可证明式(2.3-4)成立。

从这个结果可以看到解析函数的一个重要的性质：一个复变函数在一个区域中只要有一阶导数存在，则它的任何高阶导数均存在，而且都是该区域内的解析函数。

例 1　利用柯西公式，计算积分

$$I = \oint_c \frac{e^{\alpha z}\mathrm{d}z}{z^2-1}$$

的值。其中 α 为任意复常数，c 是半径为 2 的圆周线，即 $|z| = 2$。

解：由于

$$\frac{1}{z^2-1} = \frac{1}{2}\left(\frac{1}{z-1} - \frac{1}{z+1}\right)$$

则

$$I = \frac{1}{2}\oint_c \frac{e^{\alpha z}\mathrm{d}z}{z-1} - \frac{1}{2}\oint_c \frac{e^{\alpha z}\mathrm{d}z}{z+1}$$

由于 $f(z) = e^{\alpha z}$ 是圆内的解析函数，而且 $z = \pm 1$ 是圆内的点，则根据柯西公式，有

$$I = \frac{1}{2}2\pi\mathrm{i}e^{\alpha} - \frac{1}{2}2\pi\mathrm{i}e^{-\alpha} = \pi\mathrm{i}(e^{\alpha} - e^{-\alpha})$$

例 2　利用柯西公式的推论式(2.3-4)，计算积分

$$I = \oint_c \frac{e^{\alpha z}\mathrm{d}z}{(z-1)^2}$$

的值，其中 α 为任意复常数，c 是半径为 2 的圆周线，即 $|z| = 2$。

解：由于函数 $f(z) = e^{\alpha z}$ 在所考虑的圆内解析，而且 $z = 1$ 是圆内的点，则根据式(2.3-4)，有

$$I = 2\pi\mathrm{i}f^{(1)}(z)\big|_{z=1} = 2\pi\mathrm{i}\alpha e^{\alpha}$$

§2.4 泊松积分公式

柯西公式(2.3-3)表明,对于区域 $\bar{D}$ 中的解析函数 $f(z)$,可以用其在边界上的值 $f(\zeta)$ 来表示,这与静电学中的边值问题非常相似。我们知道,在静电学中,一旦知道了电场或电势在边界上的取值,就可以把区域内任何一点的电场和电势确定下来。下面我们考虑积分围道为圆周,而且圆心位于原点,由柯西公式推导出泊松积分公式。

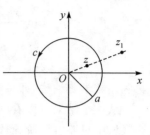

图 2-6

考虑一个半径为 a,圆心位于原点的圆周 c,如图 2-6 所示。设函数 $f(z)$ 在圆 $|z| \leqslant a$ 中解析,则对于圆内任意一点 z,由柯西公式(2.3-3),有

$$f(z) = \frac{1}{2\pi i} \oint_c \frac{f(\zeta)\mathrm{d}\zeta}{\zeta - z} \tag{2.4-1}$$

在平面极坐标中,有

$$z = re^{i\varphi}, \quad \zeta = ae^{i\theta}, \quad \mathrm{d}\zeta = iae^{i\theta}\mathrm{d}\theta \tag{2.4-2}$$

将式(2.4-2)代入式(2.4-1),可以得到

$$
\begin{aligned}
f(r, \varphi) &= \frac{a}{2\pi} \int_0^{2\pi} \frac{f(ae^{i\theta})}{a - re^{i(\varphi-\theta)}} \mathrm{d}\theta \\
&= \frac{a}{2\pi} \int_0^{2\pi} \frac{a - re^{-i(\varphi-\theta)}}{a^2 + r^2 - 2ar\cos(\varphi - \theta)} f(ae^{i\theta})\mathrm{d}\theta
\end{aligned} \tag{2.4-3}
$$

另一方面,对于圆外的一点 z_1(见图 2-6),由于函数 $\dfrac{f(\zeta)}{\zeta - z_1}$ 在圆内解析,则由柯西定理,有

$$\frac{1}{2\pi i} \oint_c \frac{f(\zeta)\mathrm{d}\zeta}{\zeta - z_1} = 0 \tag{2.4-4}$$

选取 z_1 的位置为

$$z_1 = a^2/z^* = a^2 e^{i\varphi}/r \tag{2.4-5}$$

将式(2.4-5)代入式(2.4-4),可以得到

$$\frac{r}{2\pi} \int_0^{2\pi} \frac{f(ae^{i\theta})}{r - ae^{i(\varphi-\theta)}} \mathrm{d}\theta = 0 \tag{2.4-6}$$

即

$$\frac{r}{2\pi} \int_0^{2\pi} \frac{r - ae^{-i(\varphi-\theta)}}{a^2 + r^2 - 2ar\cos(\varphi - \theta)} f(ae^{i\theta})\mathrm{d}\theta = 0 \tag{2.4-7}$$

将式(2.4-3)和式(2.4-7)两式相减,则可以得到如下圆内的泊松积分公式

$$f(r,\varphi) = \frac{a^2 - r^2}{2\pi} \int_0^{2\pi} \frac{f(ae^{i\theta})}{a^2 + r^2 - 2ar\cos(\varphi - \theta)} d\theta \qquad (2.4\text{-}8)$$

将函数 $f(z)$ 用它的实部 $u(r,\varphi)$ 和虚部 $v(r,\varphi)$ 来表示,即

$$f(z) = f(r,\varphi) = u(r,\varphi) + iv(r,\varphi) \qquad (2.4\text{-}9)$$

把式(2.4-9)代入式(2.4-8),则分别可以得到 $u(r,\varphi)$ 和 $v(r,\varphi)$ 所满足的泊松积分公式

$$u(r,\varphi) = \frac{a^2 - r^2}{2\pi} \int_0^{2\pi} \frac{u(a,\theta)}{a^2 + r^2 - 2ar\cos(\varphi - \theta)} d\theta \qquad (2.4\text{-}10)$$

$$v(r,\varphi) = \frac{a^2 - r^2}{2\pi} \int_0^{2\pi} \frac{v(a,\theta)}{a^2 + r^2 - 2ar\cos(\varphi - \theta)} d\theta \qquad (2.4\text{-}11)$$

由此可以看出,一旦知道了 $u(r,\varphi)$ 和 $v(r,\varphi)$ 在圆周上($r = a$)的值,就可以确定出它们在圆内任意点(r,φ)处的值,进而可以确定出函数 $f(r,\varphi)$ 在圆内的值。

令 $x = re^{i(\varphi-\theta)}/a$ 及 $|x| \leqslant 1$,利用级数展开公式

$$\frac{1}{1-x} = \sum_{m=0}^{\infty} x^m$$

则可以分别把式(2.4-3)和式(2.4-6)写成

$$f(r,\varphi) = \frac{1}{2\pi} \sum_{m=0}^{\infty} (r/a)^m \int_0^{2\pi} e^{im(\varphi-\theta)} f(ae^{i\theta}) d\theta \qquad (2.4\text{-}12)$$

$$\frac{1}{2\pi} \sum_{m=1}^{\infty} (r/a)^m \int_0^{2\pi} e^{-im(\varphi-\theta)} f(ae^{i\theta}) d\theta = 0 \qquad (2.4\text{-}13)$$

将式(2.4-12)与式(2.4-13)相加,则可以得到

$$f(r,\varphi) = \frac{1}{2\pi} \int_0^{2\pi} f(ae^{i\theta}) d\theta$$
$$+ \frac{1}{\pi} \sum_{m=1}^{\infty} (r/a)^m \int_0^{2\pi} \cos m(\varphi-\theta) f(ae^{i\theta}) d\theta \qquad (2.4\text{-}14)$$

由此,可以得到 $u(r,\varphi)$ 和 $v(r,\varphi)$ 的级数表示形式

$$u(r,\varphi) = \frac{A_0}{2} + \sum_{m=1}^{\infty} r^m (A_m \cos m\varphi + B_m \sin m\varphi) \qquad (2.4\text{-}15)$$

$$v(r,\varphi) = \frac{C_0}{2} + \sum_{m=1}^{\infty} r^m (C_m \cos m\varphi + D_m \sin m\varphi) \qquad (2.4\text{-}16)$$

其中

$$\begin{cases} a^m A_m = \dfrac{1}{\pi} \displaystyle\int_0^{2\pi} u(a,\theta) \cos m\theta\, d\theta \\[3mm] a^m B_m = \dfrac{1}{\pi} \displaystyle\int_0^{2\pi} u(a,\theta) \sin m\theta\, d\theta \end{cases} \qquad (2.4\text{-}17)$$

$$\begin{cases} a^m C_m = \dfrac{1}{\pi} \displaystyle\int_0^{2\pi} v(a,\theta)\cos m\theta\, \mathrm{d}\theta \\[3mm] a^m D_m = \dfrac{1}{\pi} \displaystyle\int_0^{2\pi} v(a,\theta)\sin m\theta\, \mathrm{d}\theta \end{cases} \qquad (2.4\text{-}18)$$

在第八章中我们将看到,如果采用分离变量法求解拉普拉斯方程在圆内的第一边值问题,得到的解与式(2.4-15)或式(2.4-16)在形式上完全相同,见§8.2。

另外,在第十一章中,我们还将采用格林函数法来求解拉普拉斯方程在圆内的第一边值问题,同样可以得到与式(2.4-10)[或式(2.4-11)]形式相同的解,见§11.4。

习　题

1.计算积分 $\displaystyle\int_{-i}^{i} |z|\, \mathrm{d}z$ 的值,其中积分路径分别为

　　(1) 直线段;(2) 右半单位圆

2.计算如下积分。

$$(1)\int_c \frac{\mathrm{d}z}{z};\ (2)\int_c \frac{\mathrm{d}z}{|z|};\ (3)\int_c \left|\frac{\mathrm{d}z}{z}\right|$$

其中积分路径 c 为单位圆周。

3.计算如下积分。

$$(1)\int_c \frac{2z^2 - z + 1}{z-1}\mathrm{d}z;\ (2)\int_c \frac{e^z}{z^2+1}\mathrm{d}z$$

其中积分路径 c 为 $|z|=2$。

4.计算如下积分。

$$(1)\int_c \frac{2z^2 - z + 1}{(z-1)^2}\mathrm{d}z;\ (2)\int_c \frac{\cos\pi z}{(z-1)^3}\mathrm{d}z$$

其中积分路径 c 为 $|z|=2$。

5.由积分 $\displaystyle\int_c \frac{\mathrm{d}z}{z+2}$ 的值,证明

$$\int_0^\pi \frac{1+2\cos\theta}{5+4\cos\theta}\mathrm{d}\theta = 0$$

其中积分路径 c 为单位圆。

6.求积分 $\displaystyle\int_c \frac{e^z}{z}\mathrm{d}z$ 的值,其中积分路径 c 为 $|z|=1$。由此积分结果,证明

$$\int_0^\pi e^{\cos\theta}\cos(\sin\theta)\mathrm{d}\theta = \pi$$

第三章　　解析函数的幂级数展开

在实变函数论中,一个实变函数在一定的范围内可以展开成幂级数。同样,对于一个复变函数,在一定的区域内也可以展开成幂级数的形式。幂级数是研究复变函数论的一个重要部分,尤其是一个复变函数的解析性质是通过幂级数表现出来的。

本章首先介绍一下复变函数项级数的基本概念和性质,然后在此基础上重点讨论如何将解析函数展开成泰勒级数和洛朗级数,最后再简单讨论一下孤立奇点的分类。

§3.1　　复变函数项级数

我们先看一下复数级数的概念和性质。对于一个复数级数

$$\sum_{k=0}^{\infty} w_k = w_0 + w_1 + w_2 + \cdots + w_k + \cdots \tag{3.1-1}$$

如果它的每一项都可分成实部和虚部,即

$$w_k = u_k + \mathrm{i}v_k \tag{3.1-2}$$

则式(3.1-1)的前 $n+1$ 项的和的极限为

$$\lim_{n \to \infty} \sum_{k=0}^{n} w_k = \lim_{n \to \infty} \sum_{k=0}^{n} u_k + \mathrm{i} \lim_{n \to \infty} \sum_{k=0}^{n} v_k \tag{3.1-3}$$

这样复数级数[式(3.1-1)]的收敛性问题就归结为两个实数级数 $\sum\limits_{k=0}^{\infty} u_k$ 及 $\sum\limits_{k=0}^{\infty} v_k$ 的收敛性问题。这样,就可以将实数级数的一些性质和规律应用到复数级数上。

对于任意小的正数 ε,如果存在一个 N,使得 $n > N$ 时,有

$$|w_{n+1} + w_{n+2} + \cdots + w_{n+p}| < \varepsilon \tag{3.1-4}$$

成立,则复数级数[式(3.1-1)]收敛,其中 p 为任意的正整数。式(3.1-4)为复数级数[式(3.1-1)]收敛的充分必要条件,也称**柯西收敛判据**。

若级数[式(3.1-1)]各项的模组成的级数

$$\sum_{k=0}^{\infty} |w_k| = \sum_{k=0}^{\infty} \sqrt{u_k^2 + v_k^2} \qquad (3.1\text{-}5)$$

收敛,则称级数[式(3.1-1)]为**绝对收敛**。绝对收敛的级数一定是收敛的。

下面讨论复变函数项级数

$$\sum_{k=0}^{\infty} w_k(z) = w_0(z) + w_1(z) + \cdots + w_k(z) + \cdots \qquad (3.1\text{-}6)$$

的性质,其中式(3.1-6)的各项均为复变量 z 的函数。如果在某个区域 D 上的每一点 z,级数[式(3.1-6)]都收敛,那么称其在区域 D 上收敛,并记为

$$S(z) = \sum_{k=0}^{\infty} w_k(z) \qquad (3.1\text{-}7)$$

对于给定的任意小的正数 $\varepsilon > 0$,如果存在一个与 z 无关的 $N(\varepsilon)$,使得当 $n > N(\varepsilon)$ 时,有

$$\left| S(z) - \sum_{k=0}^{n} w_k(z) \right| < \varepsilon \qquad (3.1\text{-}8)$$

则该级数 $\displaystyle\sum_{k=0}^{\infty} w_k(z)$ 在区域 D 内**一致收敛**。

如果级数[式(3.1-6)]的各项的绝对值构成的级数 $\displaystyle\sum_{k=0}^{\infty} |w_k(z)|$ 收敛,则称该级数为**绝对收敛**。

对于一致收敛的复变函数项级数,它有如下几个性质(这里不作证明):

(1) 在区域 D 内,如果级数的每一项 $w_k(z)$ 都是连续函数,则其一致收敛的和 $S(z)$ 也是区域 D 内的连续函数。

(2) 设 c 为区域 D 中一条分段光滑的曲线,如果级数的每一项 $w_k(z)$ 是 c 上的连续函数,则其一致收敛的和 $S(z)$ 也是 c 上的连续函数,而且可以沿着 c 逐项积分,即

$$\int_c \sum_{k=0}^{\infty} w_k(z) \mathrm{d}z = \sum_{k=0}^{\infty} \int_c w_k(z) \mathrm{d}z \qquad (3.1\text{-}9)$$

(3) 设级数 $\displaystyle\sum_{k=0}^{\infty} w_k(z)$ 在区域 $\bar{D}$ 内一致收敛,且它的每一项都是区域 $\bar{D}$ 内的解析函数,则这个级数的和 $S(z)$ 也是区域 $\bar{D}$ 内的解析函数,而且 $S(z)$ 的导数可以由 $\displaystyle\sum_{k=0}^{\infty} w_k(z)$ 逐项求导得到,即

$$S^{(n)}(z) = \sum_{k=0}^{\infty} w_k^{(n)}(z) \qquad (3.1\text{-}10)$$

求导后的级数在区域 $\bar{D}$ 内也闭一致收敛。

§3.2 幂级数

幂级数是一种简单的复变函数项级数,它的一般形式为

$$\sum_{n=0}^{\infty} a_n (z - z_0)^n = a_0 + a_1(z - z_0) + \cdots + a_n(z - z_0)^n + \cdots$$

$$(3.2\text{-}1)$$

其中 $a_n(n = 0, 1, 2, \cdots)$ 及 z_0 都是复常数。可以看到,该级数的每一项都是解析函数。

收敛圆及收敛半径:以 z_0 为圆心,作一个半径为 R 的圆周 c_R。如果级数 [式(3.2-1)] 在该圆内绝对收敛,而且在圆外发散,则这个圆是该级数的**收敛圆**,对应的半径为该级数的**收敛半径**。

有两种方法可以确定一个幂级数的收敛半径:

(1) 比值判别法

级数 [式(3.2-1)] 各项的绝对值构成的级数为

$$\sum_{n=0}^{\infty} |a_n| |z - z_0|^n = |a_0| + |a_1| |z - z_0| + \cdots + |a_n| |z - z_0|^n + \cdots$$

$$(3.2\text{-}2)$$

如果

$$\lim_{n \to \infty} \frac{|a_{n+1}|}{|a_n|} \frac{|z - z_0|^{n+1}}{|z - z_0|^n} = \lim_{n \to \infty} \frac{|a_{n+1}|}{|a_n|} |z - z_0| < 1 \quad (3.2\text{-}3)$$

则级数 [式(3.2-2)] 收敛,从而级数 [式(3.2-1)] 绝对收敛。若极限 $\lim\limits_{n \to \infty} \dfrac{|a_n|}{|a_{n+1}|}$ 存在,并记为

$$R = \lim_{n \to \infty} \frac{|a_n|}{|a_{n+1}|} \quad (3.2\text{-}4)$$

可见,当 $|z - z_0| < R$ 时,级数 [式(3.2-1)] 绝对收敛;反之,当 $|z - z_0| > R$ 时,该级数发散。如果以 z_0 为圆心作一个半径为 R 的圆,级数 [式(3.2-1)] 在该圆内是绝对收敛的。

(2) 根值判别法

可以看出,当极限 $\lim\limits_{n \to \infty} \sqrt[n]{a_n |z - z_0|^n} < 1$ 时,级数 [式(3.2-1)] 绝对收敛;反之,则发散。这样,我们可以定义一个收敛半径

$$R = \lim_{n \to \infty} \frac{1}{\sqrt[n]{a_n}} \quad (3.2\text{-}5)$$

在以 z_0 为圆心,半径为 R 的圆内,级数[式(3.2-1)]是绝对收敛的。

例 1 求幂级数 $\sum\limits_{n=0}^{\infty} z^n = 1 + z + z^2 + \cdots + z^n + \cdots$ 的收敛半径。

解:用比值判别法[式(3.2-4)],则有

$$R = \lim_{n\to\infty} \left| \frac{a_n}{a_{n+1}} \right| = \lim_{n\to\infty} \left| \frac{1}{1} \right| = 1$$

因此,该级数的收敛半径为 1,即在 $|z| < 1$ 的圆内收敛。

实际上,$\sum\limits_{n=0}^{\infty} z^n$ 是一个几何级数,其公比为 z,它的前 m 项求和为

$$\sum_{n=0}^{m} z^n = 1 + z + z^2 + \cdots + z^m = \frac{1 - z^{m+1}}{1 - z}$$

如果 $|z| < 1$,则有

$$\lim_{m\to\infty} \sum_{n=0}^{m} z^n = \lim_{m\to\infty} \frac{1 - z^{m+1}}{1 - z} = \frac{1}{1 - z}$$

因此,在收敛圆内 $|z| < 1$,有如下等式成立

$$1 + z + z^2 + \cdots + z^n + \cdots = \frac{1}{1 - z} \quad (|z| < 1) \tag{3.2-6}$$

在如下两节讨论中,我们将用到这个等式。

§3.3　泰勒级数展开

由前面的讨论可知,一个幂级数的和函数是一个解析函数。现在我们讨论一个相反的问题,即一个解析函数是否可以用幂级数来表示?这是一个非常重要的问题。

泰勒定理:设函数 $f(z)$ 在以 z_0 为圆心的圆内解析,则对于圆内任意一点 z,可以将 $f(z)$ 用幂级数展开,即

$$f(z) = \sum_{n=0}^{\infty} a_n (z - z_0)^n \tag{3.3-1}$$

其中系数 a_n 为

$$a_n = \frac{1}{2\pi i} \oint_c \frac{f(\zeta) d\zeta}{(\zeta - z_0)^{n+1}} = \frac{f^{(n)}(z_0)}{n!} \tag{3.3-2}$$

c 为包含 z_0 点的圆周。

证明:由于 $f(z)$ 在圆内解析,则由柯西公式,有

$$f(z) = \frac{1}{2\pi i} \oint_c \frac{f(\zeta)}{(\zeta - z)} d\zeta \tag{3.3-3}$$

其中 ζ 是圆周 c 上的点。可以将 $\frac{1}{\zeta - z}$ 改写为

$$\frac{1}{\zeta - z} = \frac{1}{(\zeta - z_0) - (z - z_0)} = \frac{1}{\zeta - z_0}\, \frac{1}{1 - \dfrac{z - z_0}{\zeta - z_0}} \tag{3.3-4}$$

由于 $\left|\dfrac{z - z_0}{\zeta - z_0}\right| < 1$，因此根据式(3.2-6)，有

$$\frac{1}{\zeta - z} = \frac{1}{\zeta - z_0}\, \frac{1}{1 - \dfrac{z - z_0}{\zeta - z_0}} = \frac{1}{\zeta - z_0} \sum_{n=0}^{\infty} \left(\frac{z - z_0}{\zeta - z_0}\right)^n \tag{3.3-5}$$

将式(3.3-5)代入式(3.3-3)，有

$$f(z) = \sum_{n=0}^{\infty} \frac{(z - z_0)^n}{2\pi i} \oint_c \frac{f(\zeta)}{(\zeta - z_0)^{n+1}} d\zeta \tag{3.3-6}$$

再利用柯西公式

$$f^{(n)}(z_0) = \frac{n!}{2\pi i} \oint_c \frac{f(\zeta) d\zeta}{(\zeta - z_0)^{n+1}}$$

就可以由式(3.3-6)得到式(3.3-1)。式(3.3-1)称为解析函数的泰勒展开式，或泰勒展开级数。

　　需要说明两点：(1) 展开式(3.3-1)是在 $|z - z_0| < R$ 的圆内绝对收敛，而且是一致收敛；(2) 可以证明展开式(3.3-1)是唯一的。

　　根据泰勒定理，对于一个给定的解析函数 $f(z)$，如果求出其在 z_0 点的各阶导数 $f^{(n)}$，就可以确定这个函数在 z_0 点的泰勒展开级数。下面举例说明。

　　例1　分别将函数 $f(z) = \dfrac{1}{1 - z}$ 及 $f(z) = \dfrac{1}{1 + z}$ 在 $z = 0$ 点展开成泰勒级数。

　　解：可以看出函数 $f(z) = \dfrac{1}{1 - z}$ 及 $f(z) = \dfrac{1}{1 + z}$ 在 $|z| < 1$ 的区域内解析，它们在 $z = 0$ 的 n 阶导数分别为 $n!$ 及 $(-1)^n n!$。因此，可以有

$$\frac{1}{1 - z} = \sum_{n=0}^{\infty} z^n \quad (|z| < 1) \tag{3.3-7}$$

$$\frac{1}{1 + z} = \sum_{n=0}^{\infty} (-1)^n z^n \quad (|z| < 1) \tag{3.3-8}$$

它们的收敛半径都为1。

　　例2　分别将 $f(z) = \{e^z, \cos z, \sin z\}$ 在 $z = 0$ 点展开成泰勒级数。

　　解：因为 $f(z) = e^z$ 在全平面上解析，它在 $z = 0$ 的 n 阶导数均为 1 $(n = 0, 1, 2, \cdots)$。于是有

$$e^z = \sum_{n=0}^{\infty} \frac{z^n}{n!} \quad (|z| < \infty) \tag{3.3-9}$$

对于 $f(z) = \cos z$，由于

$$\cos z = \frac{1}{2}(\mathrm{e}^{\mathrm{i}z} + \mathrm{e}^{-\mathrm{i}z}) = \frac{1}{2}\left(\sum_{n=0}^{\infty} \frac{(\mathrm{i}z)^n}{n!} + \sum_{n=0}^{\infty} \frac{(-\mathrm{i}z)^n}{n!}\right)$$

因此,有

$$\cos z = \sum_{n=0}^{\infty} \frac{(-1)^n z^{2n}}{(2n)!} \quad (|z| < \infty) \qquad (3.3\text{-}10)$$

同样,对于 $f(z) = \sin z$,有

$$\sin z = \sum_{n=0}^{\infty} \frac{(-1)^n z^{2n+1}}{(2n+1)!} \quad (|z| < \infty) \qquad (3.3\text{-}11)$$

对于上述简单形式的解析函数,可以用这种方法直接进行展开.对于形式较复杂的解析函数,用这种方法进行展开则比较烦琐.不过,根据泰勒展开的唯一性,可以采用一些较为简单的间接方法,如利用基本公式、幂级数的代数运算、代换、逐项求导等方法来展开,最终的结果保持不变.

例 3　将函数 $f(z) = \dfrac{z}{1+z}$ 在 $|z-1| < 2$ 的区域内展开成泰勒级数.

解:利用

$$\frac{z}{1+z} = 1 - \frac{1}{1+z} = 1 - \frac{1}{(z-1)+2} = 1 - \frac{1}{2} \cdot \frac{1}{1 + \dfrac{z-1}{2}}$$

因此,有

$$\frac{z}{1+z} = 1 - \frac{1}{2}\sum_{n=0}^{\infty}(-1)^n\left(\frac{z-1}{2}\right)^n = 1 - \sum_{n=0}^{\infty}(-1)^n\frac{(z-1)^n}{2^{n+1}} \quad (|z-1| < 2)$$

例 4　将函数 $f(z) = \dfrac{1}{(1+z)^2}$ 在点 $z = 0$ 展开成泰勒级数.

解:由于该函数在 $|z| < 1$ 的区域解析,利用

$$\frac{1}{(1+z)^2} = -\left(\frac{1}{1+z}\right)' = -\left(\sum_{n=0}^{\infty}(-1)^n z^n\right)' = -(-1 + 2z - 3z^2 + \cdots)$$

则有

$$\frac{1}{(1+z)^2} = \sum_{n=1}^{\infty}(-1)^{n-1} n z^{n-1} \quad (|z| < 1)$$

总之,把一个复变函数展开成幂级数的方法与实变函数的情形基本上一样.对于其中的一些基本方法和技巧,需要通过适当的练习才能掌握.

§3.4　洛朗级数展开

对于一个复变函数 $f(z)$ 在 z_0 的泰勒级数展开,实际上要求这个函数在以 z_0 为圆心的收敛圆内($|z-z_0| < R$)解析.如果函数 $f(z)$ 在 z_0 处有奇点,

那么能否将这个函数再展开成一个幂级数？下面介绍的洛朗定理就是讨论这个问题。

　　洛朗定理：设函数 $f(z)$ 在环状区域 $R_1 < |z - z_0| < R_2$ 中单值解析，则对于这个环内的任何点 z，可以将 $f(z)$ 展开成如下级数形式

$$f(z) = \sum_{n=-\infty}^{\infty} a_n (z - z_0)^n \tag{3.4-1}$$

其中

$$a_n = \frac{1}{2\pi i} \oint_c \frac{f(\zeta) d\zeta}{(\zeta - z_0)^{n+1}} \tag{3.4-2}$$

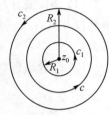

图 3-1

c 是位于环内以逆时针方向绕内圆一周的任意一条闭合曲线，见图 3-1。式(3.4-1) 称为洛朗级数。

　　证明：由于 $f(z)$ 是环状区域内的解析函数，则根据复连通区域中的柯西公式，有

$$f(z) = \frac{1}{2\pi i} \oint_{c_2 - c_1} \frac{f(\zeta) d\zeta}{(\zeta - z)}$$

$$= \frac{1}{2\pi i} \oint_{c_2} \frac{f(\zeta) d\zeta}{(\zeta - z)} - \frac{1}{2\pi i} \oint_{c_1} \frac{f(\zeta) d\zeta}{(\zeta - z)} \tag{3.4-3}$$

其中 c_1 及 c_2 分别是环状区域的内外圆周，其走向都是逆时针方向。

　　对于 c_2 上的可变点 ζ，由于 $|z - z_0| < |\zeta - z_0|$，则有

$$\frac{1}{\zeta - z} = \frac{1}{(\zeta - z_0) - (z - z_0)} = \frac{1}{\zeta - z_0} \frac{1}{1 - \dfrac{z - z_0}{\zeta - z_0}} = \sum_{n=0}^{\infty} \frac{(z - z_0)^n}{(\zeta - z_0)^{n+1}} \tag{3.4-4}$$

其中用到了等式(3.2-6)。

　　对于 c_1 上的可变点 ζ，由于 $|z - z_0| > |\zeta - z_0|$，同样可以得到

$$\frac{1}{\zeta - z} = \frac{1}{(\zeta - z_0) - (z - z_0)} = -\frac{1}{z - z_0} \frac{1}{1 - \dfrac{\zeta - z_0}{z - z_0}} = -\sum_{n=0}^{\infty} \frac{(\zeta - z_0)^n}{(z - z_0)^{n+1}}$$

$$= -\sum_{n=-1}^{-\infty} \frac{(z - z_0)^n}{(\zeta - z_0)^{n+1}} \tag{3.4-5}$$

将式(3.4-4)和式(3.4-5)分别代入式(3.4-3)右边的两个积分中，则可以得到

$$f(z) = \sum_{n=0}^{\infty} (z - z_0)^n \frac{1}{2\pi i} \oint_{c_2} \frac{f(\zeta) d\zeta}{(\zeta - z_0)^{n+1}} + \sum_{n=-1}^{-\infty} (z - z_0)^n \frac{1}{2\pi i} \oint_{c_1} \frac{f(\zeta) d\zeta}{(\zeta - z_0)^{n+1}}$$

由复连通区域的柯西定理可知，上式中的两个积分相等。因此，可以得到

$$f(z) = \sum_{n=-\infty}^{\infty} a_n (z - z_0)^n$$

其中

$$a_n = \frac{1}{2\pi i} \oint_c \frac{f(\zeta) d\zeta}{(\zeta - z_0)^{n+1}}$$

证毕。

关于洛朗展开,需要如下几点说明:

(1) 洛朗展开与泰勒展开的不同之处在于它含有 $(z - z_0)$ 的负幂项,而泰勒展开只有 $(z - z_0)$ 的正幂项。这些负幂项与函数 $f(z)$ 在 z_0 点的奇异性有关。

(2) 尽管洛朗展开的系数 a_n 与泰勒展开的系数 a_n 都可以表示成

$$a_n = \frac{1}{2\pi i} \oint_c \frac{f(\zeta) d\zeta}{(\zeta - z_0)^{n+1}}$$

但对于洛朗展开,$a_n \neq f^{(n)}(z_0)/n!$,这是因为 z_0 不属于所考虑的环状区域内。

(3) 如果 z_0 是函数 $f(z)$ 的奇点,则内圆的半径可以无限小,并无限地接近圆心,这时称式(3.4-1)为 $f(z)$ 在孤立奇点 z_0 的邻域内的洛朗展开。

(4) 与泰勒展开一样,洛朗展开也是唯一的。利用这种展开的唯一性,可以使用可能的简便方法将函数在环状区域内展开,最终结果保持不变。

例 1 把函数 $f(z) = \dfrac{e^z}{z^2}$ 在以 $z = 0$ 为圆心的环形区域 $0 < |z| < \infty$ 内展开成洛朗级数。

解:由于 e^z 在该环形区域内解析,先在 $z = 0$ 点把它展开成泰勒级数,即 $e^z = \sum_{n=0}^{\infty} \dfrac{z^n}{n!}$,这样有

$$\frac{e^z}{z^2} = \frac{1}{z^2} \sum_{n=0}^{\infty} \frac{z^n}{n!} = \sum_{n=0}^{\infty} \frac{z^{n-2}}{n!} = \frac{1}{z^2} + \frac{1}{z} + \frac{1}{2!} + \frac{z}{3!} + \cdots$$

显然,该级数含有负幂项。

例 2 把函数 $f(z) = \dfrac{1}{z(z-1)}$ 分别在如下区域内进行洛朗级数展开:

(1) $0 < |z| < 1$; (2) $1 < |z| < \infty$

解:(1) 对于区域 $0 < |z| < 1$,考虑到是在 $z = 0$ 的邻域内进行展开,而且 $|z| < 1$,所以可以把 $f(z)$ 分解为

$$f(z) = \frac{1}{z(z-1)} = -\frac{1}{z} - \frac{1}{1-z}$$

可以看到,上式右边的第一项对应于洛朗级数展开式中 $n = -1$ 的负幂项,而

第二部分在该区域中解析,可以直接进行泰勒级数展开 $-\dfrac{1}{1-z}=-(1+z+z^2+\cdots)$。因此,最后的展开结果为

$$f(z)=-\frac{1}{z}-1-z-z^2-\cdots$$

(2) 在区域 $1<|z|<\infty$ 中,考虑到 $|z|>1$,则可以先把 $f(z)$ 分解为

$$f(z)=\frac{1}{z(z-1)}=\frac{1}{z^2(1-z^{-1})}$$

然后对因子 $\dfrac{1}{1-z^{-1}}$ 进行泰勒展开,$\dfrac{1}{1-z^{-1}}=1+z^{-1}+z^{-2}+\cdots$。这样,最终的展开式为

$$f(z)=\frac{1}{z(z-1)}=\frac{1}{z^2}+\frac{1}{z^3}+\frac{1}{z^4}+\cdots$$

可见,该级数全部为负幂项,而且在 $|z|\to\infty$ 时,收敛。

上面两种级数的展开式表明:同一个函数在不同的区域中进行展开时,其展开的级数形式不一样。也就是说,对于一个解析函数的洛朗展开,其展开的结果不仅依赖于函数的形式,还依赖于所展开的区域形状(环形区域的半径及圆点)。

例 3 把函数 $f(z)=\dfrac{\sin z}{z}$ 在 $z=0$ 的邻域内展开成洛朗级数。

解:尽管函数 $\dfrac{\sin z}{z}$ 在 $z=0$ 点奇异,但函数 $\sin z$ 在 $z=0$ 点解析,因此可以先把它进行泰勒展开

$$\sin z=\frac{z}{1!}-\frac{z^3}{3!}+\frac{z^5}{5!}-\frac{z^7}{7!}+\cdots \quad (|z|<\infty)$$

这样有

$$\frac{\sin z}{z}=1-\frac{z^2}{3!}+\frac{z^4}{5!}-\frac{z^6}{7!}+\cdots \quad (|z|<\infty)$$

可见,当 $z\to 0$ 时,$\dfrac{\sin z}{z}\to 1$,即 $z=0$ 不再是展开式的奇点。

例 4 把函数 $f(z)=\mathrm{e}^{1/z}$ 在 $z=0$ 的邻域内展开成洛朗级数。

解:根据函数 e^z 在 $z=0$ 的展开形式

$$\mathrm{e}^z=\sum_{n=0}^{\infty}\frac{z^n}{n!} \quad (|z|<\infty)$$

并将 z 换成 $1/z$,则可以得到

$$e^{1/z} = \sum_{n=0}^{\infty} \frac{1}{n!} \left(\frac{1}{z}\right)^n \left(\left|\frac{1}{z}\right| < \infty\right)$$

$$= \sum_{n=-\infty}^{0} \frac{z^n}{(-n)!} \quad (|z| > 0) \tag{3.4-6}$$

这个级数有无限多的负幂项。

例 5 设 t 为实参数,将函数 $f(z) = e^{\frac{t}{2}(z-z^{-1})}$ 在 $z=0$ 的邻域内展开成洛朗级数。

解: 这是一个非常重要的例子,它直接与贝塞尔函数的生成函数有关(见第十三章)。下面将分别采用两种方法进行展开。

(1) 直接展开法:因为函数 $f(z)$ 在除 $z=0$ 的点外,在全平面上解析,故可以在 $0 < |z| < \infty$ 的区域内展开成洛朗级数

$$f(z) = \sum_{n=-\infty}^{\infty} a_n z^n \tag{3.4-7}$$

其中展开系数为

$$a_n = \frac{1}{2\pi i} \oint_c \frac{f(\zeta)d\zeta}{\zeta^{n+1}} = \frac{1}{2\pi i} \oint_c \frac{e^{t(\zeta-\zeta^{-1})/2}}{\zeta^{n+1}} d\zeta$$

取积分围道 c 为单位圆周,即 $|\zeta| = 1$。设 $\zeta = e^{i\theta}$,则

$$a_n = \frac{1}{2\pi i} \int_0^{2\pi} \frac{1}{e^{i(n+1)\theta}} e^{t(e^{i\theta}-e^{-i\theta})/2} i e^{i\theta} d\theta$$

$$= \frac{1}{2\pi} \int_0^{2\pi} e^{i(t\sin\theta - n\theta)} d\theta \tag{3.4-8}$$

(2) 间接展开法:当 $z \neq 0$ 时,有

$$e^{tz/2} = \sum_{k=0}^{\infty} \frac{(tz/2)^k}{k!}$$

$$e^{-t/(2z)} = \sum_{l=0}^{\infty} \frac{1}{l!} \left(-\frac{t}{2z}\right)^l$$

对于固定的 t,这两个级数在 $0 < |z| < \infty$ 的区域中都是绝对收敛的。令

$$n = k - l \quad (n = 0, \pm 1, \pm 2, \pm 3, \cdots)$$

则

$$f(z) = \sum_{k=0}^{\infty} \frac{1}{k!} \left(\frac{t}{2}\right)^k z^k \cdot \sum_{l=0}^{\infty} \frac{1}{l!} (-1)^l \left(\frac{t}{2}\right)^l z^{-l}$$

$$= \sum_{n=-\infty}^{\infty} \sum_{l=0}^{\infty} \frac{1}{(n+l)!} \frac{1}{l!} (-1)^l \left(\frac{t}{2}\right)^{n+2l} z^n \tag{3.4-9}$$

$$\equiv \sum_{n=-\infty}^{\infty} J_n(t) z^n$$

其中展开系数

$$J_n(t) = \sum_{l=0}^{\infty} \frac{(-1)^l}{l!(n+l)!} \left(\frac{t}{2}\right)^{n+2l} \tag{3.4-10}$$

被称为 n 阶贝塞尔级数（函数）。

由于洛朗级数展开的唯一性，式(3.4-8)和式(3.4-10)应相等，即

$$J_n(t) = \frac{1}{2\pi} \int_0^{2\pi} e^{i(t\sin\theta - n\theta)} d\theta \tag{3.4-11}$$

式(3.4-11)为贝塞尔函数的积分表示式。通常称函数 $e^{\frac{t}{2}(z-z^{-1})}$ 为贝塞尔函数 $J_n(t)$ 的母函数或生成函数，即

$$e^{\frac{t}{2}(z-z^{-1})} = \sum_{n=-\infty}^{\infty} J_n(t) z^n \tag{3.4-12}$$

我们将在第十三章对贝塞尔函数的性质进行详细地讨论。

§3.5　孤立奇点的分类

在上一节介绍洛朗级数展开时曾提到过一个函数的孤立奇点的概念。现在进一步阐述这一概念。若函数 $f(z)$ 在某点 z_0 不可导，而在 z_0 的任意小邻域内除 z_0 外处处可导，则称 z_0 为函数 $f(z)$ 的**孤立奇点**。若在 z_0 点的无论多么小的邻域内总能找到除 z_0 以外的不可导的点，则称 z_0 为函数 $f(z)$ 的**非孤立奇点**。

下面举例说明。$z=0$ 是函数 $\frac{1}{z(z-1)}$ 的孤立奇点，因为在以 $z=0$ 为圆心、半径小于1的圆内，再没有其他奇点。而 $z=0$ 却是函数 $\left(\sin\frac{1}{z}\right)^{-1}$ 的非孤立奇点，因为该函数的奇点为 $z=\frac{1}{n\pi}$ $(n=0,\pm 1,\pm 2,\cdots)$，只要 n 足够大，总能找到接近 $z=0$ 的另外的奇点。

我们知道函数 $f(z)$ 在除去其孤立奇点 z_0 的环形区域内可以展开成洛朗级数

$$f(z) = \sum_{n=-\infty}^{\infty} a_n (z-z_0)^n \tag{3.5-1}$$

根据洛朗级数的展开形式，有如下三种类型的**孤立奇点**：

(1) 若在 $f(z)$ 的洛朗级数中没有负幂项部分，则称 z_0 为 $f(z)$ 的**可去奇点**。

(2) 若在 $f(z)$ 的洛朗级数中有有限个负幂项部分，则称 z_0 为 $f(z)$ 的**极点**。

(3) 若在 $f(z)$ 的洛朗级数中有无穷多个负幂项部分，则称 z_0 为 $f(z)$ 的

本性奇点。

下面我们进一步分析这三种孤立奇点的差异：

(1) 可去奇点

如果函数 $f(z)$ 在孤立奇点 z_0 的邻域内有界，则称 z_0 为 $f(z)$ 的可去奇点。例如，函数 $f(z) = \dfrac{\sin z}{z}$ 在 $z = 0$ 处发散，故 $z = 0$ 是它的奇点。但在 $z = 0$ 的邻域内 $(0 < |z| < \infty)$，把 $f(z)$ 展开成洛朗级数，则有

$$\frac{\sin z}{z} = 1 - \frac{z^2}{3!} + \frac{z^4}{5!} - \cdots$$

可见，右边的级数不含负幂项，因此 $z = 0$ 是函数 $\dfrac{\sin z}{z}$ 的可去奇点。

(2) 极点

如果将函数 $f(z)$ 在其孤立奇点 z_0 的邻域内展开成洛朗级数，有如下形式

$$f(z) = \frac{a_{-m}}{(z-z_0)^m} + \frac{a_{-m+1}}{(z-z_0)^{m-1}} + \cdots + \frac{a_{-1}}{z-z_0} + a_0 + a_1(z-z_0) + \cdots$$

$$\equiv \frac{\varphi(z)}{(z-z_0)^m}$$

$$(3.5\text{-}2)$$

其中 $a_{-m} \neq 0$，且 $\varphi(z) = a_{-m} + a_{-m+1}(z-z_0) + \cdots$ 为解析函数，则称 z_0 为 $f(z)$ 的 m 阶极点。

例 1 求函数 $f(z) = \dfrac{1}{\sin z}$ 的奇点，并判别该奇点的性质。

解：因为 $z = n\pi \equiv z_n \ (n = 0, \pm 1, \pm 2, \cdots)$ 时，$\sin z = 0$，故 $z = z_n$ 是该函数的奇点。另一方面，由于 $\sin z$ 的一阶导数 $\cos z$ 在 z_n 点的值不为零，因此，$z = z_n$ 是函数 $f(z) = \dfrac{1}{\sin z}$ 的一阶极点。

(3) 本性奇点

如果 $z \to z_0$ 时，函数 $f(z)$ 没有极限，或其极限值与 $z \to z_0$ 的方式有关，则 $z = z_0$ 是函数 $f(z)$ 的本性奇点。例如，函数 $f(z) = e^{\frac{1}{z}}$ 在 $0 < |z| < \infty$ 的洛朗展开级数为

$$f(z) = 1 + \frac{1}{z} + \frac{1}{2!z^2} + \cdots + \frac{1}{n!z^n} + \cdots$$

它有无穷多个负幂项，故 $z = 0$ 是它的本性奇点。同时也可以看出，当 z 沿正实轴趋于零时，$e^{\frac{1}{z}}$ 的值趋于无穷大；当 z 沿负实轴趋于零时，$e^{\frac{1}{z}}$ 的值趋于零。

习　题

1.计算下列级数的收敛半径。

$$(1) \sum_{n=1}^{\infty} \frac{1}{n^2} z^n; (2) \sum_{n=1}^{\infty} n^n z^n; (3) \sum_{n=1}^{\infty} \frac{n!}{n^n} z^n$$

2.在 $|z| < 1$ 的圆内将函数 $f(z) = \dfrac{e^z}{1-z}$ 展开成泰勒级数。

3.将下列函数在指定的区域内展开成洛朗级数。

(1) $\dfrac{1}{(z-1)(z-2)}$ 　　$|z| < 1; 1 < |z| < 2; 2 < |z| < \infty$

(2) $\dfrac{z+1}{z^2(z-1)}$ 　　$0 < |z| < 1; 1 < |z| < \infty$

(3) $\dfrac{e^z}{z(z^2+1)}$ 　　$0 < |z| < 1$

4.确定下列函数在有界区域内的孤立奇点,并指出奇点的类型(对于极点,要指出它的阶)。

(1) $\dfrac{z-1}{z(z^2+1)^2}$; (2) $\dfrac{1-\cos z}{z^3}$; (3) $\dfrac{1}{(z^2+i)^2}$; (4) $\dfrac{e^z}{e^z-1}$

第四章　留数定理及应用

在前面两章中,我们分别介绍了柯西定理、柯西积分公式及洛朗定理等重要的内容。本章将继续介绍复变函数论中另一个重要的内容,即留数定理。后面将看到,留数定理在计算某些实变函数的积分中有着重要的应用。

§4.1　留数定理

由柯西定理可以知道,如果函数 $f(z)$ 在某个区域 D 内解析,则它沿该区域内的任何一条闭合围道 c 的积分 $\oint_c f(z)\mathrm{d}z$ 等于零。如果函数 $f(z)$ 在闭合围道 c 内有奇点,那么应该如何计算积分?下面我们对此进行分析。

由洛朗级数展开可以知道,如果函数 $f(z)$ 在某个区域 D 内有一个孤立奇点 z_0,则可以在去掉 z_0 点的环形区域内将其展开为洛朗级数

$$f(z) = \sum_{n=-\infty}^{\infty} a_n (z-z_0)^n \tag{4.1-1}$$

现在以 z_0 为圆心,作一个圆周线 c,并将上式两边沿着 c 积分,则有

$$\oint_c f(z)\mathrm{d}z = \oint_c \sum_{n=-\infty}^{\infty} a_n (z-z_0)^n \mathrm{d}z = \sum_{n=-\infty}^{\infty} a_n \oint_c (z-z_0)^n \mathrm{d}z$$

利用积分公式(2.1-8)

$$\oint_c (z-z_0)^n \mathrm{d}z = \begin{cases} 2\pi\mathrm{i} \ (n=-1) \\ 0 \ (n\neq-1) \end{cases} \tag{4.1-2}$$

则有

$$\oint_c f(z)\mathrm{d}z = 2\pi\mathrm{i}a_{-1} \tag{4.1-3}$$

可见,在洛朗级数展开式中,系数 a_{-1} 具有独特的地位,它直接与函数 $f(z)$ 沿回路 c 的积分有关。因此,专门给 a_{-1} 起了个名字,称为函数 $f(z)$ 在 z_0 的留数(Residue),通常记为 $a_{-1} = \mathrm{Res}f(z_0)$,则

$$\oint_c f(z)\mathrm{d}z = 2\pi\mathrm{i}\mathrm{Res}f(z_0) \tag{4.1-4}$$

留数定理:设函数 $f(z)$ 在闭合围道 c 内除去有限个孤立奇点 $z_1,z_2,\cdots,$ z_n 外单值解析,而且在 c 上没有奇点,则有

$$\oint_c f(z)\mathrm{d}z = 2\pi\mathrm{i}\sum_{k=1}^n \mathrm{Res}f(z_k) \tag{4.1-5}$$

其中 $\mathrm{Res}f(z_k)$ 是函数 $f(z)$ 在第 k 个孤立奇点 z_k 处的留数。

证明:以 z_k 为圆心,作小的圆周 $c_k(k=1,2,\cdots,$ $n)$,使得这些小圆均位于闭合围道 c 内,且彼此相互隔离,如图 4-1 所示。这样由复连通区域中的柯西定理,则有

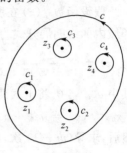

$$\oint_c f(z)\mathrm{d}z = \sum_{k=1}^n \oint_{c_k} f(z)\mathrm{d}z$$

然后,把 $f(z)$ 展开成洛朗级数,并利用式(4.1-4),即可以得到留数定理。

图 4-1

§4.2　留数的计算方法

由留数定理可以看出,计算函数 $f(z)$ 沿着闭合围道 c 的积分,可以归结为计算留数 $\mathrm{Res}f(z_k)$ 的问题。原则上讲,只要将函数 $f(z)$ 在以奇点 z_k 为圆心的环形区域上展开成洛朗级数,并取该级数的负一次幂的系数 a_{-1} 就行了。但是,如果能够不对函数 $f(z)$ 进行洛朗级数展开而直接计算出留数,那将使计算积分的工作量减轻很多。下面介绍计算留数的方法。

1. 一阶极点的情况

假设函数 $f(z)$ 在所考虑的区域 D 内有一个极点 z_0,且是一阶的,则它在 z_0 点的邻域内的洛朗展开式为

$$f(z) = \frac{a_{-1}}{z-z_0} + a_0 + a_1(z-z_0) + \cdots \quad (a_{-1}\neq 0)$$

将上式两边乘以 $(z-z_0)$,然后令 $z\to z_0$,则可以得到

$$\mathrm{Res}f(z_0) = a_{-1} = \lim_{z\to z_0}[(z-z_0)f(z)] \tag{4.2-1}$$

这就是计算一阶极点的留数的基本公式。

若函数 $f(z) = P(z)/Q(z)$,其中 $P(z)$ 及 $Q(z)$ 都在 z_0 点及其邻域内解析,且 z_0 是 $Q(z)$ 的一阶零点及 $P(z_0)\neq 0$,则有

$$\mathrm{Res}f(z_0) = \lim_{z\to z_0}\Big[(z-z_0)\frac{P(z)}{Q(z)}\Big] = \frac{P(z_0)}{Q'(z_0)} \tag{4.2-2}$$

其中用到了 $Q(z)$ 在 z_0 点的泰勒展开式

$$Q(z) = Q(z_0) + Q'(z_0)(z - z_0) + \frac{1}{2!}Q''(z_0)(z - z_0)^2 + \cdots$$

$$= (z - z_0)\left[Q'(z_0) + \frac{1}{2!}Q''(z_0)(z - z_0) + \cdots\right]$$

2. m 阶极点的情况$(m \geqslant 2)$

假设函数 $f(z)$ 在所考虑的区域 D 内有一个 m 阶极点 z_0,则它在 z_0 点的邻域内的洛朗展开式为

$$f(z) = \frac{a_{-m}}{(z - z_0)^m} + \frac{a_{-m+1}}{(z - z_0)^{m-1}} + \cdots + \frac{a_{-1}}{(z - z_0)} + a_0 + a_1(z - z_0) + \cdots$$

其中 $a_{-m} \neq 0$。将上式两边同乘以$(z - z_0)^m$,则可以得到

$$(z - z_0)^m f(z) = a_{-m} + a_{-m+1}(z - z_0) + \cdots + a_{-1}(z - z_0)^{m-1} + a_0(z - z_0)^m + \cdots$$

然后,求导$(m - 1)$次,有

$$\frac{\mathrm{d}^{m-1}}{\mathrm{d}z^{m-1}}\left[(z - z_0)^m f(z)\right] = (m - 1)!a_{-1} + m!a_0(z - z_0) + \cdots$$

最后,令 $z \to z_0$,则可以得到留数为

$$\mathrm{Res}f(z_0) = a_{-1} = \lim_{z \to z_0}\frac{1}{(m - 1)!}\frac{\mathrm{d}^{m-1}}{\mathrm{d}z^{m-1}}\left[(z - z_0)^m f(z)\right] \quad (4.2\text{-}3)$$

这就是求 m 阶极点的留数的基本公式。显然,当 $m = 1$ 时,式(4.2-3)即退化为一阶极点的留数计算公式(4.2-1)。

例 1 计算函数 $f(z) = \dfrac{ze^z}{z^2 - b^2}$ 的留数,其中 b 为任意的复常数。

解: 因为 $f(z) = \dfrac{ze^z}{z^2 - b^2} = \dfrac{ze^z}{(z - b)(z + b)}$,所以 $z = \pm b$ 是该函数的两个一阶极点,因此有

$$\mathrm{Res}f(b) = \lim_{z \to b}\left[(z - b)f(z)\right] = \frac{e^b}{2}$$

$$\mathrm{Res}f(-b) = \lim_{z \to -b}\left[(z + b)f(z)\right] = \frac{e^{-b}}{2}$$

例 2 计算函数 $f(z) = \dfrac{1}{(z^2 + 1)^2}$ 的留数。

解: 因为 $f(z) = \dfrac{1}{(z^2 + 1)^2} = \dfrac{1}{(z + i)^2(z - i)^2}$,可见 $z = \pm i$ 是该函数的两个二阶极点,因此有

$$\mathrm{Res}f(i) = \lim_{z \to i}\frac{\mathrm{d}}{\mathrm{d}z}\left[(z - i)^2 f(z)\right] = \lim_{z \to i}\frac{\mathrm{d}}{\mathrm{d}z}\left[\frac{1}{(z + i)^2}\right] = -\frac{i}{4}$$

$$\mathrm{Res}f(-i) = \lim_{z \to -i}\frac{\mathrm{d}}{\mathrm{d}z}\left[(z + i)^2 f(z)\right] = \lim_{z \to -i}\frac{\mathrm{d}}{\mathrm{d}z}\left[\frac{1}{(z - i)^2}\right] = \frac{i}{4}$$

例 3　计算函数 $f(z) = \dfrac{1}{z^3(z-i)}$ 的留数。

解：可以看出，该函数有两个极点，分别为三阶极点 $z = 0$ 和一阶极点 $z = i$，它们对应的留数分别为

$$\operatorname{Res} f(0) = \lim_{z \to 0} \frac{1}{2!} \frac{\mathrm{d}^2}{\mathrm{d}z^2} [z^3 f(z)] = \lim_{z \to 0} \frac{1}{2!} \frac{\mathrm{d}^2}{\mathrm{d}z^2} \left[\frac{1}{z-i} \right] = -i$$

$$\operatorname{Res} f(i) = \lim_{z \to i} [(z-i) f(z)] = \lim_{z \to i} \left[\frac{1}{z^3} \right] = i$$

例 4　确定函数 $f(z) = \dfrac{1}{\varepsilon z^2 + 2z + \varepsilon}$ 在单位圆 $|z| = 1$ 内的极点，并计算它沿该单位圆周的积分值，其中 $0 < \varepsilon < 1$。

解：可以将被积函数的分母写为 $\varepsilon z^2 + 2z + \varepsilon = \varepsilon(z - z_1)(z - z_2)$，其中

$$z_1 = -\frac{1}{\varepsilon} - \frac{1}{\varepsilon} \sqrt{1 - \varepsilon^2}$$

$$z_2 = -\frac{1}{\varepsilon} + \frac{1}{\varepsilon} \sqrt{1 - \varepsilon^2}$$

可见 z_1 及 z_2 分别是函数 $f(z)$ 的两个一阶极点。但由于 $0 < \varepsilon < 1$，则 $|z_1| = \dfrac{1 + \sqrt{1 - \varepsilon^2}}{\varepsilon} > \dfrac{1}{\varepsilon} > 1$，故 z_1 点不在单位圆内；而 $|z_2| = \dfrac{1 - \sqrt{1 - \varepsilon^2}}{\varepsilon} = \dfrac{1 - \sqrt{(1 + \varepsilon)(1 - \varepsilon)}}{\varepsilon} < \dfrac{1 - (1 - \varepsilon)}{\varepsilon} = 1$，故 z_2 点在单位圆内。这样在单位圆内，函数 $f(z)$ 只有一个一阶极点，对应的留数为

$$\operatorname{Res} f(z_2) = \lim_{z \to z_2} [(z - z_2) f(z)] = \lim_{z \to z_2} \left[\frac{1}{\varepsilon(z - z_1)} \right] = \frac{1}{\varepsilon(z_2 - z_1)}$$

$$= \frac{1}{2\sqrt{1 - \varepsilon^2}}$$

故该函数沿着单位圆周的积分为

$$\oint_{|z|=1} \frac{\mathrm{d}z}{\varepsilon z^2 + 2z + \varepsilon} = 2\pi i \operatorname{Res} f(z_2) = \frac{\pi i}{\sqrt{1 - \varepsilon^2}} \tag{4.2-4}$$

可以看出，利用留数定理来计算一个复变函数沿着一个闭合围道的积分，其基本步骤如下：

（1）首先确定被积函数在这个闭合围道内的所有极点，并判断每个极点的阶数；

（2）利用计算留数的公式，计算出被积函数在该极点的留数；

（3）最后，利用留数定理，即可确定出该积分的值。

§4.3 留数定理的应用

在自然科学研究中,通常会遇到一些在无穷区间上的积分或被积函数具有奇异性的积分,如光学中的菲涅尔积分 $\int_0^\infty \cos x^2 \, \mathrm{d}x$ 或 $\int_0^\infty \sin x^2 \, \mathrm{d}x$,热传导问题中遇到的积分 $\int_0^\infty \mathrm{e}^{-ax} \cos(bx) \, \mathrm{d}x$ 以及阻尼振动中所遇到的积分 $\int_0^\infty \frac{\sin x}{x} \, \mathrm{d}x$ 等。对于这些实变函数的积分,若采用通常的方法很难计算出来,甚至不能计算。下面将看到,如果通过适当的步骤把这些实变积分转化为复变函数的回路积分,并利用留数定理,则很容易计算出来。因此,留数定理的重要应用之一,就是用来计算实变函数的积分。下面通过几个典型的积分计算,来说明它的应用。

类型一:有理三角函数积分

$$I = \int_0^{2\pi} R(\cos\theta, \sin\theta) \, \mathrm{d}\theta \qquad (4.3\text{-}1)$$

其中被积函数是 $\cos\theta$ 或 $\sin\theta$ 的有理函数,且在 $[0, 2\pi]$ 内连续。

作积分变量代换 $z = \mathrm{e}^{\mathrm{i}\theta}$,则有

$$\cos\theta = \frac{\mathrm{e}^{\mathrm{i}\theta} + \mathrm{e}^{-\mathrm{i}\theta}}{2} = \frac{z + z^{-1}}{2}, \quad \sin\theta = \frac{\mathrm{e}^{\mathrm{i}\theta} - \mathrm{e}^{-\mathrm{i}\theta}}{2\mathrm{i}} = \frac{z - z^{-1}}{2\mathrm{i}}, \quad \mathrm{d}\theta = \frac{\mathrm{d}z}{\mathrm{i}z}$$

可以看出,当 θ 从 0 变化到 2π 时,z 恰好沿单位圆周($c:|z|=1$)正向地绕行一周,所以可以把原来的积分转化为

$$I = \oint_c R\left(\frac{z + z^{-1}}{2}, \frac{z - z^{-1}}{2\mathrm{i}}\right) \frac{\mathrm{d}z}{\mathrm{i}z} \qquad (4.3\text{-}2)$$

当有理函数

$$f(z) = R\left(\frac{z + z^{-1}}{2}, \frac{z - z^{-1}}{2\mathrm{i}}\right) \frac{1}{\mathrm{i}z} \qquad (4.3\text{-}3)$$

在单位圆周 c 内有 n 个孤立奇点时 $z_k (k = 1, 2, \cdots, n)$,则由留数定理有

$$I = \int_0^{2\pi} R(\cos\theta, \sin\theta) \, \mathrm{d}\theta$$

$$\qquad (4.3\text{-}4)$$

$$= 2\pi\mathrm{i} \sum_{k=1}^n \operatorname{Res} f(z_k)$$

例 1 计算积分 $I = \int_0^{2\pi} \frac{\mathrm{d}\theta}{1 + \varepsilon\cos\theta}$ 的值,其中 $0 < \varepsilon < 1$。

解:令 $z = \mathrm{e}^{\mathrm{i}\theta}$,则有

$$I = \oint_{|z|=1} \frac{\mathrm{d}z / \mathrm{i}z}{1 + \varepsilon(z + z^{-1})/2} = \frac{2}{\mathrm{i}} \oint_{|z|=1} \frac{\mathrm{d}z}{\varepsilon z^2 + 2z + \varepsilon}$$

上式右边的回路积分值为 $i\pi/\sqrt{1-\varepsilon^2}$，见式(4.2-4)，于是有

$$I = \int_0^{2\pi} \frac{\mathrm{d}\theta}{1+\varepsilon\cos\theta} = \frac{2\pi}{\sqrt{1-\varepsilon^2}}$$

例 2 计算积分 $I = \int_0^{2\pi} \frac{\mathrm{d}\theta}{1-2\varepsilon\cos\theta+\varepsilon^2}$ 的值，其中 $0 < \varepsilon < 1$。

解：令 $z = \mathrm{e}^{\mathrm{i}\theta}$，则有

$$I = \oint_{|z|=1} \frac{\mathrm{d}z/\mathrm{i}z}{1-\varepsilon(z+z^{-1})/2+\varepsilon^2} = \oint_{|z|=1} \frac{\mathrm{i}\mathrm{d}z}{(z-\varepsilon)(\varepsilon z-1)}$$

可见被积函数 $f(z) = \frac{\mathrm{i}}{\varepsilon(z-\varepsilon)(z-1/\varepsilon)}$ 有两个单极点：$z_1 = \varepsilon$ 和 $z_2 = 1/\varepsilon$。

由于 $\varepsilon < 1$，极点 z_2 不在单位圆内，因此不用考虑。故由留数定理，则有

$$I = 2\pi\mathrm{i} \lim_{z\to z_1} [(z-z_1)f(z)] = 2\pi\mathrm{i} \frac{\mathrm{i}}{\varepsilon(z_1-z_2)} = \frac{2\pi}{1-\varepsilon^2}$$

例 3 计算积分 $I = \int_0^\pi \frac{a\mathrm{d}\theta}{a^2+\sin^2\theta}$ 的值，其中 $a > 0$ 为实数。

解：首先利用三角函数公式 $\cos2\theta = 1 - 2\sin^2\theta$，可以把该积分转化成

$$I = \int_0^\pi \frac{a\mathrm{d}\theta}{a^2+(1-\cos2\theta)/2} = \int_0^{2\pi} \frac{a\mathrm{d}\theta}{(1+2a^2)-\cos\theta}$$

然后令 $z = \mathrm{e}^{\mathrm{i}\theta}$，则有

$$I = \oint_{|z|=1} \frac{a\mathrm{d}z/\mathrm{i}z}{(1+2a^2)-(z+z^{-1})/2} = \oint_{|z|=1} \frac{2a\mathrm{i}}{(z-z_1)(z-z_2)}\mathrm{d}z$$

其中

$$z_1 = 1+2a^2+\sqrt{(1+2a^2)^2-1} > 1$$

$$z_2 = 1+2a^2-\sqrt{(1+2a^2)^2-1} < 1$$

由于 z_1 不在单位圆内，所以由留数定理有

$$I = 2\pi\mathrm{i} \frac{2a\mathrm{i}}{z_2-z_1} = \frac{\pi}{\sqrt{1+a^2}}$$

由以上讨论可以看出，对于利用留数定理计算这种有理三角函数的积分，其基本步骤为：

(1) 通过变量替代 $z = \mathrm{e}^{\mathrm{i}\theta}$，把原来的积分(积分区间从 0 到 2π)转化成沿着复平面上一个单位圆的积分，其中圆心位于原点；

(2) 找出被积函数在单位圆内的所有极点，并判断每个极点的阶；

(3) 根据计算留数的公式，计算出被积函数在每个极点的留数；

(4) 最后，根据留数定理，就可以得到积分结果。

类型二：无穷积分

$$I = \int_{-\infty}^\infty f(x)\mathrm{d}x \tag{4.3-5}$$

其中:① 与实变函数 $f(x)$ 相对应的复变函数 $f(z)$ 在实轴上没有奇点,在上半平面上除有限个奇点外是解析的;② 在实轴及上半平面上,当 $|z| \to \infty$ 时,有 $|zf(z)| \to 0$。

要想利用留数定理计算上面的积分,首先需要进行如下操作:

(1) 设 R 为一无限大的正常数,则可以将积分[式(4.3-5)]写成

$$I = \lim_{R \to \infty} \int_{-R}^{R} f(x) \mathrm{d}x$$

(2) 以 R 为半径,在上半平面作一个半圆形回路,其中半圆周为 c_R,圆心位于坐标原点,见图 4-2。这样则有

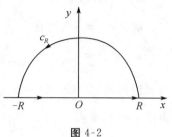

图 4-2

$$\int_{-R}^{R} f(x) \mathrm{d}x + \int_{c_R} f(z) \mathrm{d}z = \oint_c f(z) \mathrm{d}z$$

(3) 由于当 $|z| \to \infty$ 时,$|zf(z)| \to 0$,则

$$\left| \int_{c_R} f(z) \mathrm{d}z \right| \leqslant \int_{c_R} |zf(z)| \frac{|\mathrm{d}z|}{|z|} \leqslant \max|zf(z)| \frac{\pi R}{R}$$
$$= \pi \max|zf(z)| \to 0$$

则有

$$\int_{-\infty}^{\infty} f(x) \mathrm{d}x = \oint_c f(z) \mathrm{d}z = 2\pi\mathrm{i} \sum_{k=1}^{n} \operatorname{Res} f(z_k) \big|_{\text{上半平面}} \qquad (4.3\text{-}6)$$

其中 $\sum_{k=1}^{n} \operatorname{Res} f(z_k) \big|_{\text{上半平面}}$ 为函数 $f(z)$ 在上半平面的留数之和。

说明:

(1) 如果函数 $f(z)$ 在下半平面除有限个奇点外处处解析,则也可以用下半平面的留数定理来计算积分[式(4.3-5)],其积分结果与式(4.3-6)的右边相似,但相差一个负号。

(2) 当 $f(x)$ 是 x 的偶函数时,则有

$$\int_{0}^{\infty} f(x) \mathrm{d}x = \frac{1}{2} \int_{-\infty}^{\infty} f(x) \mathrm{d}x = \pi\mathrm{i} \sum_{k=1}^{n} \operatorname{Res} f(z_k) \big|_{\text{上半平面}} \qquad (4.3\text{-}7)$$

例 4 计算积分 $I = \int_{-\infty}^{\infty} \dfrac{\mathrm{d}x}{1+x^2}$ 的值。

解:因为 $f(z) = \dfrac{1}{1+z^2} = \dfrac{1}{(z-\mathrm{i})(z+\mathrm{i})}$ 在上半平面有一个一阶极点 $z = \mathrm{i}$,其对应的留数为

$$\operatorname{Res} f(\mathrm{i}) = \lim_{z \to \mathrm{i}} \left[(z-\mathrm{i}) f(z) \right] = \lim_{z \to \mathrm{i}} \left[\frac{1}{z+\mathrm{i}} \right] = \frac{1}{2\mathrm{i}}$$

则由留数定理,有

$$I = 2\pi i \ \mathrm{Res} f(\mathrm{i}) = \pi$$

例 5　计算积分 $I = \displaystyle\int_{-\infty}^{\infty} \frac{\mathrm{d}x}{(1+x^2)^3}$ 的值。

解：因为函数 $f(z) = \dfrac{1}{(1+z^2)^3} = \dfrac{1}{(z-\mathrm{i})^3 (z+\mathrm{i})^3}$ 在上半平面有一个

三阶极点 $z = \mathrm{i}$,其对应的留数为

$$\mathrm{Res} f(\mathrm{i}) = \lim_{z \to \mathrm{i}} \frac{1}{2!} \frac{\mathrm{d}^2}{\mathrm{d}z^2} \big[(z-\mathrm{i})^3 f(z) \big] = \lim_{z \to \mathrm{i}} \frac{1}{2} \frac{\mathrm{d}^2}{\mathrm{d}z^2} \left[\frac{1}{(z+\mathrm{i})^3} \right] = \frac{3}{16\mathrm{i}}$$

则由留数定理有

$$I = 2\pi i \mathrm{Res} f(\mathrm{i}) = \frac{3}{8}\pi$$

对于利用留数定理计算这种无穷积分,其基本步骤如下:

（1）对原有的积分路径进行补充,使之变成一个闭合的围道,如上半平面或下半平面的半圆;

（2）确定被积函数在上半平面（或下半平面）上的所有极点和极点的阶数,并计算出相应的留数;

（3）根据留数定理,即可以得到积分的值。

类型三：含有三角函数的无穷积分

$$I = \int_{-\infty}^{\infty} f(x)\mathrm{e}^{\mathrm{i}mx} \, \mathrm{d}x \tag{4.3-8}$$

其中：① m 为大于零的实数;② 与 $f(x)$ 对应的复变函数 $f(z)$ 在上半平面除有限个奇点外处处解析;③ 在实轴及上半平面上,当 $|z| \to \infty$ 时,有 $|f(z)| \to 0$。

为了完成上面的积分计算,需要引入一个重要的引理,即**约当引理**：设当 $|z| \to \infty$ 时,函数 $f(z)$ 在上半平面及实轴上一致趋于零,则

$$\lim_{R \to \infty} \int_{c_R} f(z)\mathrm{e}^{\mathrm{i}mz} \, \mathrm{d}z = 0 \tag{4.3-9}$$

其中 $m > 0$, c_R 是以 $z = 0$ 为圆心、以 R 为半径的半圆周,位于上半平面。

证明：在 c_R 上,设 $z = R\mathrm{e}^{\mathrm{i}\theta}$,则

$$\left| \int_{c_R} f(z)\mathrm{e}^{\mathrm{i}mz} \, \mathrm{d}z \right| \leqslant \int_0^{\pi} \left| f(R\mathrm{e}^{\mathrm{i}\theta}) \right| \left| \mathrm{e}^{\mathrm{i}mR\cos\theta - mR\sin\theta} \right| \left| R\mathrm{e}^{\mathrm{i}\theta} \mathrm{i} \mathrm{d}\theta \right|$$

$$= \int_0^{\pi} \left| f(R\mathrm{e}^{\mathrm{i}\theta}) \right| \ \mathrm{e}^{-mR\sin\theta} R \, \mathrm{d}\theta$$

取 R 足够大,使得 $\left| f(R\mathrm{e}^{\mathrm{i}\theta}) \right| < \varepsilon$,其中 ε 为任意小的正数,则

$$\left| \int_{c_R} f(z)\mathrm{e}^{\mathrm{i}mz} \, \mathrm{d}z \right| \leqslant \varepsilon R \int_0^{\pi} \mathrm{e}^{-mR\sin\theta} \, \mathrm{d}\theta = 2\varepsilon R \int_0^{\pi/2} \mathrm{e}^{-mR\sin\theta} \, \mathrm{d}\theta$$

因为在 $[0, \pi/2]$ 区间内,有不等式成立 $0 < \dfrac{2\theta}{\pi} < \sin\theta$,则

$$\left|\int_{c_R} f(z)\mathrm{e}^{\mathrm{i}mz}\,\mathrm{d}z\right| \leqslant 2\varepsilon R \int_0^{\pi/2} \mathrm{e}^{-2mR\theta/\pi}\,\mathrm{d}\theta = \frac{\varepsilon\pi}{m}(1-\mathrm{e}^{-mR})$$

可见,当 $R \to \infty$ 时,上式的结果趋于零,这就证明了约当引理。

下面利用约当引理及留数定理完成式(4.3-8)的积分。在上半平面上,以零点为圆心,以 R 为半径作一个半圆,对应的半圆周为 c_R,则有

$$\oint_c f(z)\mathrm{e}^{\mathrm{i}mz}\,\mathrm{d}z = \int_{-R}^R f(x)\mathrm{e}^{\mathrm{i}mx}\,\mathrm{d}x + \int_{c_R} f(z)\mathrm{e}^{\mathrm{i}mz}\,\mathrm{d}z$$

由约当引理,显然当 $R \to \infty$ 时,上式右边的第二项的积分结果为零。再根据留数定理,有

$$\int_{-\infty}^{\infty} f(x)\mathrm{e}^{\mathrm{i}mx}\,\mathrm{d}x = \oint_c f(z)\mathrm{e}^{\mathrm{i}mz}\,\mathrm{d}z = 2\pi\mathrm{i}\sum_{k=1}^n \mathrm{Res}\left[f(z)\mathrm{e}^{\mathrm{i}mz}\right]\Big|_{\text{上半平面}}$$

$$(4.3\text{-}10)$$

特别地,当 $f(x)$ 为偶函数时,则有

$$\int_0^{\infty} f(x)\cos(mx)\,\mathrm{d}x = \pi\mathrm{i}\sum_{k=1}^n \mathrm{Res}\left[f(z)\mathrm{e}^{\mathrm{i}mz}\right]\Big|_{\text{上半平面}} \qquad (4.3\text{-}11)$$

而当 $f(x)$ 为奇函数时,则有

$$\int_0^{\infty} f(x)\sin(mx)\,\mathrm{d}x = \pi\sum_{k=1}^n \mathrm{Res}\left[f(z)\mathrm{e}^{\mathrm{i}mz}\right]\Big|_{\text{上半平面}} \qquad (4.3\text{-}12)$$

例 6　计算积分 $I = \displaystyle\int_0^{\infty} \frac{\cos mx}{x^2 + a^2}\,\mathrm{d}x$ 的值,其中 $m > 0$ 及 $a > 0$。

解:因 $f(z)\mathrm{e}^{\mathrm{i}mz} = \dfrac{\mathrm{e}^{\mathrm{i}mz}}{z^2 + a^2}$ 在上半平面只有一个一阶极点 $z = a\mathrm{i}$,则对应的留数为

$$\lim_{z \to a\mathrm{i}}\left[(z - a\mathrm{i})f(z)\mathrm{e}^{\mathrm{i}mz}\right] = \lim_{z \to a\mathrm{i}}\left[\frac{\mathrm{e}^{\mathrm{i}mz}}{z + a\mathrm{i}}\right] = \frac{\mathrm{e}^{-ma}}{2a\mathrm{i}}$$

由公式(4.3-11),可以得到

$$\int_0^{\infty} \frac{\cos mx}{x^2 + a^2}\,\mathrm{d}x = \frac{\pi\mathrm{e}^{-ma}}{2a}$$

例 7　计算积分 $I = \displaystyle\int_0^{\infty} \frac{x\sin mx}{(x^2 + a^2)^2}\,\mathrm{d}x$ 的值,其中 $m > 0$ 及 $a > 0$。

解:因 $f(z)\mathrm{e}^{\mathrm{i}mz} = \dfrac{z\mathrm{e}^{\mathrm{i}mz}}{(z^2 + a^2)^2}$ 在上半平面只有一个二阶极点 $z = a\mathrm{i}$,则对应的留数为

$$\lim_{z \to a\mathrm{i}}\frac{\mathrm{d}}{\mathrm{d}z}\left[(z - a\mathrm{i})^2 f(z)\mathrm{e}^{\mathrm{i}mz}\right] = \lim_{z \to a\mathrm{i}}\frac{\mathrm{d}}{\mathrm{d}z}\left[\frac{z\mathrm{e}^{\mathrm{i}mz}}{(z + a\mathrm{i})^2}\right] = \frac{m\mathrm{e}^{-ma}}{4a}$$

再由公式(4.3-12),可以得到

$$\int_0^\infty \frac{x\sin mx}{(x^2+a^2)^2}\mathrm{d}x = \frac{m\pi}{4a}\mathrm{e}^{-ma}$$

关于利用留数定理计算这种含有三角函数的无穷积分,其基本步骤如同前面的类型二,这里不再重复。

§4.4   补充内容

1.实轴上有奇点的情况

在前面介绍的三类积分问题中,都要求被积函数在实轴上没有奇点,但在一些实际问题中,有时会遇到被积函数在实轴上有奇点的情形。下面介绍如何利用留数定理来计算这类积分。

考虑如下积分

$$I = \int_{-\infty}^\infty f(x)\mathrm{d}x \qquad (4.4\text{-}1)$$

其中 $f(x)$ 除了在实轴上有一个奇点 $x=b$ 外,它满足类型二的条件。为了完成这类积分的计算,需要作如下操作:

以 $z=b$ 为圆心,以无限小的正数 ε 为半径作一个小的半圆周 c_ε;以 $z=0$ 为圆心,以充分大的 R 为半径作一个大的半圆周 c_R。这样由 c_R、c_ε 及实轴 $[-R,R]$ 构成了一个闭合围道 c,见图4-3。这样有

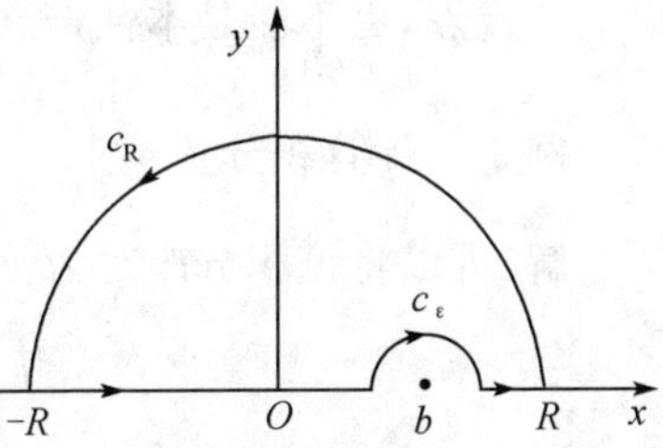

图 4-3

$$\oint_c f(z)\mathrm{d}z = \int_{-R}^{b-\varepsilon} f(x)\mathrm{d}x + \int_{b+\varepsilon}^R f(x)\mathrm{d}x + \int_{c_R} f(z)\mathrm{d}z + \int_{c_\varepsilon} f(z)\mathrm{d}z$$

当 $R\to\infty$,$\varepsilon\to 0$ 时,上式右边的第一项与第二项之和就是所求的积分 $\int_{-\infty}^\infty f(x)\mathrm{d}x$;而上式右边的第三项的积分为零,因为当 $|z|\to\infty$ 时,$|zf(z)|\to 0$,则有 $\int_{c_R} f(z)\mathrm{d}z\to 0$。对于上式右边的第四项,可以做如下计算:假设 $z=b$ 是 $f(z)$ 的一阶极点,并把 $f(z)$ 在 $z=b$ 点展开成洛朗级数,则

$$f(z) = \frac{a_{-1}}{z-b} + P(z-b)$$

其中 $P(z-b)$ 是洛朗级数的解析部分,它在 c_ε 上有界,即

$$\lim_{\varepsilon\to 0}\left|\int_{c_\varepsilon} P(z-b)\mathrm{d}z\right| \leqslant \lim_{\varepsilon\to 0}Max\,|P(z-b)|\,\pi\varepsilon \to 0$$

这样有

$$\int_{c_\varepsilon} f(z)\mathrm{d}z = a_{-1}\int_{c_\varepsilon} \frac{\mathrm{d}z}{z-b} = -\mathrm{i}\pi a_1 = -\pi\mathrm{i}\mathrm{Res}[f(b)]\big|_{\text{实轴}}$$

注意:由于 c_ε 的方向是顺时针的,故上式的积分结果为负。根据以上结果,最后可以得到

$$\int_{-\infty}^{\infty} f(x)\mathrm{d}x = 2\pi\mathrm{i}\sum_k \mathrm{Res}f(z_k)\big|_{\text{上半平面}} + \pi\mathrm{i}\mathrm{Res}f(b)\big|_{\text{实轴}} \qquad (4.4\text{-}2)$$

推论:对于积分 $\int_{-\infty}^{\infty} f(x)\mathrm{e}^{imx}\mathrm{d}x$,如果对应的 $f(z)$ 在实轴上有一个一阶极点 $z=b$,且当 $|z|\to\infty$ 时,$|f(z)|\to 0$,则有

$$\int_{-\infty}^{\infty} f(x)\mathrm{e}^{imx}\mathrm{d}x = 2\pi\mathrm{i}\sum_k \mathrm{Res}[f(z_k)\mathrm{e}^{imz_k}]\big|_{\text{上半平面}} + \pi\mathrm{i}\mathrm{Res}[f(b)\mathrm{e}^{imb}]\big|_{\text{实轴}}$$

$$(4.4\text{-}3)$$

其中 $m>0$。

由以上讨论可知,当被积函数在实轴上有奇点时,仍可以用留数定理来计算。但需要注意的是,实轴上的极点只能是一阶极点,不能是二阶或二阶以上的极点,更不能是本性奇点,否则积分 $\int_{c_\varepsilon} f(z)\mathrm{d}z \to \infty$。

例 1　计算积分 $I = \int_0^{\infty} \dfrac{\sin x}{x}\mathrm{d}x$ 的值。

解:可以将该积分改写为

$$I = \frac{1}{2\mathrm{i}}\int_{-\infty}^{\infty} \frac{\mathrm{e}^{\mathrm{i}x}}{x}\mathrm{d}x$$

可见,被积函数 $f(z)=1/z$ 在实轴上有一阶极点 $z=0$,而在上半平面上没有极点,因此有

$$I = \frac{1}{2\mathrm{i}}\pi\mathrm{i}\mathrm{Res}[f(z)\mathrm{e}^{\mathrm{i}z}]\big|_{z=0} = \frac{1}{2\mathrm{i}}\pi\mathrm{i}[zf(z)\mathrm{e}^{\mathrm{i}z}]\big|_{z=0} = \frac{\pi}{2}$$

即

$$\int_0^{\infty} \frac{\sin x}{x}\mathrm{d}x = \frac{\pi}{2} \qquad (4.4\text{-}4)$$

这是一个很重要的积分结果,在物理学中十分有用。

2. 菲涅耳积分

在研究光学衍射问题时,会遇到如下两种菲涅耳积分

$$I_1 = \int_0^{\infty} \cos x^2 \mathrm{d}x \qquad (4.4\text{-}5)$$

$$I_2 = \int_0^{\infty} \sin x^2 \mathrm{d}x \qquad (4.4\text{-}6)$$

为了计算这两个积分,先考虑函数 $\mathrm{e}^{\mathrm{i}z^2}$ 沿着图 4-4 所示的闭合围道 c 的积分

$\oint_c e^{iz^2} dz$。由于 e^{iz^2} 在闭合围道 c 内解析,则有 $\oint_c e^{iz^2} dz = 0$,即

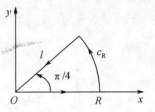

图 4-4

$$\int_0^R e^{ix^0} dx + \int_{c_R} e^{iz^?} dz + \int_l e^{iz^?} dz = 0$$

令 $R \to \infty$,则上式左边第一项的积分为

$$\int_0^\infty e^{ix^2} dx = \int_0^\infty (\cos x^2 + i\sin x^2) dx = I_1 + iI_2$$

在圆弧 c_R 上,令 $z = Re^{i\theta}$,由于在 $0 \leqslant \theta \leqslant \pi/4$ 内,

有 $\sin 2\theta \geqslant \frac{4}{\pi}\theta$,则有

$$\left| \int_{c_R} e^{iz^2} dz \right| = \left| \int_0^{\pi/4} e^{iR^2\cos 2\theta - R^2\sin 2\theta} iRe^{i\theta} d\theta \right| \leqslant R \left| \int_0^{\pi/4} e^{-R^2\sin 2\theta} d\theta \right|$$

$$\leqslant R \int_0^{\pi/4} e^{-4R^2\theta/\pi} d\theta = \frac{\pi}{4R}(1 - e^{-R^2}) \to 0$$

在辐角为 $\pi/4$ 的射线 l 上,可以令 $z = re^{i\pi/4}$,则有

$$\int_l e^{iz^2} dz = \int_R^0 e^{ir^2 e^{i\pi/2}} e^{i\pi/4} dr = \frac{\sqrt{2}}{2}(1+i)\int_\infty^0 e^{-r^2} dr = -\frac{\sqrt{2\pi}}{4}(1+i)$$

这样,根据以上积分的结果,可以得到

$$I_1 + iI_2 = \frac{\sqrt{2\pi}}{4}(1+i)$$

即

$$I_1 = \int_0^\infty \cos x^2 dx = \frac{\sqrt{2\pi}}{4}$$

$$I_2 = \int_0^\infty \sin x^2 dx = \frac{\sqrt{2\pi}}{4}$$

3. 计算如下积分

$$\int_0^\infty e^{-ax^2} \cos(bx) dx \tag{4.4-7}$$

其中 $a > 0$,b 为任意实数。

作如下变换

$$\int_0^\infty e^{-ax^2} \cos(bx) dx = \frac{1}{2}\int_0^\infty e^{-ax^2}(e^{ibx} + e^{-ibx}) dx = \frac{1}{2}\int_{-\infty}^\infty e^{-ax^2 + ibx} dx$$

$$= \frac{1}{2} e^{-b^2/4a} \int_{-\infty}^\infty e^{-a(x-ib/2a)^2} dx$$

$$= \frac{1}{2} e^{-b^2/4a} \int_{c_1^-} e^{-az^2} dz$$

其中积分路径 c_1^- 为与实轴相距 $b/2a$ 的平行直线段,其走向与图 4-5 中的线

段 c_1 的走向相反。由于函数 $f(z) = \mathrm{e}^{-az^2}$ 在闭合围道 $c = c_1 + c_2 + c_3 + c_4$ 内解析,则

$$\int_{c_1} f(z)\mathrm{d}z + \int_{c_2} f(z)\mathrm{d}z + \int_{c_3} f(z)\mathrm{d}z + \int_{c_4} f(z)\mathrm{d}z = 0$$

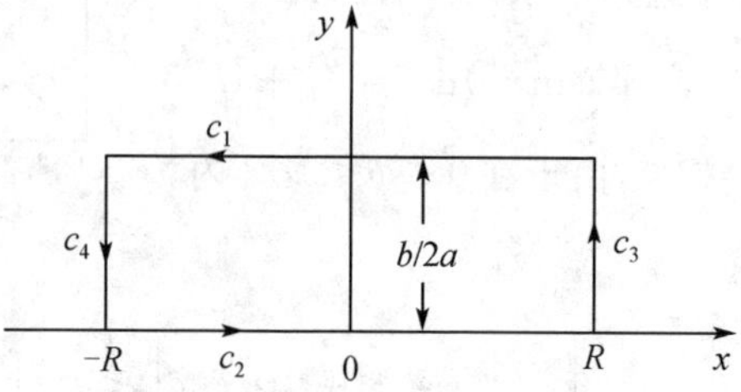

图 4-5

即

$$\int_{c_1^-} f(z)\mathrm{d}z = -\int_{c_1} f(z)\mathrm{d}z$$

$$= \int_{c_2} f(z)\mathrm{d}z + \int_{c_3} f(z)\mathrm{d}z + \int_{c_4} f(z)\mathrm{d}z$$

当 $R \to \infty$ 时,有

$$\int_{c_2} f(z)\mathrm{d}z = \int_{-\infty}^{\infty} \mathrm{e}^{-ax^2}\mathrm{d}x = \sqrt{\frac{\pi}{a}}$$

$$\left| \int_{c_3} f(z)\mathrm{d}z \right| = \left| \int_0^{b/2a} \mathrm{e}^{-a(R+\mathrm{i}y)^2}\mathrm{i}\mathrm{d}y \right| \leqslant \mathrm{e}^{-aR^2} \int_0^{b/2a} \mathrm{e}^{-ay^2}\mathrm{d}y \to 0$$

$$\left| \int_{c_2} f(z)\mathrm{d}z \right| \to 0$$

因此,有

$$\int_{c_1^-} f(z)\mathrm{d}z = \sqrt{\frac{\pi}{a}}$$

$$\int_0^{\infty} \mathrm{e}^{-ax^2}\cos(bx)\mathrm{d}x = \frac{1}{2}\sqrt{\frac{\pi}{a}}\,\mathrm{e}^{-b^2/4a} \tag{4.4-8}$$

实际上,也可以不用留数定理,而采用不太严格的方法直接进行积分,即

$$\int_0^{\infty} \mathrm{e}^{-ax^2}\cos(bx)\mathrm{d}x = \frac{1}{2}\mathrm{e}^{-b^2/4a}\int_{-\infty}^{\infty} \mathrm{e}^{-a(x-\mathrm{i}b/2a)^2}\mathrm{d}x$$

$$= \frac{1}{2}\mathrm{e}^{-b^2/4a}\int_{-\infty}^{\infty} \mathrm{e}^{-ay^2}\mathrm{d}y \left[y = (x-\mathrm{i}b)/2a\right]$$

$$= \frac{1}{\sqrt{a}}\mathrm{e}^{-b^2/4a}\int_0^{\infty} \mathrm{e}^{-t^2}\mathrm{d}t \ (t = ay^2)$$

$$= \frac{1}{\sqrt{a}}\mathrm{e}^{-b^2/4a}\frac{\sqrt{\pi}}{2}$$

$$= \frac{1}{2}\sqrt{\frac{\pi}{a}}\,e^{-b^2/4a}$$

这与前面得到的结果完全相同。

根据上面的积分结果,可以得到如下一个重要的积分关系式

$$\int_{-\infty}^{\infty} e^{-ax^2+ibx}\,dx = \sqrt{\frac{\pi}{a}}\,e^{-b^2/4a} \tag{4.4-9}$$

我们在第十章讨论积分变换法时将用到这个积分式。

习 题

1.利用留数定理,计算如下积分。

(1) $\oint_c \frac{dz}{(z^2+1)^2(z-1)}$,其中 c:$|z-1|=2$

(2) $\oint_c \frac{\cos z}{z^3}dz$,其中 c:$|z|=1$

(3) $\oint_c \frac{dz}{z\sin z}$,其中 c:$|z|=1$

(4) $\oint_c \frac{e^{2z}}{z^2+1}dz$,其中 c:$|z|=2$

2.计算如下实变函数的积分。

(1) $\int_0^{2\pi} \frac{d\theta}{2+\cos\theta}$

(2) $\int_0^{2\pi} \frac{d\theta}{(1+\varepsilon\cos\theta)^2}$ $(0<\varepsilon<1)$

(3) $\int_0^{2\pi} \frac{d\theta}{1+\sin^2\theta}$

(4) $\int_0^{2\pi} \frac{d\theta}{1+\cos^2\theta}$

3.计算如下实变函数的积分。

(1) $\int_{-\infty}^{\infty} \frac{x^2\,dx}{(x^2+1)(x^2+4)}$

(2) $\int_0^{\infty} \frac{x^2\,dx}{x^4+a^4}$ $(a>0)$

(3) $\int_{-\infty}^{\infty} \frac{x^2\,dx}{(x^2+a^2)^2}$ $(a>0)$

4.计算如下实变函数的积分。

(1) $\int_{-\infty}^{\infty} \frac{\cos mx\,dx}{(x^2+1)(x^2+4)}$ $(m>0)$

(2) $\displaystyle\int_{-\infty}^{\infty} \frac{x\sin x\,\mathrm{d}x}{x^2+1}$

(3) $\displaystyle\int_{-\infty}^{\infty} \frac{x\sin mx\,\mathrm{d}x}{(x^2+a^2)^2}$ $(m>0,a>0)$

(4) $\displaystyle\int_{-\infty}^{\infty} \frac{\cos mx\,\mathrm{d}x}{(x^2+a^2)^2}$ $(m>0,a>0)$

第五章　　傅里叶变换

傅里叶变换是求解数学物理方法问题的重要工具之一，它的应用领域非常广泛，不仅涉及一些工程技术领域，如振动、传热、电磁、信息等，同时它还在理论物理、量子力学、电动力学等基础学科领域有重要的应用。特别是，对于一些线性的常微分或偏微分方程（或方程组），借助于傅里叶变换，可以转化成线性的代数方程（或方程组）。

本章将重点介绍傅里叶级数展开和傅里叶积分变换。从广义角度上，傅里叶级数展开和傅里叶积分变换都属于一种广义的数学变换，前者适用于求解有界区域的问题，而后者则适用于求解无界或半无界区域的问题。

§5.1　　傅里叶级数

1. 实数形式的傅里叶级数

设 $f(x)$ 是一个以 $2l$ 为周期的函数，即

$$f(x) = f(x + 2l) \tag{5.1-1}$$

则可以把它展开成如下形式的傅里叶级数

$$f(x) = a_0 + \sum_{n=1}^{\infty} \left[a_n \cos \frac{n\pi x}{l} + b_n \sin \frac{n\pi x}{l} \right] \tag{5.1-2}$$

利用三角函数系的正交性

$$\frac{1}{l} \int_{-l}^{l} \sin \frac{n\pi x}{l} \sin \frac{m\pi x}{l} \mathrm{d}x = \delta_{n,m}$$

$$\frac{1}{l} \int_{-l}^{l} \cos \frac{n\pi x}{l} \cos \frac{m\pi x}{l} \mathrm{d}x = \delta_{n,m}$$

$$\frac{1}{l} \int_{-l}^{l} \cos \frac{n\pi x}{l} \sin \frac{m\pi x}{l} \mathrm{d}x = 0$$

$$\frac{1}{l} \int_{-l}^{l} 1 \cdot \cos \frac{n\pi x}{l} \mathrm{d}x = 2\delta_{0,n}$$

$$\frac{1}{l} \int_{-l}^{l} 1 \cdot \sin \frac{n\pi x}{l} \mathrm{d}x = 0$$

其中符号 $\delta_{n,m}$ 的定义为

$$\delta_{n,m} = \begin{cases} 1 & n = m \\ 0 & n \neq m \end{cases} \tag{5.1-3}$$

可以得到式(5.1-2)中的傅里叶展开系数为

$$a_0 = \frac{1}{2l} \int_{-l}^{l} f(x) \, dx \tag{5.1-4}$$

$$a_n = \frac{1}{l} \int_{-l}^{l} f(x) \cos \frac{n\pi x}{l} dx \ (n \neq 0) \tag{5.1-5}$$

$$b_n = \frac{1}{l} \int_{-l}^{l} f(x) \sin \frac{n\pi x}{l} dx \tag{5.1-6}$$

如果 l 是一个具有长度量纲的物理量,则式(5.1-2)就是周期函数 $f(x)$ 按空间变量 x 展开的傅里叶级数。引入波数

$$k_n = n\pi/l \quad (n = 0, 1, 2, \cdots) \tag{5.1-7}$$

则可以将式(5.1-2)改写为

$$f(x) = a_0 + \sum_{n=1}^{\infty} \left[a_n \cos(k_n x) + b_n \sin(k_n x) \right] \tag{5.1-8}$$

对应的展开系数则变为

$$a_0 = \frac{1}{2l} \int_{-l}^{l} f(x) \, dx \tag{5.1-9}$$

$$a_n = \frac{1}{l} \int_{-l}^{l} f(x) \cos(k_n x) \, dx \ (n \neq 0) \tag{5.1-10}$$

$$b_n = \frac{1}{l} \int_{-l}^{l} f(x) \sin(k_n x) \, dx \tag{5.1-11}$$

以后将看到,在研究有限长度细杆的振动或热传导等问题时,通常使用由式(5.1-2)或式(5.1-8)式给出的傅里叶级数展开。

如果令 $\omega = \pi/l, t = x$,则式(5.1-2)变为

$$f(t) = a_0 + \sum_{n=1}^{\infty} \left[a_n \cos(\omega_n t) + b_n \sin(\omega_n t) \right] \tag{5.1-12}$$

其中 $\omega_n = n\omega$,展开系数为

$$a_0 = \frac{1}{T} \int_{-T/2}^{T/2} f(t) \, dt \tag{5.1-13}$$

$$a_n = \frac{2}{T} \int_{-T/2}^{T/2} f(t) \cos(\omega_n t) \, dt \ (n \neq 0) \tag{5.1-14}$$

$$b_n = \frac{2}{T} \int_{-T/2}^{T/2} f(t) \sin(\omega_n t) \, dt \tag{5.1-15}$$

$T = 2\pi/\omega$ 为周期。这样,可以把 $f(t)$ 看成是一个随时间变化的周期函数,式(5.1-12)为该函数的傅里叶级数展开。由此可以看出,任何一个随时间周期

性变化的信号（如方波、锯齿波等）都可以分解（变换）成直流、基波及高次谐波成分之和。

如果令 $\theta = \dfrac{x}{l}\pi$，则可以把式(5.1-2)改写为

$$f(\theta) = a_0 + \sum_{n=1}^{\infty}\left[a_n\cos n\theta + b_n\sin n\theta\right] \tag{5.1-16}$$

其中展开系数为

$$a_0 = \frac{1}{2\pi}\int_{-\pi}^{\pi}f(\theta)\,\mathrm{d}\theta \tag{5.1-17}$$

$$a_n = \frac{1}{\pi}\int_{-\pi}^{\pi}f(\theta)\cos n\theta\,\mathrm{d}\theta \ (n \neq 0) \tag{5.1-18}$$

$$b_n = \frac{1}{\pi}\int_{-\pi}^{\pi}f(\theta)\sin n\theta\,\mathrm{d}\theta \tag{5.1-19}$$

这样，可以把式(5.1-16)看成以 2π 为周期的函数 $f(\theta)$ 的傅里叶级数展开。

例 1　将图 5-1 所示的锯齿函数

$$f(x) = \begin{cases} -\dfrac{x}{l} & -l \leqslant x \leqslant l \\[2mm] f(x+2l) \end{cases}$$

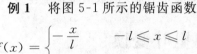

展开成傅里叶级数。

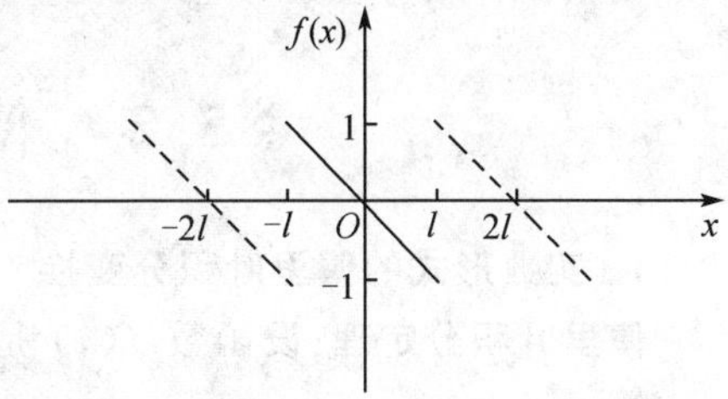

解：根据式(5.1-4)～式(5.1-6)，
可以求出展开系数为

$$a_0 = \frac{1}{2l}\int_{-l}^{l}\left(-\frac{x}{l}\right)\mathrm{d}x = 0$$

$$a_n = \frac{1}{l}\int_{-l}^{l}\left(-\frac{x}{l}\right)\cos\frac{n\pi x}{l}\mathrm{d}x = 0 \ (n \geqslant 1)$$

$$b_n = \frac{1}{l}\int_{-l}^{l}\left(-\frac{x}{l}\right)\sin\frac{n\pi x}{l}\mathrm{d}x = \frac{1}{n\pi l}\int_{-l}^{l}x\mathrm{d}\cos\frac{n\pi x}{l}$$

$$= \frac{2\,(-1)^n}{n\pi}$$

图 5-1

这样有

$$f(x) = \sum_{n=1}^{\infty}\frac{2\,(-1)^n}{n\pi}\sin\left(\frac{n\pi x}{l}\right) \ (-l \leqslant x \leqslant l)$$

2. 复数形式的傅里叶级数

也可以把一个周期性变化的函数展开成复数形式的傅里叶级数。选取复指数函数族 $\varphi_n(x) = \mathrm{e}^{\mathrm{i}n\pi x/l}\ (n = 0, \pm 1, \pm 2, \cdots)$ 为基函数族，则可以把一个变化周期为 $2l$ 的函数 $f(x)$ 表示为

$$f(x) = \sum_{n=-\infty}^{\infty} c_n \mathrm{e}^{\mathrm{i}k_n x} \tag{5.1-20}$$

其中 $k_n = n\pi/l$ 为波数。利用基函数族的正交性，

$$\frac{1}{2l} \int_{-l}^{l} \varphi_n^*(x)\varphi_m(x)\mathrm{d}x = \delta_{n,m} \tag{5.1-21}$$

则展开系数为

$$c_n = \frac{1}{2l} \int_{-l}^{l} f(x)\mathrm{e}^{-\mathrm{i}k_n x}\mathrm{d}x \tag{5.1-22}$$

尽管 $f(x)$ 为实数，但其傅里叶展开系数有可能是复数。

无论是实数形式的，还是复数形式的傅里叶级数展开，它们只适用于函数 $f(x)$ 在有限区域中的展开。在这种情况下，展开式中的波数 k_n 或频率 ω_n 取值是不连续的，即 $n = 0, 1, 2, \cdots$（实数形式的展开）或 $n = 0, \pm 1, \pm 2,$ $\cdots$（复数形式的展开）。在量子力学中，将会看到：如果微观粒子在有界区域中运动，其动量（与波数对应）及能量（与频率对应）的取值将是不连续的。

§5.2　傅里叶变换

1. 实数形式的傅里叶积分变换

傅里叶积分定理：设函数 $f(x)$ 是区间 $[-\infty, \infty]$ 上的非周期函数，而且是分段光滑的。如果积分 $\int_{-\infty}^{\infty} |f(x)|\mathrm{d}x$ 存在，则 $f(x)$ 可以表示成如下傅里叶积分

$$f(x) = \int_0^{\infty} A(k)\cos(kx)\mathrm{d}k + \int_0^{\infty} B(k)\sin(kx)\mathrm{d}k \tag{5.2-1}$$

其中

$$A(k) = \frac{1}{\pi} \int_{-\infty}^{\infty} f(x)\cos(kx)\mathrm{d}x \tag{5.2-2}$$

$$B(k) = \frac{1}{\pi} \int_{-\infty}^{\infty} f(x)\sin(kx)\mathrm{d}x \tag{5.2-3}$$

其中式(5.2-1)即为实数形式的傅里叶变换式，$A(k)$ 和 $B(k)$ 为傅里叶变换的系数。

证明：根据上一节介绍的傅里叶级数展开式(5.1-8)

$$f(x) = a_0 + \sum_{n=1}^{\infty} \left[a_n\cos(k_n x) + b_n\sin(k_n x) \right] \tag{5.2-4}$$

可以推导出上面给出的傅里叶积分变换式。引入 $\Delta k_n = k_{n+1} - k_n = \pi/l$，则当 $l \to \infty$ 时，有 $\Delta k_n \to 0$。对于 a_0，由于积分 $\int_{-\infty}^{\infty} f(x)\mathrm{d}x$ 有界，则当 $l \to \infty$ 时，有

$$\lim_{l \to \infty} a_0 = \lim_{l \to \infty} \frac{1}{2l} \int_{-l}^{l} f(x) \mathrm{d}x \to 0$$

式(5.2-4)右边的余弦部分为

$$\lim_{l \to \infty} \sum_{n=1}^{\infty} a_n \cos(k_n x) = \lim_{l \to \infty} \sum_{n=1}^{\infty} \left[\frac{1}{l} \int_{-l}^{l} f(\zeta) \cos(k_n \zeta) \mathrm{d}\zeta \right] \cos(k_n x)$$

$$= \lim_{l \to \infty} \sum_{n=1}^{\infty} \left[\frac{1}{\pi} \int_{-l}^{l} f(\zeta) \cos(k_n \zeta) \mathrm{d}\zeta \right] \cos(k_n x) \Delta k_n$$

$$\equiv \int_{0}^{\infty} A(k) \cos(kx) \mathrm{d}k$$

其中把对 n 的求和变成了对 k 的积分。同理,式(5.2-4)右边的正弦部分为

$$\lim_{l \to \infty} \sum_{n=1}^{\infty} b_n \sin(k_n x) = \lim_{l \to \infty} \sum_{n=1}^{\infty} \left[\frac{1}{l} \int_{-l}^{l} f(\zeta) \sin(k_n \zeta) \mathrm{d}\zeta \right] \sin(k_n x)$$

$$= \lim_{l \to \infty} \sum_{n=1}^{\infty} \left[\frac{1}{\pi} \int_{-l}^{l} f(\zeta) \sin(k_n \zeta) \mathrm{d}\zeta \right] \sin(k_n x) \Delta k_n$$

$$\equiv \int_{0}^{\infty} B(k) \sin(kx) \mathrm{d}k$$

这样在 $l \to \infty$ 时,式(5.2-4)就变为了式(5.2-1)。

物理上,通常视 x 为空间变量,$f(x)$ 是一个随空间变量 x 变化的非周期函数,则式(5.2-1)被视为空间上的傅里叶变换,k 为波数。同样,如果 $f(t)$ 是一个随时间变量 t 变化的非周期函数,则有如下傅里叶变换

$$f(t) = \int_{0}^{\infty} A(\omega) \cos(\omega t) \mathrm{d}\omega + \int_{0}^{\infty} B(\omega) \sin(\omega t) \mathrm{d}\omega \tag{5.2-5}$$

其中

$$A(\omega) = \frac{1}{\pi} \int_{-\infty}^{\infty} f(t) \cos(\omega t) \mathrm{d}t \tag{5.2-6}$$

$$B(\omega) = \frac{1}{\pi} \int_{-\infty}^{\infty} f(t) \sin(\omega t) \mathrm{d}t \tag{5.2-7}$$

通常称 $A(\omega)$ 和 $B(\omega)$ 为谱函数,ω 为圆频率。

傅里叶积分变换与傅里叶级数展开最大的区别是物理量变化区域的不同。对于前者,物理量的变化区域是无界的,对应的波数或频率的取值是连续的;而对于后者,物理量的变化区域是有界的,对应的波数或频率的取值则是离散的。

例 1 讨论矩形脉冲函数

$$f(t) = \begin{cases} 1 & |t| < T \\ 0 & |t| > T \end{cases}$$

的傅里叶积分变换,其中 T 为脉冲半宽度。

解:由于 $f(t)$ 是偶函数,则

$$A(\omega) = \frac{1}{\pi} \int_{-\infty}^{\infty} f(t) \cos(\omega t) \, \mathrm{d}t$$

$$= \frac{2}{\pi} \int_{0}^{T} \cos(\omega t) \, \mathrm{d}t$$

$$= \frac{2}{\pi \omega} \sin(\omega T)$$

$$B(\omega) = 0$$

这样,由式(5.2-5)得到

$$f(t) = \frac{2}{\pi} \int_{0}^{\infty} \frac{\sin \omega T}{\omega} \cos \omega t \, \mathrm{d}\omega = \begin{cases} 1 & t < |T| \\ 0 & t > |T| \end{cases}$$

特别是当 $t = 0$ 及 $T = 1$ 时,可以得到

$$\int_{0}^{\infty} \frac{\sin \omega}{\omega} \mathrm{d}\omega = \frac{\pi}{2}$$

这与前面用留数定理得到的结果一致,见式(4.4-4)。

2. 复数形式的傅里叶变换

在许多情形下,复数形式的傅里叶积分变换比实数形式的傅里叶积分变换使用起来更为方便。

利用欧拉公式

$$\cos kx = \frac{1}{2}(\mathrm{e}^{\mathrm{i}kx} + \mathrm{e}^{-\mathrm{i}kx}), \sin kx = \frac{1}{2\mathrm{i}}(\mathrm{e}^{\mathrm{i}kx} - \mathrm{e}^{-\mathrm{i}kx})$$

则可以将式(5.2-1)改写为

$$f(x) = \frac{1}{2} \int_{0}^{\infty} [A(k) - \mathrm{i}B(k)] \mathrm{e}^{\mathrm{i}kx} \, \mathrm{d}k + \frac{1}{2} \int_{0}^{\infty} [A(k) + \mathrm{i}B(k)] \mathrm{e}^{-\mathrm{i}kx} \, \mathrm{d}k$$

将上式右边第二项积分中的 k 换成 $-k$,并利用 $A(-k) = A(k)$ 及 $B(-k) = -B(k)$,则得到

$$f(x) = \frac{1}{2} \int_{0}^{\infty} [A(k) - \mathrm{i}B(k)] \mathrm{e}^{\mathrm{i}kx} \, \mathrm{d}k + \frac{1}{2} \int_{-\infty}^{0} [A(k) - \mathrm{i}B(k)] \mathrm{e}^{\mathrm{i}kx} \, \mathrm{d}k$$

$$= \frac{1}{2} \int_{-\infty}^{\infty} [A(k) - \mathrm{i}B(k)] \mathrm{e}^{\mathrm{i}kx} \, \mathrm{d}k$$

即

$$f(x) = \int_{-\infty}^{\infty} F(k) \mathrm{e}^{\mathrm{i}kx} \, \mathrm{d}k \tag{5.2-8}$$

其中

$$F(k) = \frac{1}{2} [A(k) - \mathrm{i}B(k)]$$

$$= \frac{1}{2\pi} \int_{-\infty}^{\infty} [\cos kx - \mathrm{i}\sin kx] f(x) \, \mathrm{d}x \tag{5.2-9}$$

$$= \frac{1}{2\pi} \int_{-\infty}^{\infty} f(x) \mathrm{e}^{-\mathrm{i}kx} \, \mathrm{d}x$$

式(5.2-8)及式(5.2-9)就是函数 $f(x)$ 的复数形式的傅里叶变换关系式。通常称 $f(x)$ 是原函数,式(5.2-8)为正变换,其变换的核为 $\mathrm{e}^{\mathrm{i}kx}$;称 $F(k)$ 为像函数,式(5.2-9)为逆变换,其变换的核为 $\mathrm{e}^{-\mathrm{i}kx}$。

习惯上,通常认为式(5.2-8)和式(5.2-9)是关于空间变量 x 的傅里叶变换,k 是波数。而对于时间变量 t 的傅里叶变换,通常表示为

$$f(t) = \int_{-\infty}^{\infty} F(\omega)\mathrm{e}^{-\mathrm{i}\omega t}\mathrm{d}\omega \qquad (5.2\text{-}10)$$

$$F(\omega) = \frac{1}{2\pi}\int_{-\infty}^{\infty} f(t)\mathrm{e}^{\mathrm{i}\omega t}\mathrm{d}t \qquad (5.2\text{-}11)$$

其中 ω 为圆频率。可以看出,与式(5.2-8)和式(5.2-9)不同的是:在正变换中核为 $\mathrm{e}^{-\mathrm{i}\omega t}$,而在逆变换中核则为 $\mathrm{e}^{\mathrm{i}\omega t}$。

如果一个物理量 $f(x,t)$ 既是空间变量 x 的函数,又是时间变量 t 的函数,则可以将它的傅里叶变换式写为

$$f(x,t) = \int_{-\infty}^{\infty}\int_{-\infty}^{\infty} F(k,\omega)\mathrm{e}^{\mathrm{i}(kx-\omega t)}\mathrm{d}k\mathrm{d}\omega \qquad (5.2\text{-}12)$$

其中像函数为

$$F(k,\omega) = \frac{1}{(2\pi)^2}\int_{-\infty}^{\infty}\int_{-\infty}^{\infty} f(x,t)\mathrm{e}^{-\mathrm{i}(kx-\omega t)}\mathrm{d}x\mathrm{d}t \qquad (5.2\text{-}13)$$

更一般地,如果 $f(\boldsymbol{r},t)$ 是一个在三维无界空间中随时间变化的函数,则它的傅里叶变换式为

$$f(\boldsymbol{r},t) = \iiint_{-\infty}^{\infty} F(\boldsymbol{k},\omega)\mathrm{e}^{\mathrm{i}(\boldsymbol{k}\cdot\boldsymbol{r}-\omega t)}\mathrm{d}\omega\mathrm{d}\boldsymbol{k} \qquad (5.2\text{-}14)$$

$$F(\boldsymbol{k},\omega) = \frac{1}{(2\pi)^4}\iiint_{-\infty}^{\infty} f(\boldsymbol{r},t)\mathrm{e}^{-\mathrm{i}(\boldsymbol{k}\cdot\boldsymbol{r}-\omega t)}\mathrm{d}t\mathrm{d}\boldsymbol{r} \qquad (5.2\text{-}15)$$

其中 $\boldsymbol{r} = x\boldsymbol{e}_x + y\boldsymbol{e}_y + z\boldsymbol{e}_z$ 是三维空间中的位置矢量,$\boldsymbol{k} = k_x\boldsymbol{e}_x + k_y\boldsymbol{e}_y + k_z\boldsymbol{e}_z$ 是三维空间中的波矢量,且 $\mathrm{d}\boldsymbol{r} = \mathrm{d}x\mathrm{d}y\mathrm{d}z$ 及 $\mathrm{d}\boldsymbol{k} = \mathrm{d}k_x\mathrm{d}k_y\mathrm{d}k_z$。

例 2　求函数 $f(x) = \sqrt{\dfrac{a}{\pi}}\mathrm{e}^{-\frac{a^2x^2}{2}}$ 的傅里叶积分变换式,其中 $a>0$。

解:根据式(5.2-9),有

$$F(k) = \frac{1}{2\pi}\sqrt{\frac{a}{\pi}}\int_{-\infty}^{\infty}\mathrm{e}^{-\frac{a^2x^2}{2}}\mathrm{e}^{-\mathrm{i}kx}\mathrm{d}x$$

$$= \frac{\sqrt{a}}{\pi^{3/2}}\int_{0}^{\infty}\mathrm{e}^{-\frac{a^2x^2}{2}}\cos kx\,\mathrm{d}x$$

再利用已知的积分结果[见式(4.4-8)]

$$\int_{0}^{\infty}\mathrm{e}^{-ax^2}\cos bx\,\mathrm{d}x = \frac{1}{2}\sqrt{\frac{\pi}{a}}\mathrm{e}^{-\frac{b^2}{4a}}$$

则可以得到

$$F(k) = \frac{1}{\pi \sqrt{2a}} e^{-\frac{k^2}{2a^2}}$$

在量子力学中将会看到,函数 $f(x)$ 相当于一维谐振子在坐标空间中的基态波函数,而 $F(k)$ 则为谐振子在动量空间中的波函数。当 a 较大时,它在坐标空间中的分布 $f(x)$ 较窄,而在动量空间中的分布则较宽。这与量子力学中所谓的"测不准关系"相对应。

例 3 计算函数 $f(x) = e^{-|x|}$ 的傅里叶变换。

解:根据式(5.2-9),则有

$$\begin{aligned}
F(k) &= \frac{1}{2\pi} \int_{-\infty}^{\infty} e^{-|x|} e^{-ikx} dx \\
&= \frac{1}{2\pi} \int_{-\infty}^{0} e^{x-ikx} dx + \frac{1}{2\pi} \int_{0}^{\infty} e^{-x-ikx} dx \\
&= \frac{1}{2\pi} \int_{0}^{\infty} e^{-x} (e^{ikx} + e^{-ikx}) dx \\
&= \frac{1}{\pi} \int_{0}^{\infty} e^{-x} \cos(kx) dx \\
&= \frac{1}{\pi} \frac{1}{1+k^2}
\end{aligned}$$

将这个结果代入正变换式(5.2-8)中,则有

$$\begin{aligned}
f(x) &= \frac{1}{\pi} \int_{-\infty}^{\infty} \frac{1}{1+k^2} e^{ikx} dk \\
&= \frac{2}{\pi} \int_{0}^{\infty} \frac{\cos kx}{1+k^2} dk
\end{aligned}$$

即有

$$\int_{0}^{\infty} \frac{\cos kx}{1+k^2} dk = \frac{\pi}{2} e^{-|x|}$$

这与用留数定理得到的结果是一致的。

例 4 在电介质(如等离子体)中,带电粒子之间的相互作用势要受到屏蔽,即为所谓的屏蔽库仑势 $f(r) = \frac{1}{r} e^{-r/\lambda}$,其中 $\lambda > 0$ 为常数(屏蔽长度)。求函数 $f(r)$ 的傅里叶变换。

解:根据三维傅里叶变换,则有

$$F(\boldsymbol{k}) = \frac{1}{(2\pi)^3} \iiint \frac{e^{-r/\lambda}}{r} e^{-i\boldsymbol{k}\cdot\boldsymbol{r}} d\boldsymbol{r}$$

在球坐标系中,选取 $\boldsymbol{k}$ 的方向沿 z 轴,并利用

$$d\boldsymbol{r} = r^2 dr \sin\theta d\theta d\varphi, \qquad \boldsymbol{k} \cdot \boldsymbol{r} = kr\cos\theta$$

则得到

$$F(\boldsymbol{k}) = \frac{1}{(2\pi)^3} \int_0^{2\pi} \mathrm{d}\varphi \int_0^\pi \sin\theta \mathrm{d}\theta \int_0^\infty \frac{\mathrm{e}^{-r/\lambda}}{r} \mathrm{e}^{-\mathrm{i}kr\cos\theta} r^2 \,\mathrm{d}r$$

$$= \frac{1}{4\pi^2} \int_0^\infty \mathrm{e}^{-r/\lambda} r \,\mathrm{d}r \int_0^\pi \sin\theta \mathrm{e}^{-\mathrm{i}kr\cos\theta} \,\mathrm{d}\theta$$

$$= \frac{1}{4\pi^2} \int_0^\infty \mathrm{e}^{-r/\lambda} r \,\mathrm{d}r \frac{1}{\mathrm{i}kr} (\mathrm{e}^{\mathrm{i}kr} - \mathrm{e}^{-\mathrm{i}kr})$$

$$= \frac{1}{4\pi^2 (\mathrm{i}k)} \int_0^\infty \left[\mathrm{e}^{(\mathrm{i}k-1/\lambda)r} - \mathrm{e}^{-(\mathrm{i}k+1/\lambda)r} \right] \mathrm{d}r$$

$$= \frac{1}{2\pi^2} \frac{1}{k^2 + \lambda^{-2}}$$

反过来,也可以由像函数 $F(\boldsymbol{k}) = \dfrac{1}{2\pi^2} \dfrac{1}{k^2 + \lambda^{-2}}$ 来计算出原函数 $f(r) = \dfrac{1}{r} \mathrm{e}^{-r/\lambda}$。

§5.3　傅里叶变换的性质

傅里叶积分变换有一些基本的性质。利用这些性质,可以简化一些实际问题的傅里叶积分变换过程。

为了便于书写,我们将一维傅里叶积分变换

$$f(x) = \int_{-\infty}^\infty F(k) \mathrm{e}^{\mathrm{i}kx} \,\mathrm{d}k \tag{5.3-1}$$

$$F(k) = \frac{1}{2\pi} \int_{-\infty}^\infty f(x) \mathrm{e}^{-\mathrm{i}kx} \,\mathrm{d}x \tag{5.3-2}$$

简记为

$$f(x) \rightleftharpoons F(k) \tag{5.3-3}$$

其中 $f(x)$ 为原函数,$F(k)$ 为像函数,符号“$\rightleftharpoons$”表示两者之间的变换。

1. 线性定理

设 $f_1(x)$ 及 $f_2(x)$ 分别为两个原函数,它们对应的像函数分别为 $F_1(k)$ 及 $F_2(k)$,则有

$$\alpha f_1(x) + \beta f_2(x) \rightleftharpoons \alpha F_1(k) + \beta F_2(k) \tag{5.3-4}$$

其中 α,β 为常数。直接从傅里叶积分变换式(5.3-1)出发,就可以得到这个定理。

2. 导数定理　I

函数 $f(x)$ 的 n 阶导数 $f^{(n)}(x)$ 对应的傅里叶积分变换为

$$f^{(n)}(x) \rightleftharpoons (\mathrm{i}k)^n F(k) \tag{5.3-5}$$

其中要求 $f^{(n-1)}(x)\big|_{x=\pm\infty}=0$。

证明:根据式(5.3-2),则有

$$\frac{1}{2\pi}\int_{-\infty}^{\infty}f^{(1)}(x)e^{-ikx}\,dx=\frac{1}{2\pi}\int_{-\infty}^{\infty}e^{-ikx}\,df(x)$$

$$=\frac{1}{2\pi}\left[e^{-ikx}f(x)\right]_{-\infty}^{\infty}-\frac{1}{2\pi}\int_{-\infty}^{\infty}(-ik)f(x)e^{-ikx}\,dx$$

$$=(ik)F(k)$$

即

$$f^{(1)}(x)\rightleftharpoons(ik)F(k)$$

类似的,可以得到

$$f^{(n)}(x)\rightleftharpoons(ik)^n F(k)\quad(n>1)$$

3. 导数定理 Ⅱ

$$(-ix)^n f(x)\rightleftharpoons F^{(n)}(k)\qquad(5.3\text{-}6)$$

其中 $F^{(n)}(k)$ 是 $F(k)$ 的 n 阶导数。

证明:由傅里叶积分变换式

$$F(k)=\frac{1}{2\pi}\int_{-\infty}^{\infty}f(x)e^{-ikx}\,dx$$

则有

$$F^{(n)}(k)=\frac{d^n}{dk^n}\left[\frac{1}{2\pi}\int_{-\infty}^{\infty}f(x)e^{-ikx}\,dx\right]$$

$$=\frac{1}{2\pi}\int_{-\infty}^{\infty}(-ix)^n f(x)e^{-ikx}\,dx$$

即

$$(-ix)^n f(x)\rightleftharpoons F^{(n)}(k)$$

4. 积分定理

$$\int_0^x f(\zeta)\,d\zeta\rightleftharpoons\frac{1}{ik}F(k)\qquad(5.3\text{-}7)$$

证明:令 $\varphi(x)=\int_0^x f(\zeta)\,d\zeta$,则有

$$\varphi'(x)=f(x)$$

由导数定理得到

$$\varphi'(x)\rightleftharpoons ik\Phi(k)$$

其中 $\Phi(k)$ 是 $\varphi(x)$ 的像函数。利用 $f(x)\rightleftharpoons F(k)$,则有

$$\Phi(k)=\frac{1}{ik}F(k)$$

即得到

$$\int_0^x f(\zeta)\mathrm{d}\zeta \rightleftharpoons \frac{1}{\mathrm{i}k}F(k)$$

5. 相似性定理

$$f(ax) \rightleftharpoons \frac{1}{|a|}F(k/a) \tag{5.3-8}$$

其中 a 为常数。

6. 延迟定理

$$f(x-a) \rightleftharpoons \mathrm{e}^{-\mathrm{i}ka}F(k) \tag{5.3-9}$$

其中 a 为常数。

7. 位移定理

$$\mathrm{e}^{\mathrm{i}k_0 x}f(x) \rightleftharpoons F(k-k_0) \tag{5.3-10}$$

其中 k_0 为常数。

8. 卷积定理

定义函数 $f_1(x)$ 和 $f_2(x)$ 的卷积为

$$f_1(x) * f_2(x) = \int_{-\infty}^{\infty} f_1(x-\eta)f_2(\eta)\mathrm{d}\eta \tag{5.3-11}$$

则它的傅里叶积分变换为

$$f_1(x) * f_2(x) \rightleftharpoons 2\pi F_1(k)F_2(k) \tag{5.3-12}$$

其中 $F_1(k)$ 和 $F_2(k)$ 分别是函数 $f_1(x)$ 和 $f_2(x)$ 的像函数。

证明：由傅里叶积分变换式(5.3-2)，有

$$f_1(x) * f_2(x) \rightleftharpoons \frac{1}{2\pi}\int_{-\infty}^{\infty} f_1(x) * f_2(x)\mathrm{e}^{-\mathrm{i}kx}\mathrm{d}x$$

$$= \frac{1}{2\pi}\int_{-\infty}^{\infty}\int_{-\infty}^{\infty} f_1(x-\eta)f_2(\eta)\mathrm{d}\eta\mathrm{e}^{-\mathrm{i}kx}\mathrm{d}x$$

$$= \frac{1}{2\pi}\int_{-\infty}^{\infty} f_2(\eta)\mathrm{d}\eta\int_{-\infty}^{\infty} f_1(x-\eta)\mathrm{e}^{-\mathrm{i}kx}\mathrm{d}x$$

再令 $y = x - \eta$，则有

$$f_1(x) * f_2(x) \rightleftharpoons \frac{1}{2\pi}\int_{-\infty}^{\infty} f_2(\eta)\mathrm{d}\eta\int_{-\infty}^{\infty} f_1(y)\mathrm{e}^{-\mathrm{i}k(y+\eta)}\mathrm{d}y$$

$$= \frac{1}{2\pi}\int_{-\infty}^{\infty} f_2(\eta)\mathrm{e}^{-\mathrm{i}k\eta}\mathrm{d}\eta\int_{-\infty}^{\infty} f_1(y)\mathrm{e}^{-\mathrm{i}ky}\mathrm{d}y$$

$$= 2\pi F_1(k)F_2(k)$$

证毕。

§5.4 δ函数

1. δ函数的定义

在物理学中,通常要研究一个物理量在空间或时间中的分布,如质量密度、电荷密度或单位时间上的受力等。但为了简化描述,通常采用一些"点"模型,如质点、点电荷及脉冲力等,它们在空间上或时间上都不是连续分布的,而是集中于空间某一点或某一时刻。

考虑一质量为 m,长度为 l 的匀质细杆,且其中心位于坐标的原点 $x = 0$ 处,则细杆的线质量密度分布为

$$\rho(x) = \begin{cases} 0 & (|x| > l/2) \\ m/l & (|x| \leqslant l/2) \end{cases} \tag{5.4-1}$$

其质量为

$$\int_{-\infty}^{\infty} \rho(x)\mathrm{d}x = \int_{-l/2}^{l/2} \frac{m}{l}\mathrm{d}x = m \tag{5.4-2}$$

当细杆的长度无限小时,即 $l \to 0$,这时细杆则趋向于一个质点,其质量仍为 m,即式(5.4-2)仍成立,但其质量密度分布为

$$\rho(x) = \begin{cases} 0 & (x \neq 0) \\ \infty & (x = 0) \end{cases} \tag{5.4-3}$$

由此可以看出,一个质点的质量密度分布:在 $x = 0$ 点处为无限大;在 $x \neq 0$ 处为零。它的积分为 m。

为了描述这些质点和点电荷的空间分布,或脉冲力的瞬时分布,在物理学中可引入一个所谓的 δ函数来描述,其定义式为

$$\delta(x - x_0) = \begin{cases} 0 & (x \neq x_0) \\ \infty & (x = x_0) \end{cases} \tag{5.4-4}$$

这表明δ函数的分布是无限窄,且当 $x \to x_0$ 时它的值趋于无限大,见图 5-2。δ函数的这种特征明显不同于常规的函数,但要求它的积分是有限的,即

$$\int_{-\infty}^{\infty} \delta(x - x_0)\mathrm{d}x = 1 \tag{5.4-5}$$

这说明 δ函数的确切含义应在积分运算下来理解。

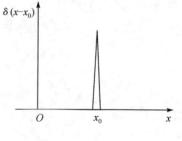

图 5-2

δ函数最初是由物理学家狄拉克(Dirac)引入的,它在物理学中有着广泛地应用。借助于δ函数,就可以描述质点的质量密度分布,点电荷的电荷密

度分布,以及脉冲力的瞬时分布等。如一个质量为 m 且位于 x_0 点的质点的质量分布为 $m\delta(x-x_0)$,一个电荷量为 Q 且位于 x_0 点的点电荷的电荷密度分布为 $Q\delta(x-x_0)$,以及在 t_0 时刻出现的脉冲力为 $K\delta(t-t_0)$,其中 K 为冲量。

在三维情况下,类似地有

$$\delta(\boldsymbol{r}-\boldsymbol{r}_0) = \begin{cases} 0 & (\boldsymbol{r} \neq \boldsymbol{r}_0) \\ \infty & (\boldsymbol{r} = \boldsymbol{r}_0) \end{cases} \tag{5.4-6}$$

三维的 δ 函数可以用一维 δ 函数的乘积来表示,即

$$\delta(\boldsymbol{r}-\boldsymbol{r}_0) = \delta(x-x_0)\delta(y-y_0)\delta(z-z_0) \tag{5.4-7}$$

这样有

$$\iiint_{-\infty}^{\infty} \delta(\boldsymbol{r}-\boldsymbol{r}_0)\mathrm{d}\boldsymbol{r} = 1 \tag{5.4-8}$$

2. δ 函数的性质

(1)$\delta(x)$ 函数是偶函数,它的导数则是奇函数,即

$$\delta(-x) = \delta(x)$$
$$\delta'(-x) = -\delta'(x) \tag{5.4-9}$$

(2)可以用阶跃函数

$$H(x) = \begin{cases} 1 & (x > 0) \\ 0 & (x < 0) \end{cases} \tag{5.4-10}$$

来表示 $\delta(x)$ 函数,即

$$\delta(x) = \frac{\mathrm{d}H(x)}{\mathrm{d}x} \tag{5.4-11}$$

这是因为

$$H(x) = \int_{-\infty}^{x} \delta(x)\mathrm{d}x = \begin{cases} 1 & (x > 0) \\ 0 & (x < 0) \end{cases}$$

(3)$\delta(x)$ 函数具有挑选性,即

$$\int_{-\infty}^{\infty} f(x)\delta(x-x_0)\mathrm{d}x = f(x_0) \tag{5.4-12}$$

其中 $f(x)$ 是 $[-\infty, \infty]$ 区间中的连续函数。由此,有

$$\int_{-\infty}^{\infty} f(x)x\delta(x)\mathrm{d}x = 0 \tag{5.4-13}$$

(4)若 $\varphi(x) = 0$ 的实根为 $x_k(k = 1, 2, \cdots)$,且全为单根,则

$$\delta[\varphi(x)] = \sum_{k=1}^{\infty} \frac{\delta(x-x_k)}{|\varphi'(x_k)|} \tag{5.4-14}$$

3. δ 函数的辅助函数

我们知道 $\delta(x)$ 函数有两个重要的特征:

(1)$\delta(x)$ 在 $x = 0$ 处为无穷大,在其他处为零;

(2)$\delta(x)$ 是归一化的分布函数，即 $\int_{-\infty}^{\infty}\delta(x)\mathrm{d}x=1$。

如果一个函数 $f(x)$ 能够具有上述两个特征，就可以用它来构造 $\delta(x)$，如

$$f(x)=\lim_{l\to 0}\frac{1}{l}\mathrm{rect}\left(\frac{x}{l}\right)=\delta(x) \tag{5.4-15}$$

$$f(x)=\lim_{k\to\infty}\frac{1}{\pi}\frac{\sin kx}{x}=\delta(x) \tag{5.4-16}$$

$$f(x)=\lim_{\varepsilon\to 0}\frac{1}{\pi}\frac{\varepsilon}{x^2+\varepsilon^2}=\delta(x) \tag{5.4-17}$$

$$f(x)=\lim_{\sigma\to 0}\frac{1}{\sigma\sqrt{\pi}}\mathrm{e}^{-x^2/\sigma^2}=\delta(x) \tag{5.4-18}$$

很容易验证，它们都符合 $\delta(x)$ 函数的上述两个特征。

4. δ 函数的傅里叶变换

根据前面介绍过的傅里叶积分变换，可以将 δ 函数表示为

$$\delta(x)=\int_{-\infty}^{\infty}C(k)\mathrm{e}^{\mathrm{i}kx}\mathrm{d}k$$

其中傅里叶变换为

$$C(k)=\frac{1}{2\pi}\int_{-\infty}^{\infty}\delta(x)\mathrm{e}^{-\mathrm{i}kx}\mathrm{d}x=\frac{1}{2\pi}$$

这样，δ 函数的傅里叶积分为

$$\delta(x)=\frac{1}{2\pi}\int_{-\infty}^{\infty}\mathrm{e}^{\mathrm{i}kx}\mathrm{d}k \tag{5.4-19}$$

同样，对于三维情况，δ 函数的傅里叶积分为

$$\delta(\boldsymbol{r})=\frac{1}{(2\pi)^3}\int_{-\infty}^{\infty}\mathrm{e}^{\mathrm{i}\boldsymbol{k}\cdot\boldsymbol{r}}\mathrm{d}\boldsymbol{k} \tag{5.4-20}$$

利用 δ 函数的傅里叶积分式，很容易推导出它的广义函数表示式(5.4-16)。令 $k\to\infty$，则

$$\delta(x)=\lim_{k\to\infty}\frac{1}{2\pi}\int_{-k}^{k}\mathrm{e}^{\mathrm{i}kx}\mathrm{d}k$$

$$=\lim_{k\to\infty}\frac{1}{2\pi}\frac{1}{\mathrm{i}x}(\mathrm{e}^{\mathrm{i}kx}-\mathrm{e}^{-\mathrm{i}kx})$$

$$=\lim_{k\to\infty}\frac{1}{\pi}\frac{\sin kx}{x}$$

例 1　求函数 $\sin ax$ 和 $\cos ax$ 的傅里叶变换，其中 a 是实常数。

解： 由傅里叶积分变换，有

$$\frac{1}{2\pi}\int_{-\infty}^{\infty}\sin ax\,\mathrm{e}^{-\mathrm{i}kx}\mathrm{d}x=\frac{1}{4\pi\mathrm{i}}\left[\int_{-\infty}^{\infty}\mathrm{e}^{-\mathrm{i}(k-a)x}\mathrm{d}x-\int_{-\infty}^{\infty}\mathrm{e}^{-\mathrm{i}(k+a)x}\mathrm{d}x\right]$$

$$=\frac{1}{2\mathrm{i}}\big[\delta(k-a)-\delta(k+a)\big]$$

$$\frac{1}{2\pi}\int_{-\infty}^{\infty}\cos ax\, \mathrm{e}^{-ikx}\,\mathrm{d}x = \frac{1}{4\pi}\Big[\int_{-\infty}^{\infty}\mathrm{e}^{-\mathrm{i}(k-a)x}\,\mathrm{d}x + \int_{-\infty}^{\infty}\mathrm{e}^{-\mathrm{i}(k+a)x}\,\mathrm{d}x\Big]$$

$$= \frac{1}{2}\big[\delta(k-a)+\delta(k+a)\big]$$

严格地讲,函数 $\sin ax$ 和 $\cos ax$ 并不满足绝对可积条件,但利用 δ 函数的定义,可以计算出它们的傅里叶变换式。

例 2 在球坐标系中计算函数 $f(r)=\dfrac{4\pi^2}{r}\delta(r-r_0)$ 的傅里叶变换。

解:根据傅里叶变换,有

$$F(\boldsymbol{k})=\frac{1}{(2\pi)^3}\iiint\frac{4\pi^2\delta(r-r_0)}{r}\mathrm{e}^{-\mathrm{i}\boldsymbol{k}\cdot\boldsymbol{r}}\,\mathrm{d}\boldsymbol{r}$$

在球坐标系中,选取 $\boldsymbol{k}$ 的方向沿 z 轴,并利用

$$\mathrm{d}\boldsymbol{r}=r^2\,\mathrm{d}r\sin\theta\mathrm{d}\theta\mathrm{d}\varphi,\quad \boldsymbol{k}\cdot\boldsymbol{r}=kr\cos\theta$$

则可以得到

$$F(\boldsymbol{k})=\frac{4\pi^2}{(2\pi)^3}\int_0^{2\pi}\mathrm{d}\varphi\int_0^{\pi}\sin\theta\mathrm{d}\theta\int_0^{\infty}\frac{\delta(r-r_0)}{r}\mathrm{e}^{-\mathrm{i}kr\cos\theta}r^2\,\mathrm{d}r$$

$$=\frac{4\pi^2}{(2\pi)^3}2\pi\int_0^{\pi}\sin\theta\mathrm{e}^{-\mathrm{i}kr_0\cos\theta}r_0\,\mathrm{d}\theta$$

$$=\frac{1}{\mathrm{i}k}(\mathrm{e}^{\mathrm{i}kr_0}-\mathrm{e}^{-\mathrm{i}kr_0})$$

可见,对于三维傅里叶变换,有如下变换关系成立

$$\frac{4\pi^2}{r}\delta(r-r_0)\rightleftharpoons\frac{1}{\mathrm{i}k}(\mathrm{e}^{\mathrm{i}kr_0}-\mathrm{e}^{-\mathrm{i}kr_0})\qquad(5.4\text{-}21)$$

这个变换关系很重要,我们将在第十章中讨论积分变换法时用到。

例 3 利用傅里叶积分变换,求解如下含有 δ 函数的常微分方程

$$\frac{\mathrm{d}^2g(x)}{\mathrm{d}x^2}-a^2g(x)=\delta(x-x_0)\;(-\infty<x<\infty)\qquad(5.4\text{-}22)$$

其中 $a>0$,x_0 为给定的参数。

解:令

$$g(x)=\int_{-\infty}^{\infty}G(k)\mathrm{e}^{\mathrm{i}kx}\,\mathrm{d}k\qquad(5.4\text{-}23)$$

并对方程(5.4-22)两边进行傅里叶积分变换,则得到

$$-(k^2+a^2)G(k)=\frac{1}{2\pi}\mathrm{e}^{-\mathrm{i}kx_0}$$

即

$$G(k)=-\frac{1}{2\pi}\frac{\mathrm{e}^{-\mathrm{i}kx_0}}{k^2+a^2}$$

将该式代入式(5.4-23),则有

$$g(x) = -\frac{1}{2\pi}\int_{-\infty}^{\infty}\frac{e^{ik(x-x_0)}}{k^2+a^2}\mathrm{d}k$$

利用留数定理,不难得到

$$g(x) = -\frac{1}{2a}e^{-a|x-x_0|} \tag{5.4-24}$$

例 4　利用 δ 函数的性质,求解如下常微分方程

$$\begin{cases} \dfrac{\mathrm{d}^2 u(x)}{\mathrm{d}x^2} - a^2 u(x) = f(x) \ (-\infty < x < \infty) \\ u(x)\big|_{x\to\pm\infty} = 0 \end{cases} \tag{5.4-25}$$

解:根据 δ 函数的性质,有

$$f(x) = \int_{-\infty}^{\infty}\delta(x-x')f(x')\mathrm{d}x' \tag{5.4-26}$$

并令

$$u(x) = \int_{-\infty}^{\infty}g(x,x')f(x')\mathrm{d}x' \tag{5.4-27}$$

借助于式(5.4-26)和式(5.4-27),可以把方程(5.4-25)转化为

$$\frac{\mathrm{d}^2 g(x,x')}{\mathrm{d}x^2} - a^2 g(x,x') = \delta(x-x') \ (-\infty < x < \infty) \tag{5.4-28}$$

根据前面例 3 的结果,则有

$$g(x,x') = -\frac{1}{2a}e^{-a|x-x'|} \tag{5.4-29}$$

这样,常微分方程(5.4-25)的解为

$$u(x) = -\frac{1}{2a}\int_{-\infty}^{\infty}e^{-a|x-x'|}f(x')\mathrm{d}x' \tag{5.4-30}$$

实际上,上述求解方法为求解无界区域中的常微分方程的格林函数法。我们将在第十一章中详细讨论求解偏微分方程的格林函数法。

习　题

1.将函数 $f(x) = \cos^3 x$ 表示成傅里叶级数的形式。

2.将锯齿波 $f(x) = x/3$ 在 $(-l,l)$ 区间内展开成傅里叶级数。

3.将函数 $f(t) = A|\sin\omega t|$ 在 $(0,T)$ 区间内展开成傅里叶级数,其中 A 为常数。

4.将矩形波

$$f(t) = \begin{cases} 0 & (-T/2 \leqslant t < -T_0/2) \\ H & (-T_0/2 \leqslant t \leqslant T_0/2) \\ 0 & (T_0/2 < t \leqslant T/2) \end{cases}$$

在区间内展开为复数形式的傅里叶级数,其中 H 为常数。

5.求锯齿波

$$f(t) = \begin{cases} 0 & (t < 0) \\ t & (0 \leqslant t \leqslant T) \\ 0 & (t > T) \end{cases}$$

的复数形式的傅里叶变换。

6.求函数

$$f(t) = \begin{cases} 0 & (t < 0) \\ e^{-\alpha t} & (t \geqslant 0) \end{cases}$$

的傅里叶变换,其中 α 为(1)有限大小的正数,即 $\alpha > 0$;(2)无穷小的正数,即 $\alpha \to 0^+$。

7.求如下函数

(1) $f(x) = \cos(\alpha x^2)$

(2) $f(x) = \sin(\alpha x^2)$

的复数形式的傅里叶变换,其中 $\alpha > 0$。

8. 利用傅里叶变换,求解如下常微分方程。

(1) $\dfrac{\mathrm{d}^2 f(x)}{\mathrm{d}x^2} + f(x) = \delta(x)$ $\qquad (-\infty < x < \infty)$

(2) $\dfrac{\mathrm{d}f(x)}{\mathrm{d}x} + \displaystyle\int_{-\infty}^{x} f(x')\mathrm{d}x' = \delta(x)$ $\quad (-\infty < x < \infty)$

第六章　　拉普拉斯变换

与傅里叶变换一样,拉普拉斯变换也是一种常用的积分变换方法,它在数学、物理及电子科学工程等领域中有着广泛的应用。特别是,用这种方法来求解一些常微分方程或方程组非常方便,因为这种变换方法自动包含了初始值问题。

§6.1　　拉普拉斯变换的定义

由上一章的讨论可以知道,对于傅里叶积分变换,要求原函数 $f(x)$ 在区间 $(-\infty,\infty)$ 上分段光滑,而且绝对可积。这个条件相当苛刻,以至于许多常见的函数(如多项式、三角函数等)都不满足这个条件。下面我们将看到,对于拉普拉斯变换,对原函数的要求要宽松得多。

拉普拉斯变换的定义为

$$F(p) = \int_0^\infty f(t)\mathrm{e}^{-pt}\,\mathrm{d}t \qquad (6.1\text{-}1)$$

其中 $f(t)$ 是原函数,$F(p)$ 是像函数,e^{-pt} 是积分变换的核,$p = s + \mathrm{i}\sigma$ 为复数,且要求 $\mathrm{Re}(p) = s > 0$。这里需要说明的一点是,在式(6.1-1)的积分变换中,要求 $f(t)$ 在 $t < 0$ 时刻的值为零,即

$$f(t) = 0 \qquad (t < 0) \qquad (6.1\text{-}2)$$

这样才能保证式(6.1-1)的积分变换有意义。

拉普拉斯变换存在的条件是:

(1) $f(t)$ 在区间 $0 \leqslant t < \infty$ 中是分段连续的,而且导数处处连续;

(2) 存在正常数 $M > 0$ 及 $s_0 \geqslant 0$,使得对于任何 t 值,有

$$|f(t)| < M\mathrm{e}^{s_0 t}$$

在实际应用中,所遇到的大多数函数都能满足上述要求。

为了熟悉拉普拉斯变换的方法,我们先举例计算一些简单函数的拉普拉斯变换。

例1　　求函数 $f(t) = 1$ 的拉普拉斯变换。

解:按照拉普拉斯变换的定义,有

$$F(p) = \int_0^\infty 1 \cdot e^{-pt} \, dt = \frac{1}{p}$$

所以有

$$1 \rightleftharpoons \frac{1}{p} \tag{6.1-3}$$

例 2　求函数 $f(t) = e^{at}$ 的拉普拉斯变换。

解:按照拉普拉斯变换的定义,有

$$F(p) = \int_0^\infty e^{at} \cdot e^{-pt} \, dt = \frac{1}{p - \alpha}$$

其中要求 $\text{Re}p > \text{Re}\alpha$。这样有

$$e^{at} \rightleftharpoons \frac{1}{p - \alpha} \tag{6.1-4}$$

例 3　求函数 $f(t) = t^n$ 的拉普拉斯变换。

解:按照拉普拉斯变换的定义,有

$$F(p) = \int_0^\infty t \cdot e^{-pt} \, dt = -\frac{d}{dp} \int_0^\infty e^{-pt} \, dt$$

$$= -\frac{d}{dp}\left(\frac{1}{p}\right) = \frac{1}{p^2}$$

即

$$t \rightleftharpoons \frac{1}{p^2}$$

类推,有

$$t^n \rightleftharpoons \frac{n!}{p^{n+1}} \tag{6.1-5}$$

例 4　求函数 $f(t) = \sin\omega t$ (ω 为实数) 的拉普拉斯变换。

解:按照拉普拉斯变换的定义,有

$$F(p) = \int_0^\infty \sin\omega t \ e^{-pt} \, dt = \frac{1}{2i} \int_0^\infty \left[e^{(i\omega - p)t} - e^{-(i\omega + p)t} \right] dt$$

$$= \frac{1}{2i}\left(-\frac{1}{i\omega - p} - \frac{1}{i\omega + p} \right) = \frac{\omega}{p^2 + \omega^2}$$

即

$$\sin\omega t \rightleftharpoons \frac{\omega}{p^2 + \omega^2} \tag{6.1-6}$$

类似地,还有

$$\cos\omega t \rightleftharpoons \frac{p}{p^2 + \omega^2} \tag{6.1-7}$$

例 5 求函数 $f(t) = \sinh\omega t (\omega$ 为实数)的拉普拉斯变换。

解: 按照拉普拉斯变换的定义,有

$$F(p) = \int_0^\infty \sinh\omega t \ \mathrm{e}^{-pt} \mathrm{d}t = \frac{1}{2} \int_0^\infty \left[\mathrm{e}^{(\omega-p)t} - \mathrm{e}^{-(\omega+p)t} \right] \mathrm{d}t$$

$$= \frac{1}{2} \left[-\frac{1}{\omega-p} - \frac{1}{\omega+p} \right] = \frac{\omega}{p^2 - \omega^2}$$

即

$$\sinh\omega t \rightleftharpoons \frac{\omega}{p^2 - \omega^2} \qquad\qquad (6.1\text{-}8)$$

类似地,还有

$$\cosh\omega t \rightleftharpoons \frac{p}{p^2 - \omega^2} \qquad\qquad (6.1\text{-}9)$$

记住上述简单函数的拉普拉斯变换式非常有用,因为在拉普拉斯反演时要经常用到它们。

§6.2 拉普拉斯变换的性质

与傅里叶积分变换一样,拉普拉斯变换也有一些重要的性质。利用这些性质,可以简化一些拉普拉斯变换过程。

1. 线性定理

如果 $f_1(t) \rightleftharpoons F_1(p)$ 及 $f_2(t) \rightleftharpoons F_2(p)$,则有

$$\alpha f_1(t) + \beta f_2(t) \rightleftharpoons \alpha F_1(p) + \beta F_2(p) \qquad\qquad (6.2\text{-}1)$$

其中 α 和 β 为常数。

例 1 求函数 $\cos\omega t + \mathrm{i}\sin\omega t$ 的拉普拉斯变换。

解: 令 $f_1(t) = \cos\omega t$ 及 $f_2(t) = \sin\omega t$,则按照线性定理,有

$$F(p) = F_1(p) + \mathrm{i}F_2(p) = \frac{p}{p^2 + \omega^2} + \mathrm{i}\frac{\omega}{p^2 + \omega^2} = \frac{1}{p - \mathrm{i}\omega}$$

2. 导数定理 I

设 $f(t)$ 在 $t = 0$ 时刻的值为 $f(0)$,则它的导数 $f^{(1)}(t)$ 的拉普拉斯变换为

$$f^{(1)}(t) \rightleftharpoons pF(p) - f(0) \qquad\qquad (6.2\text{-}2)$$

证明:根据拉普拉斯变换的定义,有

$$\int_0^\infty f^{(1)}(t)\mathrm{e}^{-pt}\mathrm{d}t = \int_0^\infty \mathrm{e}^{-pt}\mathrm{d}f(t)$$

$$= -f(0) - \int_0^\infty f(t)(-p)\mathrm{e}^{-pt}\mathrm{d}t$$

$$= pF(p) - f(0)$$

推广到高阶导数 $f^{(n)}(t)$，则有

$$f^{(n)}(t) \rightleftharpoons p^n F(p) - p^{n-1} f(0) - p^{n-2} f^{(1)}(0) - \cdots - f^{(n-1)}(0)$$

$$(6.2\text{-}3)$$

由此可以看出，在拉普拉斯变换下，一个常微分方程将会变成一个代数方程，而且还把初始值考虑了进去。

例 2 已知函数 $f(t)$ 满足如下二阶常微分方程

$$\frac{d^2 f(t)}{dt^2} + \omega^2 f(t) = 0$$

其中 ω 为常数，初始条件为 $f(0) = 1$ 及 $f^{(1)}(0) = 0$。试用拉普拉斯变换的导数定理 Ⅰ 求解该方程。

解：根据导数定理 Ⅰ，有

$$p^2 F(p) - p + \omega^2 F(p) = 0$$

即

$$F(p) = \frac{p}{p^2 + \omega^2}$$

由式(6-1.7)可以知道，该像函数对应的原函数为 $f(t) = \cos\omega t$。

3. 导数定理 Ⅱ

$$t^n f(t) \rightleftharpoons (-1)^n \frac{d^n F(p)}{dp^n} \qquad (6.2\text{-}4)$$

证：根据拉普拉斯变换的定义式，则有

$$\frac{dF(p)}{dp} = \frac{d}{dp} \int_0^\infty f(t) e^{-pt} dt$$

$$= \int_0^\infty f(t)(-t) e^{-pt} dt$$

即

$$tf(t) \rightleftharpoons -\frac{dF(p)}{dp}$$

类似地，可以证明：

$$t^n f(t) \rightleftharpoons (-1)^n \frac{d^n F(p)}{dp^n}$$

例 3 利用导数定理 Ⅱ，求函数 $t\sin\omega t$ 的拉普拉斯变换。

解：设 $f(t) = \sin\omega t$，其对应的像函数为 $F(p) = \frac{\omega}{p^2 + \omega^2}$，则由导数定理 Ⅱ 有

$$t\sin\omega t \rightleftharpoons -\frac{d}{dp}\left(\frac{\omega}{p^2 + \omega^2}\right) = \frac{2\omega p}{(p^2 + \omega^2)^2}$$

4. 积分定理

$$\int_0^t f(\tau)\mathrm{d}\tau \rightleftharpoons \frac{1}{p}F(p) \tag{6.2-5}$$

证明：令 $g(t) = \int_0^t f(\tau)\mathrm{d}\tau$，则 $f(t) = g^{(1)}(t)$。根据导数定理，有

$$g^{(1)}(t) \rightleftharpoons pG(p) - g(0) = pG(p)$$

其中利用了 $g(0) = 0$。再利用 $f(t) = g^{(1)}(t) \rightleftharpoons F(p)$，则有

$$F(p) = pG(p)$$

即

$$G(p) = \frac{1}{p}F(p) \rightleftharpoons \int_0^t f(\tau)\mathrm{d}\tau$$

5. 相似性定理

$$f(at) \rightleftharpoons \frac{1}{a}F(p/a) \tag{6.2-6}$$

其中 a 为常数。

6. 位移定理

$$\mathrm{e}^{-\lambda t}f(t) \rightleftharpoons F(p+\lambda) \tag{6.2-7}$$

利用这个定理，就可以得到

$$\mathrm{e}^{-\lambda t}\sin\omega t \rightleftharpoons \frac{\omega}{(p+\lambda)^2 + \omega^2}$$

$$\mathrm{e}^{-\lambda t}\cos\omega t \rightleftharpoons \frac{p+\lambda}{(p+\lambda)^2 + \omega^2}$$

7. 延迟定理

$$f(t-t_0) \rightleftharpoons \mathrm{e}^{-pt_0}F(p) \tag{6.2-8}$$

证明：由于在拉普拉斯变换中要求原函数 $f(t)$ 在 $t < 0$ 的时刻为零，则有

$$\int_0^\infty f(t-t_0)\mathrm{e}^{-pt}\mathrm{d}t = \int_{t_0}^\infty f(t-t_0)\mathrm{e}^{-pt}\mathrm{d}t$$

$$= \int_0^\infty f(\zeta)\mathrm{e}^{-p(\zeta+t_0)}\mathrm{d}\zeta$$

$$= \mathrm{e}^{-pt_0}F(p)$$

即得到 $f(t-t_0) \rightleftharpoons \mathrm{e}^{-pt_0}F(p)$。

8. 卷积定理

设原函数 $f_1(t)$ 及 $f_2(t)$ 对应的像函数分别为 $F_1(p)$ 及 $F_2(p)$，则它们的卷积对应的拉普拉斯变换为

$$f_1(t) * f_2(t) \rightleftharpoons F_1(p)F_2(p) \tag{6.2-9}$$

证明:根据拉普拉斯变换的定义及卷积的定义,有

$$\int_0^\infty f_1(t) * f_2(t) \mathrm{e}^{-pt} \mathrm{d}t = \int_0^\infty \left[\int_0^t f_1(t-\tau) f_2(\tau) \mathrm{d}\tau \right] \mathrm{e}^{-pt} \mathrm{d}t$$

这是一个二重积分,其中先从 $\tau = 0$ 到 $\tau = t$ 进行积分,然后再从 $t = 0$ 到 $t = \infty$ 进行积分,积分区域如图 6-1 所示。现在改变积分顺序,先从 $t = \tau$ 到 $t = \infty$ 进行积分,然后再从 $\tau = 0$ 到 $\tau = \infty$ 进行积分。可以看出,两种积分顺序给出的积分结果是相同的。这样有

$$\int_0^\infty f_1(t) * f_2(t) \mathrm{e}^{-pt} \mathrm{d}t = \int_0^\infty \left[\int_\tau^\infty f_1(t-\tau) \mathrm{e}^{-pt} \mathrm{d}t \right] f_2(\tau) \mathrm{d}\tau$$

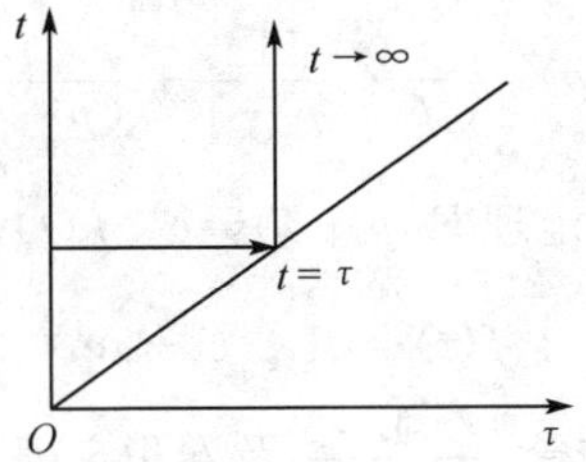

图 6-1

再进行变量代换,令 $\zeta = t - \tau$,则有

$$\int_0^\infty f_1(t) * f_2(t) \mathrm{e}^{-pt} \mathrm{d}t = \int_0^\infty \left[\int_0^\infty f_1(\zeta) \mathrm{e}^{-p\zeta} \mathrm{d}\zeta \right] f_2(\tau) \mathrm{e}^{-p\tau} \mathrm{d}\tau$$
$$= \int_0^\infty f_1(\zeta) \mathrm{e}^{-p\zeta} \mathrm{d}\zeta \int_0^\infty f_2(\tau) \mathrm{e}^{-p\tau} \mathrm{d}\tau$$
$$= F_1(p) F_2(p)$$

可见,两个函数的卷积在拉普拉斯变换下变成了它们对应的像函数的乘积。在解决实际问题中,这种卷积定理非常有用。例如,一个像函数可以分解成两个简单像函数的乘积,则它的反演就可以用这两个简单像函数对应的原函数的卷积来表示。

§6.3　拉普拉斯变换的反演

前面讨论的是在已知原函数的情况下,求出它对应的像函数,这叫拉普拉斯变换。反过来,若已知像函数,来求出它对应的原函数,这叫做拉普拉斯变换的反演。在一般的情况下,拉普拉斯变换的反演过程是非常复杂的。但对于一些特殊情况,如:

(1) 一个像函数可以分解成几个简单的像函数之和;

(2) 一个像函数可以分解为两个简单的像函数的乘积;

（3）经过其他的数学操作，这个像函数可以用一些简单的像函数来表示。

这样就可以利用一些已知的简单原函数（如：t^n，$\sin\omega t$，$\cos\omega t$ 及 e^{at} 等）所对应的像函数及上节介绍的拉普拉斯变换的性质，来完成反演过程。下面举例进行说明。

例 1   求像函数 $F(p) = \dfrac{1}{p(p-1)^2}$ 的反演。

解：有两种方法，如下：

方法一：可以把这个像函数分解为

$$F(p) = \frac{1}{p} - \frac{1}{p-1} + \frac{1}{(p-1)^2}$$

利用 $\dfrac{n!}{p^{n+1}} \rightleftharpoons t^n$ 及位移定理 $F(p+\lambda) \rightleftharpoons e^{-\lambda t} f(t)$，则上式对应的原函数为

$$f(t) = 1 - e^t + te^t$$

方法二：由 $1 \rightleftharpoons \dfrac{1}{p}$，$te^t \rightleftharpoons \dfrac{1}{(p-1)^2}$ 及卷积定理，可以得到

$$f(t) = \int_0^t 1 \cdot \tau e^\tau d\tau = \tau e^\tau \big|_0^t - \int_0^t e^\tau d\tau$$

$$= 1 - e^t + te^t$$

例 2   求 $F(p) = \dfrac{p}{(p+\lambda)^2 + \omega^2}$ 的反演，其中 λ 为复数。

解：由 $\cos\omega t \rightleftharpoons \dfrac{p}{p^2 + \omega^2}$，$\sin\omega t \rightleftharpoons \dfrac{\omega}{p^2 + \omega^2}$ 位移定理 $F(p+\lambda) \rightleftharpoons e^{-\lambda t} f(t)$，则可以得到

$$F(p) = \frac{p+\lambda}{(p+\lambda)^2 + \omega^2} - \frac{\lambda}{\omega} \cdot \frac{\omega}{(p+\lambda)^2 + \omega^2}$$

$$\rightleftharpoons e^{-\lambda t} \cos\omega t - \frac{\lambda}{\omega} e^{-\lambda t} \sin\omega t$$

例 3   求 $F(p) = \dfrac{p}{(p^2 + \omega^2)^2}$ 的反演。

解：
$$F(p) = -\frac{1}{2\omega} \frac{d}{d\omega}\left(\frac{p}{p^2 + \omega^2}\right)$$

$$\rightleftharpoons -\frac{1}{2\omega} \frac{d}{d\omega} \cos\omega t = \frac{t}{2\omega} \sin\omega t$$

例 4   求像函数 $F(p) = -\dfrac{1}{p^2(p-1)}$ 的反演。

解：令 $F_1(p) = \dfrac{1}{p-1}$ 及 $F_2(p) = -\dfrac{1}{p^2}$，可以知道它们对应的原函数分

别为 $f_1(t) = \mathrm{e}^t$ 及 $f_2(t) = -t$，则由卷积定理可以得到 $F(p)$ 对应的原函数为

$$f(t) = \int_0^t f_1(t-\tau) f_2(\tau) \mathrm{d}\tau$$

$$= \int_0^t \mathrm{e}^{t-\tau}(-\tau) \mathrm{d}\tau = 1 + t - \mathrm{e}^t$$

例 5　求像函数 $F(p) = \dfrac{\omega}{(p+\alpha)(p^2+\omega^2)}$ 的反演。

解： 由 $\dfrac{1}{p+\alpha} \rightleftharpoons \mathrm{e}^{-\alpha t}$，$\dfrac{\omega}{p^2+\omega^2} \rightleftharpoons \sin\omega t$ 及卷积定理，则可以得到

$$\frac{\omega}{(p+\alpha)(p^2+\omega^2)} \rightleftharpoons \int_0^t \mathrm{e}^{-\alpha(t-\tau)} \sin\omega\tau \, \mathrm{d}\tau$$

$$= \frac{1}{2\mathrm{i}} \mathrm{e}^{-\alpha t} \int_0^t \left[\mathrm{e}^{(\alpha+\mathrm{i}\omega)\tau} - \mathrm{e}^{(\alpha-\mathrm{i}\omega)\tau} \right] \mathrm{d}\tau$$

$$= \frac{1}{2\mathrm{i}} \mathrm{e}^{-\alpha t} \left[\frac{\mathrm{e}^{(\alpha+\mathrm{i}\omega)t}-1}{\alpha+\mathrm{i}\omega} - \frac{\mathrm{e}^{(\alpha-\mathrm{i}\omega)t}-1}{\alpha-\mathrm{i}\omega} \right]$$

$$= \frac{1}{\omega^2+\alpha^2} (\alpha\sin\omega t - \omega\cos\omega t + \omega \mathrm{e}^{-\alpha t})$$

在一般情况下，可以采用所谓的黎曼-梅林反演公式

$$f(t) = \frac{1}{2\pi\mathrm{i}} \int_{s-\infty\mathrm{i}}^{s+\infty\mathrm{i}} F(p) \mathrm{e}^{pt} \mathrm{d}p \quad (t > 0) \tag{6.3-1}$$

来计算像函数的反演，其中积分路径是 p 平面上一条平行于虚轴的直线，且要求像函数 $F(p)$ 在这条直线的右半平面没有奇点。由于这个公式涉及复平面上的积分，因此计算反演的过程比较复杂，这里不再进行详细介绍。

§6.4　拉普拉斯变换的应用

拉普拉斯变换的主要应用是求解一些常微分方程（或方程组）和积分-微分方程，以及计算一些特殊积分，甚至与其他变换结合起来，还可以求解偏微分方程。尤其是对于电工学、物理学等领域中一些带有初始值的常系数线性微分方程，用拉普拉斯变换方法求解是非常方便的。下面举例进行说明拉普拉斯变换在求解常微分方程（或方程组）、积分-微分方程和一些特殊积分中的应用。

1. 求解常微分方程

例 1　对于电感-电阻串联回路，见图 6-2，当开关 K 合上之前，回路中没有电流流动，其中 E 为直流电源的电动势，R 为电阻，L 为电感。求开关合上之后，电路中的电流 $i(t)$。

解:回路电流 $i(t)$ 所满足的方程为

$$L\frac{\mathrm{d}i}{\mathrm{d}t}+Ri=E$$

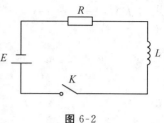

初始条件为 $i(0)=0$。这是一个典型的一阶常微分方程。根据拉普拉斯变换,则有

$$L[pI(p)-i(0)]+RI(p)=\frac{E}{p}$$

图 6-2

由此得到

$$I(p)=\frac{E}{p}\cdot\frac{1}{Lp+R}=\frac{E}{R}\left[\frac{1}{p}-\frac{1}{p+R/L}\right]$$

$$\rightleftharpoons\frac{E}{R}[1-\mathrm{e}^{-Rt/L}]$$

所以回路中的电流为

$$i(t)=\frac{E}{R}[1-\mathrm{e}^{-Rt/L}]$$

该电流包含了两部分,即稳恒部分 E/R 和暂态部分 $E\mathrm{e}^{-Rt/L}/R$。

例 2   对于如图 6-3 所示的电感 - 电容串联回路,电容器上的初始电荷为 $\pm q_0$。当电容器进行放电时,回路中的电流 $i(t)$ 是多少?

解:设电容器进行放电时,它上面的瞬时电荷量为 $q(t)$,它与瞬时电流 $i(t)$ 的关系为 $i(t)=-\dfrac{\mathrm{d}q}{\mathrm{d}t}$,或

$$q(t)=-\int_0^t i(\tau)\mathrm{d}\tau+q_0$$

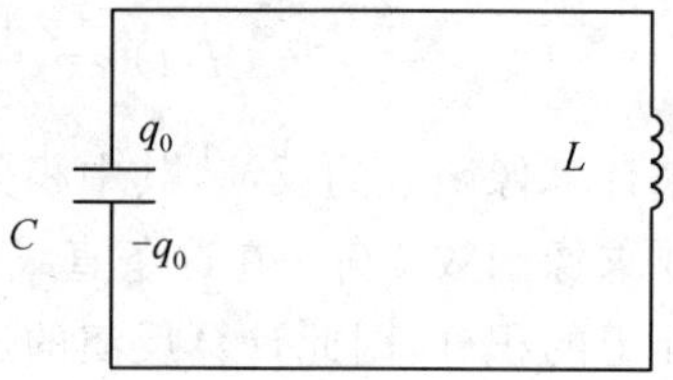

对应的回路方程为 $L\dfrac{\mathrm{d}i}{\mathrm{d}t}=\dfrac{q}{C}$,或

图 6-3

$$L\frac{\mathrm{d}i}{\mathrm{d}t}+\frac{1}{C}\int_0^t i(\tau)\mathrm{d}\tau=\frac{q_0}{C}$$

这是一个典型的微分-积分方程。根据拉普拉斯变换的导数定理和积分定理,则有

$$L[pI(p)-i(0)]+\frac{1}{C}\frac{I(p)}{p}=\frac{q_0}{C}\frac{1}{p}$$

由于初始电流 $i(0)$ 为零,则有

$$I(p)=\frac{q_0}{LCp^2+1}=\frac{q_0}{\sqrt{LC}}\frac{\sqrt{1/LC}}{p^2+1/LC}$$

很显然,它对应的原函数,即瞬时电流为

$$i(t) = \frac{q_0}{\sqrt{LC}} \sin\left(\frac{t}{\sqrt{LC}}\right)$$

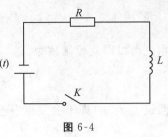

图 6-4

这就是所谓的 LC 回路振荡电流,电流的振荡圆频率为 $\omega = 1/\sqrt{LC}$。

例 3　在如图 6-4 所示的电感-阻回路中,交变电源的电压为 $E(t) = E_0 \sin\omega t$。当开关闭合时,求回路中的电流 $i(t)$。已知初始电流为零,即 $i(0) = 0$。

解: 回路中电流所满足的微分方程为

$$L \frac{\mathrm{d}i}{\mathrm{d}t} + Ri = E_0 \sin\omega t$$

根据拉普拉斯变换,则有

$$LpI(p) + RI(p) = E_0 \frac{\omega}{p^2 + \omega^2}$$

由此可以得到

$$I(p) = \frac{E_0}{L} \cdot \frac{1}{p + R/L} \cdot \frac{\omega}{p^2 + \omega^2}$$

由于

$$\frac{1}{p + R/L} \rightleftharpoons e^{-Rt/L}, \quad \frac{\omega}{p^2 + \omega^2} \rightleftharpoons \sin\omega t$$

所以由卷积定理,可以得到

$$i(t) = \frac{E_0}{L} \int_0^t e^{-R(t-\tau)/L} \sin\omega\tau \mathrm{d}\tau$$

$$= \frac{E_0}{L} e^{-Rt/L} \cdot \frac{1}{2i} \int_0^t \left[e^{(i\omega + R/L)\tau} - e^{(-i\omega + R/L)\tau} \right] \mathrm{d}\tau$$

$$= \frac{E_0 L\omega}{R^2 + L^2\omega^2} e^{-Rt/L} + \frac{E_0}{R^2 + L^2\omega^2} \left[R\sin\omega t - L\omega\cos\omega t \right]$$

可见瞬时电流由两部分组成,即第一项为暂态电流(随时间衰减),第二项为外界电源引起的强迫振荡电流。

例 4　一个质量为 m、弹性系数为 k 的弹簧振子在外界强迫力 $f(t) = f_0 \sin\omega t$ 的作用下,其运动方程为

$$m \frac{\mathrm{d}^2 x}{\mathrm{d}t^2} + kx = f_0 \sin\omega t$$

其中 f_0 为强迫力的振幅,ω 为强迫振动的圆频率。初始位移及速度均为零,即 $x(0) = 0, x^{(1)}(0) = 0$。求弹簧振子的运动规律 $x(t)$。

解: 设 $\omega_0 = \sqrt{k/m}$,并对振子的运动方程进行拉普拉斯变换,则有

$$p^2 X(p) + \omega_0^2 X(p) = \frac{f_0}{m} \frac{\omega}{p^2 + \omega^2}$$

由此可以得到像函数为

$$X(p) = \frac{f_0}{m} \frac{\omega}{(p^2 + \omega^2)(p^2 + \omega_0^2)}$$

假设 $\omega \neq \omega_0$（即不会发生强迫共振），则可以把上式改写为

$$X(p) = \frac{f_0}{m} \cdot \frac{\omega}{\omega^2 - \omega_0^2} \left(\frac{1}{p^2 + \omega_0^2} - \frac{1}{p^2 + \omega^2} \right)$$

利用

$$\frac{1}{p^2 + \omega_0^2} \rightleftharpoons \frac{1}{\omega_0} \sin\omega_0 t, \quad \frac{1}{p^2 + \omega^2} \rightleftharpoons \frac{1}{\omega} \sin\omega t$$

可以得到

$$x(t) = \frac{f_0}{m} \frac{\omega}{\omega^2 - \omega_0^2} \left(\frac{1}{\omega_0} \sin\omega_0 t - \frac{1}{\omega} \sin\omega t \right)$$

例 5　利用拉普拉斯变换方法求解如下微分方程组

$$\begin{cases} \dfrac{\mathrm{d}y}{\mathrm{d}t} + 2y + 2z = 10\mathrm{e}^{2t} \\ \dfrac{\mathrm{d}z}{\mathrm{d}t} + z - 2y = 7\mathrm{e}^{2t} \end{cases}$$

其中初始条件为 $y(0) = 1$ 及 $z(0) = 3$。

解：对上述方程组进行拉普拉斯变换，则变成如下线性代数方程组：

$$\begin{cases} (p+2)Y(p) + 2Z(p) - 1 = \dfrac{10}{p-2} \\ (p+1)Z(p) - 2Y(p) - 3 = \dfrac{7}{p-2} \end{cases}$$

由此得到像函数为

$$\begin{cases} Y(p) = \dfrac{1}{p-2} \\ Z(p) = \dfrac{3}{p-2} \end{cases}$$

进行反演后，可以得到

$$\begin{cases} y(t) = \mathrm{e}^{2t} \\ z(t) = 3\mathrm{e}^{2t} \end{cases}$$

2. 计算特殊积分的值

利用拉普拉斯变换方法，除了可以求解微分方程（或微分-积分方程）外，它还可以用来计算某些特殊的积分，不过需要与留数定理联合来使用。下面举例进行说明。

在 §4.4 节中,利用留数定理,我们曾得到了如下积分的值

$$\int_0^\infty e^{-ax^2} \cos(bx) dx = \frac{1}{2}\sqrt{\frac{\pi}{a}} e^{-b^2/4a}$$

见式(4.4-8)。如果令 $a = t$,则可以把上式写成

$$\frac{2}{\pi} \int_0^\infty e^{-x^2 t} \cos(bx) dx = \frac{1}{\sqrt{\pi t}} e^{-b^2/4t} \qquad (6.4\text{-}1)$$

对上式两边进行拉普拉斯变换,有

$$\int_0^\infty \left[\frac{2}{\pi} \int_0^\infty e^{-x^2 t} \cos(bx) dx \right] e^{-pt} dt = \int_0^\infty \left[(\pi t)^{-1/2} e^{-b^2/4t} \right] e^{-pt} dt$$

$$(6.4\text{-}2)$$

下面计算式(6.4-2) 左边的积分,则有

$$I(p) = \int_0^\infty \left[\frac{2}{\pi} \int_0^\infty e^{-x^2 t} \cos(bx) dx \right] e^{-pt} dt$$

$$= \frac{2}{\pi} \int_0^\infty \cos(bx) dx \int_0^\infty e^{-(p+x^2)t} dt$$

$$= \frac{2}{\pi} \int_0^\infty \frac{\cos(bx)}{x^2 + p} dx$$

假设 $b > 0$ 及 $z = i\sqrt{p}$ 位于上半平面,则由留数定理[见式(4.3-11)],可以得到

$$I(p) = \frac{2}{\pi} \cdot \pi i \lim_{z \to i\sqrt{p}} \left[\frac{e^{ibz}}{z + i\sqrt{p}} \right] = \frac{1}{\sqrt{p}} e^{-b\sqrt{p}}$$

即

$$\int_0^\infty \left[(\pi t)^{-1/2} e^{-b^2/(4t)} \right] e^{-pt} dt = \frac{1}{\sqrt{p}} e^{-b\sqrt{p}}$$

或

$$\frac{1}{\sqrt{\pi t}} e^{-b^2/(4t)} \rightleftharpoons \frac{1}{\sqrt{p}} e^{-b\sqrt{p}} \qquad (6.4\text{-}3)$$

这是一个非常重要的拉普拉斯变换的公式。实际上,也可以直接由拉普拉斯的普遍反演公式[见式(6.3-1)]得到式(6.4-3),但计算过程非常复杂。

由式(6.4-3),还可以得到

$$e^{-b\sqrt{p}} = -\frac{d}{db}\left(\frac{1}{\sqrt{p}} e^{-b\sqrt{p}} \right) \rightleftharpoons \frac{b}{2\sqrt{\pi} t^{3/2}} e^{-\frac{b^2}{4t}} \qquad (6.4\text{-}4)$$

这也是一个重要的拉普拉斯反演公式,我们将在第十章中用到它。

例 6 利用拉普拉斯变换方法计算积分

$$I(t) = \int_0^\infty \frac{\cos(tx)}{x^2 + a^2} dx$$

的值,其中 $a > 0$。

解:利用拉普拉斯变换

$$\cos(tx) \rightleftharpoons \frac{p}{p^2 + x^2}$$

则有

$$I(p) = \int_0^\infty \frac{p \mathrm{d}x}{(p^2+x^2)(x^2+a^2)} = \frac{p}{p^2-a^2}\int_0^\infty \left(\frac{1}{x^2+a^2} - \frac{1}{x^2+p^2}\right)\mathrm{d}x$$

再利用留数定理,可以得到

$$I(p) = \frac{p}{p^2-a^2}\left(\frac{\pi}{2}\cdot\frac{1}{a} - \frac{\pi}{2}\cdot\frac{1}{p}\right) = \frac{\pi}{2a}\cdot\frac{1}{p+a}$$

然后再进行反演,可以得到

$$I(t) = \frac{\pi}{2a}\mathrm{e}^{-at}$$

例 7 利用拉普拉斯变换方法计算积分

$$I(t) = \int_0^\infty \frac{\sin(tx)}{x}\mathrm{d}x$$

的值,其中 $t > 0$。

解:利用拉普拉斯变换

$$\sin(tx) \rightleftharpoons \frac{x}{p^2 + x^2}$$

则可以得到

$$I(p) = \int_0^\infty \frac{\mathrm{d}x}{x^2 + p^2}$$

再利用留数定理,可以进一步完成对 x 的积分

$$I(p) = \frac{\pi}{2}\cdot\frac{1}{p}$$

最后进行拉普拉斯反演,有

$$I(t) = \frac{\pi}{2}$$

例 8 利用拉普拉斯变换方法计算积分

$$I(t) = \int_0^\infty \frac{\sin^2(tx)}{x^2}\mathrm{d}x$$

的值,其中 $t > 0$。

解:先利用三角函数公式 $2\sin^2(tx) = 1 - \cos(2tx)$,可以把该积分改写为

$$I(t) = \int_0^\infty \frac{1 - \cos(2tx)}{2x^2}\mathrm{d}x$$

对上式两边进行拉普拉斯变换（关于 t），有

$$I(p) = \frac{1}{2}\int_0^\infty \left[\frac{1}{p} - \frac{p}{p^2+4x^2}\right]\frac{\mathrm{d}x}{x^2}$$

$$= \frac{2}{p}\int_0^\infty \frac{\mathrm{d}x}{p^2+4x^2} = \frac{1}{p}\int_0^\infty \frac{\mathrm{d}z}{p^2+z^2}$$

再利用留数定理完成对 z 的积分，有

$$I(p) = \frac{\pi}{2}\cdot\frac{1}{p^2}$$

最后进行反演，则得到

$$\int_0^\infty \frac{\sin^2(tx)}{x^2}\mathrm{d}x = \frac{\pi}{2}t \tag{6.4-5}$$

如果令 $t=1$，由上式又可以得到

$$\int_0^\infty \frac{\sin^2 x}{x^2}\mathrm{d}x = \frac{\pi}{2} \tag{6.4-6}$$

如果直接用留数定理计算上面两个积分，是非常困难的，因为被积函数在实轴上有二阶极点。

习 题

1. 求下列函数的像函数。

(1) $te^{-\omega t}$；(2) $t\cos\omega t$；(3) $\dfrac{1-\cos\omega t}{\omega}$

2. 求下列像函数的反演。

(1) $\dfrac{6}{(p+1)^2}$；(2) $\dfrac{3p}{p^2-1}$；(3) $\dfrac{p}{(p^2+\omega^2)^2}$ $(\omega>0)$

3. 利用拉普拉斯变换求解如下常微分方程。

(1) $\begin{cases}\dfrac{\mathrm{d}y}{\mathrm{d}t}+y=1\\ y(0)=0\end{cases}$

(2) $\begin{cases}\dfrac{\mathrm{d}y}{\mathrm{d}t}-y=-3e^{-2t}\\ y(0)=2\end{cases}$

(3) $\begin{cases}\dfrac{\mathrm{d}^2 y}{\mathrm{d}t^2}+4\dfrac{\mathrm{d}y}{\mathrm{d}t}+4y=\sin\omega t\\ y(0)=y_0\\ y'(0)=y_1\end{cases}$

$$(4)\begin{cases}\dfrac{\mathrm{d}^2 T}{\mathrm{d}t^2} + a^2\omega^2 T = f(t) \\ T(0) = T'(0) = 0\end{cases}$$

其中 $f(t)$ 为已知函数。

第二篇 数学物理方程

第七章　　数学物理方程的建立

在自然科学及应用技术中,人们需要了解一些宏观物理量(如电磁场、温度场、流场及物质的密度等)在时空中的变化规律。一般情况下,可以采用多于两个变量的偏微分方程或方程组来描述这些宏观物理量在时空中的变化规律,如描述电磁场变化的麦克斯韦方程组、描述温度场变化的热传导方程等。通常称这些描述物理量时空变化规律的偏微分方程为数学物理方程。

根据偏微分方程对时间变量求导的阶数,可以将描述经典物理现象的数学物理方程分为三种不同的类型,即波动方程(对时间的偏微分是二阶的)、输运方程(对时间的偏微分是一阶的)及泊松方程(与时间变量无关)。本章将首先讨论这些数学物理方程的建立,然后再讨论其定解条件。

§7.1　　波动方程

1. 弦的横向振动

首先我们以细弦的横向振动为例,来建立波动方程。考虑一个长度为 l、水平放置的细弦,取弦平衡时所在的直线为 x 轴,弦的两个端点分别固定在 $x = 0$ 和 $x = l$ 处。假设在 $t = 0$ 的初始时刻,在横向上对弦进行一个小的扰动,而且弦在每一点的横向位移可以用函数 $\phi(x)$ 来描述,如图 7-1 所示。那么在 $t > 0$ 的时刻,弦要在它的

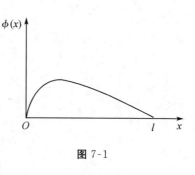

图 7-1

平衡位置附近做振动。现在的任务是:确定在任意时刻 t,弦在任意位置 $x(0 < x < l)$ 的横向位移 $u(x,t)$ 所服从的方程。

为了得到 $u(x,t)$ 所满足的方程,还需要做如下假定:

(1) 弦的质量是均匀分布的,平衡时其线密度为 ρ;

(2) 弦是完全轻质而柔软的,在平衡和振动时均处于绷紧状态,即它的

内部每一点都存在着张力作用；

（3）弦的横向振幅很小，其上每一点的斜率 $\partial u/\partial x$ 很小；

（4）弦的振动是横向的，即每一点的振动方向都垂直于 x 轴，整个弦的振动只位于同一个平面内（即在 $u \sim x$ 平面内）。

在不考虑外界驱动力和重力的情况下，弦上的每一点只受到其内部张力的作用.张力的方向沿着弦的切线方向。由于张力的作用，弦上某一点的振动必然要带动它临近点的振动，即这种振动要传播到整个弦上，并以波的形式表现出来。

弦的振动是一种机械运动，应遵循牛顿第二定律。然而对于整个弦的振动，又不能直接运用质点力学的牛顿第二定律来描述。但我们可以把弦分成许多很小的小段，对于每一个小段，可以抽象成一个质点。这样弦是由许多相互作用的小质点组成的，每个小质点的运动都可以用牛顿第二定律来描述。

现在我们分析弦上任意小段 Δs 的受力情况，它在 x 轴上的投影为 Δx，如图 7-2 所示。Δs 两端所受的张力分别为 T_1 和 T_2，它们的方向不同，但大小相同，即 $T_1 = T_2 = T$。由于弦的振动是横向的，它在 x 方向没有运动，即合力为零。这样根据牛顿第二定律，可以得到

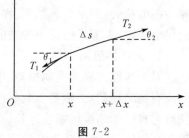

图 7-2

$$T\sin\theta_2 - T\sin\theta_1 = (\rho\Delta x)\frac{\partial^2 u}{\partial t^2}$$

$$(7.1\text{-}1)$$

其中 θ_1 及 θ_2 是 Δs 两端的切线与 x 轴的夹角，$\rho\Delta x$ 是该小段的质量，$\dfrac{\partial^2 u}{\partial t^2}$ 是弦的横向加速度。

在小振动条件下，有

$$\sin\theta_1 \approx \tan\theta_1 = \frac{\partial u}{\partial x}\Big|_x$$

$$\sin\theta_2 \approx \tan\theta_2 = \frac{\partial u}{\partial x}\Big|_{x+\Delta x}$$

这样可以得到

$$\sin\theta_2 - \sin\theta_1 = \frac{\partial u}{\partial x}\Big|_{x+\Delta x} - \frac{\partial u}{\partial x}\Big|_x \approx \frac{\partial^2 u}{\partial x^2}\Delta x \qquad (7.1\text{-}2)$$

把式（7.1-2）代入方程（7.1-1），则可以得到弦的振动方程为

$$\frac{\partial^2 u}{\partial t^2} = a^2 \frac{\partial^2 u}{\partial x^2} \tag{7.1-3}$$

其中 $a = \sqrt{T/\rho}$ 是弦的振动传播速度，即波速。

当弦在横向上受到一个单位长度所受的 $F(x,t)$ 作用时，类似地可以得到弦的振动方程为

$$\frac{\partial^2 u}{\partial t^2} - a^2 \frac{\partial^2 u}{\partial x^2} = f(x,t) \tag{7.1-4}$$

其中 $f(x,t) = F(x,t)/\rho$。如果弦受到一个阻尼力（如空气的阻力）的作用，且该阻尼力与振动的速度成正比，即

$$F(x,t) = -k \frac{\partial u}{\partial t} \tag{7.1-5}$$

这样弦的振动方程为

$$\frac{\partial^2 u}{\partial t^2} + b \frac{\partial u}{\partial t} - a^2 \frac{\partial^2 u}{\partial x^2} = 0 \tag{7.1-6}$$

其中 $b = k/\rho$。应当注意，阻尼力与外界驱动力不同，它与弦的振动状态有关，振动速度越大，阻尼力就越大。在一般情况下，阻尼力不是很大，因此在以后的讨论中，将不考虑阻尼力带来的影响。

2. 细杆的纵向振动

对于弹性细杆的纵向振动，也可以做类似上面的处理。只要细杆中任意一段有纵向移动，必然要引起邻段的压缩或伸长，这个邻段的压缩或伸长又使得它自己的邻段压缩或伸长。这样，细杆中的任一小段的移动最终要传播到整个细杆，从而导致细杆的纵向振动。这种纵向振动就是以波的形式传播的。

假设一根长度为 l 的均匀细杆，在沿着其长度的方向做小振动。取杆长的方向为 x 轴方向。在平衡状态下，垂直于杆长方向的截面均可以用 x 来标记。现在把细杆分成很多小段（见图 7-3），选取其中的一小段 $(x, x+\Delta x)$ 为研究对象。在

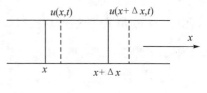

图 7-3

振动过程中，该小段两端的位移分别为 $u(x,t)$ 和 $u(x+\Delta x,t)$，则该小段的相对伸长为

$$\frac{u(x+\Delta x,t) - u(x,t)}{\Delta x} \approx \frac{\partial u}{\partial x} \equiv u_x$$

实际上，在杆的不同位置上，相对伸长 u_x 也不一样。在该小段的两端，相对伸长分别为 $u_x|_x$ 和 $u_x|_{x+\Delta x}$。根据胡克定律，该小段两端所受的应力与其相

对伸长成正比，即 $ESu_x|_x$ 及 $ESu_x|_{x+\Delta x}$，其中 E 为该细杆的杨氏模量，ρ 为质量密度，S 为细杆的横截面积。这样由牛顿第二定律，可以得到该小段的运动方程为

$$(\rho S\Delta x)\frac{\partial^2 u}{\partial t^2} = ESu_x|_{x+\Delta x} - ESu_x|_x \approx ES\frac{\partial^2 u}{\partial x^2}\Delta x$$

两端除以 ΔxS，则得到

$$\frac{\partial^2 u}{\partial t^2} - a^2\frac{\partial^2 u}{\partial x^2} = 0 \tag{7.1-7}$$

这就是细杆的纵向振动方程，其中 $a = \sqrt{E/\rho}$。可见，细杆的纵向振动方程与细弦的横向振动方程在形式上都一样。

在外界强迫力作用下，细杆的纵向振动方程在形式上也与方程(7.1-4)一样，只是其中的 $F(x,t)$ 为细杆在单位长度和单位面积上所受的纵向力。

3. 薄膜的横向振动

现在考虑一个匀质薄膜，静止时位于 xy 平面内。在内部张力 T 的作用下，薄膜在垂直于 xy 平面的方向上做振动。为了得到薄膜的振动方程，做如下假定：

(1) 薄膜是柔软的，因此张力总是位于薄膜的切平面内。

(2) 与张力相比，可以不考虑薄膜自身的重力带来的影响。

(3) 薄膜是微振动的。

用 $u(x,y,t)$ 表示薄膜在振动时相对于平衡位置的垂直位移。下面建立 $u(x,y,t)$ 所满足的方程。

把薄膜分成许多小块，并选取 x 与 $x+\Delta x$ 之间及 y 与 $y+\Delta y$ 之间的小块作为研究对象，见图 7-4。由于薄膜是做微振动，则任意一点张力的"仰角"α（即张力与 xy 平面的夹角）很小。这样张力的横向分量是 $T\sin\alpha \approx T\tan\alpha = T\frac{\partial u}{\partial n}$，其中 n 是张力 T 在 xy 平面上的投影方向。

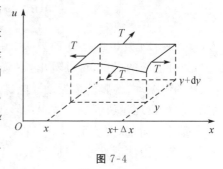

图 7-4

对于 x 与 $x+\Delta x$ 这两个边，它们所受的横向张力分别为 $-T\partial u/\partial x|_x$ 和 $T\partial u/\partial x|_{x+\Delta x}$。这样，该小块薄膜在 x 与 $x+\Delta x$ 两个边所受到的横向作用力为

$$[T\partial u/\partial x|_{x+\Delta x} - T\partial u/\partial x|_x]\Delta y = Tu_{xx}\Delta x\Delta y$$

同样，对于 y 与 $y+\Delta y$ 这两个边，所受到的横向作用力为

$$[T\partial u/\partial y\big|_{y+\Delta y} - T\partial u/\partial y\big|_y]\Delta x = Tu_{yy}\Delta x\Delta y$$

用 ρ 表示单位面积的薄膜质量,这样薄膜的横向振动方程为

$$(\rho\Delta x\Delta y)u_{tt} = T(u_{xx} + u_{yy})\Delta x\Delta y$$

即

$$u_{tt} - a^2\,\nabla^2 u = 0 \qquad\qquad (7.1\text{-}8)$$

其中 $a = \sqrt{T/\rho}$,$\nabla^2 = \partial^2/\partial x^2 + \partial^2/\partial y^2$ 为二维拉普拉斯算符。

如果在薄膜上存在着一个单位面积上的横向作用力 $F(x,y,t)$,则这时薄膜的横向振动方程为

$$u_{tt} - a^2\,\nabla^2 u = f(x,y,t) \qquad\qquad (7.1\text{-}9)$$

其中 $f(x,y,t) = F(x,y,t)/\rho$。

4. 电磁波方程

众所周知,在真空中电场 $\boldsymbol{E}$ 和磁场 $\boldsymbol{B}$ 满足如下麦克斯韦方程组

$$\nabla\times\boldsymbol{E} = -\frac{\partial\boldsymbol{B}}{\partial t} \qquad\qquad (7.1\text{-}10)$$

$$\nabla\times\boldsymbol{B} = \frac{1}{c^2}\frac{\partial\boldsymbol{E}}{\partial t} \qquad\qquad (7.1\text{-}11)$$

其中 c 为真空中的光速。对式(7.1-10)两边取旋度,并利用 $\nabla\times(\nabla\times\boldsymbol{E}) = \nabla(\nabla\cdot\boldsymbol{E}) - \nabla^2\boldsymbol{E}$ 及 $\nabla\cdot\boldsymbol{E} = 0$(真空中的电场是无源的),则得到

$$\frac{\partial^2\boldsymbol{E}}{\partial t^2} - c^2\,\nabla^2\boldsymbol{E} = 0 \qquad\qquad (7.1\text{-}12)$$

同理,可以得到磁场所满足的方程为

$$\frac{\partial^2\boldsymbol{B}}{\partial t^2} - c^2\,\nabla^2\boldsymbol{B} = 0 \qquad\qquad (7.1\text{-}13)$$

方程(7.1-12)及(7.1-13)即为真空中电磁波传播的方程。

通过上面的讨论,可以看出:尽管我们所讨论的对象不同(如弦的横振动、杆的纵振动、薄膜的横振动及电磁波在真空中的传播),所描述的物理量也不同,但物理量所满足的方程在形式上却十分相似,即物理量对时间的偏微分都是二阶的,见方程(7.1-3)、(7.1-7)、(7.1-8)及(7.1-12)。这类偏微分方程被称为波动方程,对应于数学上的双曲型方程。

§7.2　输运方程

1. 热传导方程

如果当物体内部的温度分布不均匀时,热量就会从温度高的地方向温度低的地方转移,这种现象称为热传导现象。尽管热传导现象与物质中的原

子及分子的热运动过程有关,但它是一种宏观不可逆的物理现象。因此,热传导方程不可能直接从粒子的微观运动规律(如牛顿第二定律)得到,而需要由能量守恒原理和基于实验结果的唯象定律得到。

　　首先我们建立一维情况下的热传导方程。假设 $u(x,t)$ 为温度场的分布函数,且仅在 x 轴方向发生热传导现象。实验结果表明,单位时间内在垂直于 x 轴方向上的单位面积的热通量与温度梯度成正比,即

$$q = -k \frac{\partial u}{\partial x} \tag{7.2-1}$$

这就是所谓的傅里叶热传导定律,其中 k 为热传导系数。不同物质的热传导系数不一样。公式(7.2-1)说明,热通量的方向与温度梯度的方向相反。

　　现在以一个均匀细杆的热传导过程为例。设细杆的长度为 l,细杆的横截面积为 S,质量密度为 ρ。杆的两端分别位于 $x=0$ 和 $x=l$。假设在初始时刻($t=0$)细杆上的温度分布为 $\phi(x)$,则在 $t>0$ 的时刻热量会在细杆

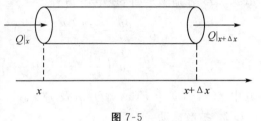

图 7-5

中流动。与上节的分析一样,我们把细杆分成很多小段,并选取其中的一小段 $(x, x+\Delta x)$ 作为研究对象,见图 7-5。根据傅里叶定律,在 Δt 时间内从该小段前端流入的热量为

$$Q\big|_x = -kS\Delta t \frac{\partial u}{\partial x}\Big|_x \tag{7.2-2}$$

另一方面,在该时间内从该小段后端流出的热量为

$$Q\big|_{x+\Delta x} = -kS\Delta t \frac{\partial u}{\partial x}\Big|_{x+\Delta x} \tag{7.2-3}$$

假设细杆的比热为 c,那么该小段吸收的热量为

$$Q = c(S\Delta x\rho)\Delta u \tag{7.2-4}$$

根据能量守恒原理,流进该小段的净热量应等于该小段吸收的热量,即

$$Q = Q\big|_x - Q\big|_{x+\Delta x} \tag{7.2-5}$$

将式(7.2-2)～(7.2-5)联立,则可以得到

$$c(S\Delta x\rho)\Delta u = kS\Delta t \left(\frac{\partial u}{\partial x}\Big|_{x+\Delta x} - \frac{\partial u}{\partial x}\Big|_x \right)$$

$$\approx kS\Delta t \frac{\partial^2 u}{\partial x^2}\Delta x$$

两边除以 $S\Delta x\Delta t$,最后可以得到

$$\frac{\partial u}{\partial t} - a^2 \frac{\partial^2 u}{\partial x^2} = 0 \tag{7.2-6}$$

其中 $a = \sqrt{k/c\rho}$。这里我们已假定热传导系数为常数。方程(7.2-6)即为一维热传导方程。

如果在热传导过程中存在着热源,热源的强度(单位时间在单位体积中产生的热量)为 $F(x,t)$,则这时热传导方程为

$$\frac{\partial u}{\partial t} - a^2 \frac{\partial^2 u}{\partial x^2} = f(x,t) \tag{7.2-7}$$

其中 $f(x,t) = F(x,t)/c\rho$。

可以把上面的一维热传导过程推广到二维及三维情况,这时温度场 $u(x,y,t)$ 分别满足如下热传导方程

$$\frac{\partial u}{\partial t} - a^2 \left(\frac{\partial^2 u}{\partial x^2} + \frac{\partial^2 u}{\partial y^2} \right) = f(x,y,t) \tag{7.2-8}$$

$$\frac{\partial u}{\partial t} - a^2 \left(\frac{\partial^2 u}{\partial x^2} + \frac{\partial^2 u}{\partial y^2} + \frac{\partial^2 u}{\partial z^2} \right) = f(x,y,z,t) \tag{7.2-9}$$

其中 $f(x,y,t) = F(x,y,t)/c\rho$ 及 $f(x,y,z,t) = F(x,y,z,t)/c\rho$。

2. 扩散振动

当物体中粒子的浓度分布不均匀时,就会发生扩散现象,即粒子从浓度高的地方向浓度低的地方转移。从微观上看,扩散过程是由物质中原子或分子之间的碰撞过程引起的。与热传导过程一样,扩散过程也是一种宏观现象,因此不能直接由原子分子的微观运动规律得到扩散方程,而需要由粒子数守恒原理和基于实验结果的唯象定律得到。

先考虑一维扩散过程,并设 $u(x,t)$ 为粒子的浓度分布函数。实验结果表明,扩散现象遵从所谓的菲克定律(扩散定律),即扩散流强度(单位时间内通过单位横截面积的粒子数)正比于粒子浓度的梯度

$$q = -D \frac{\partial u}{\partial x} \tag{7.2-10}$$

其中 D 为扩散系数,负号表示扩散转移的方向与浓度梯度的方向相反。

仿照热传导方程的推导过程,并应用粒子数守恒定律(或质量守恒定律)及扩散定律,可以得到一维扩散方程为

$$\frac{\partial u}{\partial t} - a^2 \frac{\partial^2 u}{\partial x^2} = 0 \tag{7.2-11}$$

其中 $a = \sqrt{D}$。在数学形式上,扩散方程和热传导方程相同。

同样,当物质中存在粒子源(如在气体放电中,高能电子与原子或分子发生电离碰撞产生的新电子;在 ^{235}U 原子核的裂变反应中,中子的增值反应)时,扩散方程为

$$\frac{\partial u}{\partial t} - a^2 \frac{\partial^2 u}{\partial x^2} = f(x,t) \qquad (7.2\text{-}12)$$

其中 $f(x,t)$ 为粒子的源函数。对于由物质内部某种反应(如气体电离及裂变反应等)产生的粒子源,源函数一般正比于粒子的浓度分布函数 u。

类似地,还可以得到二维或三维扩散方程。

§7.3　泊松方程

1.静电场

我们知道静电场是一种无旋场。如果在空间中存在着电荷源,则电力线是不封闭的,它起源于正电荷,终止于负电荷。根据静电学的高斯定理,可以得到静电场 $E(r)$ 所服从的方程为

$$\nabla \cdot E(r) = \frac{\rho}{\varepsilon_0} \qquad (7.3\text{-}1)$$

其中 $\rho(r)$ 是电荷密度分布函数,ε_0 为真空中的介电常数。通常称式(7.3-1)为高斯方程。

另一方面,我们知道静电场 $E(r)$ 可以用静电势 $u(r)$ 来表示,它们之间的关系为

$$E(r) = -\nabla u(r) \qquad (7.3\text{-}2)$$

将式(7.3-2)代入式(7.3-1),则可以得到

$$\nabla^2 u = -\frac{\rho}{\varepsilon_0} \qquad (7.3\text{-}3)$$

这就是静电势所满足的方程,被称为泊松方程。

如果在所考虑的空间内没有电荷源存在,即 $\rho = 0$,那么静电势在空间中的变化就遵从所谓的拉普拉斯方程

$$\nabla^2 u = 0 \qquad (7.3\text{-}4)$$

在一些情况下,尽管电场是随时间变化的,但是由这种变化的电场感应出的磁场很小,这时仍可以认为电场是无旋的。例如,在气体放电实验中,交变电源以容性方式耦合到放电腔室中的两个平行板电极上,这时尽管维持放电的外界电压或电流是随时间变化的,但如果电源的频率不是太高,则放电腔室中感应出的磁场几乎为零,因此可以近似地认为电场是无旋的,即是静电场。这时电场和电势仍满足高斯方程和泊松方程。

2.稳态热传导

如果物体中热源分布或边界条件不随时间变化,那么在到达一定的时间后,物体内部的温度场分布将达到平衡状态,而不再随时间变化。这样,前

面得到的热传导方程(7.2-9)中对时间的微分项为零(以三维情况为例),即

$$\nabla^2 u = -f/a^2 \qquad (7.3\text{-}5)$$

可见,稳态热传导方程具有泊松方程的形式。

如果没有热源存在,该方程又简化为拉普拉斯方程

$$\nabla^2 u = 0 \qquad (7.3\text{-}6)$$

3. 稳态扩散

如果物体中粒子源分布或边界条件不随时间变化,那么在到达一定的时间后,物体内部的浓度分布将达到平衡状态,而不再随时间变化。类似地,有

$$\nabla^2 u = -f/a^2 \qquad (7.3\text{-}7)$$

同样,稳态扩散方程也具有泊松方程的形式。

如果没有粒子源存在,该方程又简化为拉普拉斯方程

$$\nabla^2 u = 0 \qquad (7.3\text{-}8)$$

§7.4　定解条件

单凭前面建立的数学物理方程还不能完全确定一个物理量的时空演化规律,因为一个物体状态的演化过程还依赖于它所处的特定"历史"和"环境",即初始条件和边界条件。

1. 初始条件

初始条件的个数取决于数学物理方程的类型。对于经典的波动方程,如弦的横振动、杆的纵振动及薄膜的横振动等方程,由于物理量对时间的偏微分是二阶的,因此它们有两个初始条件,即初始"位移":

$$u(\boldsymbol{r},t)\big|_{t=0} = \phi(\boldsymbol{r}) \qquad (7.4\text{-}1)$$

及初始"速度":

$$u_t(\boldsymbol{r},t)\big|_{t=0} = \psi(\boldsymbol{r}) \qquad (7.4\text{-}2)$$

而对于输运方程,如热传导方程和扩散方程,由于物理量对时间的偏微分是一阶的,因此它们只有一个初始条件,如初始温度或初始浓度:

$$u(\boldsymbol{r},t)\big|_{t=0} = \phi(\boldsymbol{r}) \qquad (7.4\text{-}3)$$

对于稳态方程,由于物理量不随时间变化,自然就不存在初始条件的问题。

需要说明的是:初始条件给出的是整个系统的初始条件,而不是系统中个别点的初始条件。例如,对于长度为 l 的细弦的纵振动,初始条件式(7.4-1)和式(7.4-2)对位于 $0 \leqslant x \leqslant l$ 内的任意点都适用。

2. 边界条件

与初始条件相比,边界条件的形式比较多样化,它与系统所处的环境条

件有关,不同的环境对应不同的边界条件。从数学上看,有三类线性边界条件,即第一类、第二类及第三类边界条件。

(1) 第一类边界条件

该条件给出了所研究的物理量在边界上的取值,即

$$u(\boldsymbol{r},t)\big|_{\Sigma} = f(\boldsymbol{r}_{\Sigma},t) \tag{7.4-4}$$

其中 Σ 表示边界,$\boldsymbol{r}_{\Sigma}$ 表示边界上的点。例如,对于细弦的横振动,如果弦的两端固定,则有

$$\begin{cases} u(x,t)\big|_{x=0} = 0 \\ u(x,t)\big|_{x=l} = 0 \end{cases}$$

再如,对细杆的传热问题,如果细杆的一端($x=l$)的温度按已知的规律 $f(t)$ 变化,则该端的边界条件为

$$u(x,t)\big|_{x=l} = f(t)$$

(2) 第二类边界条件

该边界条件给出了所研究的物理量在边界外法线方向上方向导数的取值,即

$$\frac{\partial u}{\partial n}\Big|_{\Sigma} = f(\boldsymbol{r}_{\Sigma},t) \tag{7.4-5}$$

其中 n 是沿着边界的外法线方向。例如,对于细杆的纵振动问题,如果在细杆的某端($x=a$)作用一个沿着端点外法线方向的作用力 $f(t)$,则根据胡克定律及受力平衡,则该作用力应等于该点的应力,即

$$ES\frac{\partial u}{\partial n}\Big|_{x=a} = f(t)$$

当 $a=0$ 时,外法线方向沿着 x 轴的负方向,有

$$-ES\frac{\partial u}{\partial n}\Big|_{x=0} = f(t)$$

而当 $a=l$ 时,外法线方向沿着 x 轴的止方向,有

$$ES\frac{\partial u}{\partial n}\Big|_{x=l} = f(t)$$

若 $f(t)=0$,则细杆的振动在该点是自由的。

又如,对于细杆的热传导问题,如果在细杆的某个端点($x=a$)有热量 $f(t)$ 沿着外法线方向流出,则根据傅里叶定律,有

$$-k\frac{\partial u}{\partial n}\Big|_{x=a} = f(t)$$

若热量是流入的,则有

$$k\frac{\partial u}{\partial n}\Big|_{x=a} = f(t)$$

对于绝热情况,有

$$\frac{\partial u}{\partial n}\Big|_{x=a}=0$$

(3) 第三类边界条件

该边界条件规定了所研究的物理量及其在边界外法线方向上方向导数的线性组合的取值,即

$$\left(u+\frac{\partial u}{\partial n}\right)\Big|_{\Sigma}=f(\boldsymbol{r}_{\Sigma},t) \tag{7.4-6}$$

例如,对于一个细杆的纵振动,将它的某一端($x=a$)用弹性体连接到固体物体上,则在该端点杆的弹性应力$\left(ES\frac{\partial u}{\partial n}\right)\Big|_{x=a}$应等于弹性体恢复力$-k(u-u_0)|_{x=a}$,即

$$\left(u+\frac{ES}{k}\frac{\partial u}{\partial n}\right)\Big|_{x=a}=u_0$$

又如,对于细杆的热传导,若将它的某一端($x=a$)按牛顿冷却定律散热,即单位时间内从该端点流出的热流强度$\left(-k\frac{\partial u}{\partial n}\right)\Big|_{x=a}$与外界温差$(u-u_0)|_{x=a}$成正比,即

$$\left(-k\frac{\partial u}{\partial n}\right)\Big|_{x=a}=H(u-u_0)|_{x=a}$$

由此可以得到

$$\left(u+\frac{k}{H}\frac{\partial u}{\partial n}\right)\Big|_{x=a}=u_0$$

其中 H 是比例系数。

关于边界条件,还需做如下两点说明:

(1) 前面讨论的都是线性边界条件,但在某些情况下,边界条件可以是非线性的。例如,如果物体表面是按照斯蒂芬定律向外界辐射热量,即辐射的热量与温度的四次方成正比,则这时就会出现非线性边界条件。以细杆的热传导为例,如果在它的某一端($x=a$)按照斯蒂芬定律向外界辐射热量,则有

$$-k\frac{\partial u}{\partial n}\Big|_{x=a}=\sigma(u^4-u_0^4)|_{x=a}$$

其中 σ 为比例系数。

(2) 除了前面讨论的第一、第二及第三类边界条件外,还存在着其他边界条件,如衔接条件、自然边界条件及周期性条件等。

衔接条件是指:物理量在两个不同介质的交界面上的取值应相等。由两

个不同材料的细杆接成的一根细杆,当杆做纵振动时,在连接点$(x = x_0)$处应满足如下条件

$$u_1 \big|_{x=x_0} = u_2 \big|_{x=x_0}$$

$$E_1 \frac{\partial u_1}{\partial x} \big|_{x=x_0} = E_2 \frac{\partial u_2}{\partial x} \big|_{x=x_0}$$

其中$u_1 = u_1(x,t)$及$u_2 = u_2(x,t)$分别为杆在不同介质交界处的位移,E_1及E_2分别为不同介质的杨氏模量。此外,在研究电磁学的问题时,要经常用到衔接条件。例如,在两种不同电介质的交界面上,要求电势及电位移矢量的法线分量要连续。

自然边界条件:在所讨论的问题中,要求物理量必须满足有界条件。例如,在本书的后面将看到,我们在球坐标系中求解拉普拉斯方程时,除了要求它的解在$\theta = 0$及$\theta = \pi$有界外,还要求在球心处($r = 0$)及无穷远处($r \to \infty$)有界。这些都是自然边界条件。

周期性条件:当所考虑的物理问题具有轴对称性时,该物理量必须满足周期性的条件$u(\varphi) = u(\varphi + 2\pi)$。

习　　题

1. 一根长为l的匀质细杆,一端固定,一端受纵向力$F(t) = F_0 \sin\omega t$作用。写出其边界条件。

2. 一根长为l的匀质细弦,其两端$x = 0$及$x = l$固定,弦的张力为T_0。初始时在$x = h$点以横向力F_0拉弦,达到稳定后松开让其自由振动。写出其初始条件。

3. 一根长为l的匀质细杆,两端受到拉力F_0的作用而振动。写出其边界条件。

4. 一根长为l的匀质细杆,两端有恒定热流进入,其强度为q_0。写出其边界条件。

5. 写出静电场中电介质表面的衔接条件。

第八章 分离变量法

分离变量法是求解数学物理方程的最常用的方法之一,可适用于求解不同形式的齐次方程在齐次边界条件下的定解问题。分离变量法的基本思想是:首先把一个多变量的偏微分方程转化成几个常微分方程,也就是通常所说的"化偏为常"法,然后再对每个常微分方程逐一进行求解。在分离变量过程中,要引入一些待定的常数,它们可以由齐次边界条件、自然边界条件或周期性条件来确定。分离变量法的适用条件为泛定方程是齐次的。

本章将分别介绍三种不同类型的齐次方程(齐次波动方程、齐次输运方程和拉普拉斯方程)在四种不同类型的坐标系(直角坐标系、平面极坐标系、柱坐标系和球坐标系)中的分离变量求解方法。

§8.1 直角坐标系中的分离变量法

1. 齐次波动方程

我们以细弦的振动方程为例,来介绍如何采用分离变量法求解齐次波动方程。对于两端固定的一根细弦的自由振动问题,其定解问题归结为

泛定方程: $$u_{tt} - a^2 u_{xx} = 0 \tag{8.1-1}$$

边界条件: $$\begin{cases} u\big|_{x=0} = 0 \\ u\big|_{x=l} = 0 \end{cases} \text{(第一类齐次边界条件)} \tag{8.1-2}$$

初始条件: $$\begin{cases} u\big|_{t=0} = \phi(x) \\ u_t\big|_{t=0} = \psi(x) \end{cases} (0 \leqslant x \leqslant l) \tag{8.1-3}$$

其中 $\phi(x)$ 及 $\psi(x)$ 为已知函数。

由于方程(8.1-1)是一个齐次方程,这样可以把波函数 $u(x,t)$ 分解成如下形式

$$u(x,t) = X(x)T(t) \tag{8.1-4}$$

其中 $X(x)$ 和 $T(t)$ 仅是空间变量 x 和时间变量 t 的函数。将式(8.1-4)代入方程(8.1-1),且两边同除以 $X(x)T(t)$,则可以得到

$$\frac{X''}{X} = \frac{1}{a^2}\frac{T''}{T}$$

由于上式左边仅是空间变量 x 的函数,而右边仅是时间变量 t 的函数,这说明仅当等式两边都等于同一个常数时,上式才能成立。设这个常数为 $-\lambda$,则有

$$X''(x) + \lambda X(x) = 0 \qquad (8.1\text{-}5)$$
$$T''(t) + a^2\lambda T(t) = 0 \qquad (8.1\text{-}6)$$

这样就把原来一个偏微分方程的求解问题转化成两个常微分方程的求解问题。从数学的角度来看,求解常微分方程要比求解偏微分方程简单得多,但同时也要注意到,在此转化过程中引入了一个待定的常数 λ。

此外,式(8.1-4)还要满足边界条件(8.1-2),即

$$\begin{cases} X(0)T(t) = 0 \\ X(l)T(t) = 0 \end{cases}$$

因为 $T(t) \neq 0$(否则只有零解),则有

$$\begin{cases} X(0) = 0 \\ X(l) = 0 \end{cases} \qquad (8.1\text{-}7)$$

这样由常微分方程(8.1-5)和边界条件(8.1-7)就构成了空间函数 $X(x)$ 的定解问题。实际上,在确定函数 $X(x)$ 的过程中,同时还要把待定常数 λ 确定出来。下面分三种情况进行讨论。

(1)假设 $\lambda < 0$,则方程(8.1-5)的解为

$$X(x) = A\mathrm{e}^{\sqrt{|\lambda|}\,x} + B\mathrm{e}^{-\sqrt{|\lambda|}\,x}$$

其中 A 及 B 为常数,由边界条件(8.1-7)来确定

$$A + B = 0$$
$$A\mathrm{e}^{\sqrt{|\lambda|}\,l} + B\mathrm{e}^{-\sqrt{|\lambda|}\,l} = 0$$

由此可以得到 $A = 0$ 及 $B = 0$,从而导致一个平庸的解 $u(x,t) = 0$,所以就排除了 $\lambda < 0$。

(2)假设 $\lambda = 0$,则方程(8.1-5)的解为

$$X(x) = A + Bx$$

常数 A 及 B 由边界条件(8.1-7)来确定,即

$$A = 0, \ B = 0$$

(3)假设 $\lambda > 0$,则方程(8.1-5)的解为

$$X(x) = A\cos(\sqrt{\lambda}\,x) + B\sin(\sqrt{\lambda}\,x)$$

再由边界条件(8.1-7),可以得到

$$A = 0$$
$$B\sin(\sqrt{\lambda}\,l) = 0$$

由于常数 $B \neq 0$,否则只有平庸解 $u(x,t) = 0$。因此,只有一种可能,即

$$\sin\left(\sqrt{\lambda}\, l\right) = 0$$

这样常数 λ 的取值为

$$\lambda \equiv \lambda_n = \left(\frac{n\pi}{l}\right)^2 \quad (n = 1,2,3,\cdots) \tag{8.1-8}$$

相应地,函数 $X(x)$ 的形式为

$$X(x) \equiv X_n(x) = B_n \sin\left(\frac{n\pi}{l}x\right) \tag{8.1-9}$$

其中 B_n 是一个常数。

由此可见,在给定的第一类齐次边界条件下,常数 λ 不能为负数或零,甚至不能取任意的正数,只能取由式(8.1-8)给出的离散的正整数。通常称常数 λ_n 为本征值,函数 $X_n(x)$ 为本征函数。方程(8.1-5)和条件(8.1-7)则构成所谓的本征值问题。

将本征值 λ_n 代入方程(8.1-6),则该方程变为

$$T''(t) + \left(\frac{an\pi}{l}\right)^2 T(t) = 0$$

它的解为

$$T(t) \equiv T_n(t) = C_n \cos\left(\frac{an\pi}{l}t\right) + D_n \sin\left(\frac{an\pi}{l}t\right) \tag{8.1-10}$$

其中 C_n 及 D_n 为常数。这样根据式(8.1-9)和式(8.1-10),就得到了泛定方程(8.1-1)在边界条件(8.1-2)下的特定解

$$u_n(x,t) = \left[C_n \cos\left(\frac{an\pi}{l}t\right) + D_n \sin\left(\frac{an\pi}{l}t\right)\right] \sin\left(\frac{n\pi}{l}x\right) \tag{8.1-11}$$

其中已把 $X_n(x)$ 中的常数 B_n 归结到 C_n 和 D_n 中。

一般情况下,特解(8.1-11)并不满足初始条件(8.1-3),因为 $u_n(x,0) = B_n \sin\left(\frac{n\pi}{l}x\right)$ 是一个特定的正弦函数。我们注意到泛定方程(8.1-1)是一个线性齐次方程,故可以将它的不同本征值 λ_n 的本征解 $u_n(x,t)$ 进行叠加,即

$$u(x,t) = \sum_{n=1}^{\infty} \left[C_n \cos\left(\frac{an\pi}{l}t\right) + D_n \sin\left(\frac{an\pi}{l}t\right)\right] \sin\left(\frac{n\pi}{l}x\right) \tag{8.1-12}$$

叠加后的函数仍是方程(8.1-1)的解,且满足初始条件(8.1-3)。我们称式(8.1-12)为泛定方程(8.1-1)的一般解,其中系数 C_n 及 D_n 由初始条件确定。

将式(8.1-12)代入初始条件(8.1-3),则有

$$\phi(x) = \sum_{n=1}^{\infty} C_n \sin\left(\frac{n\pi}{l}x\right) \tag{8.1-13}$$

$$\psi(x) = \sum_{n=1}^{\infty} D_n\left(\frac{an\pi}{l}\right)\sin\left(\frac{n\pi}{l}x\right) \tag{8.1-14}$$

将上面两式的两边分别乘以 $\frac{2}{l}\sin\left(\frac{m\pi}{l}x\right)(m=1,2,\cdots)$，并从 $x=0$ 到 $x=l$ 进行积分，同时利用正弦函数的正交性

$$\frac{2}{l}\int_0^l \sin(n\pi x/l)\sin(m\pi x/l)\,\mathrm{d}x = \begin{cases} 1 & n=m \\ 0 & n\neq m \end{cases}$$

则可以得到

$$C_n = \frac{2}{l}\int_0^l \phi(x)\sin\left(\frac{n\pi}{l}x\right)\mathrm{d}x \tag{8.1-15}$$

$$D_n = \frac{2}{n\pi a}\int_0^l \psi(x)\sin\left(\frac{n\pi}{l}x\right)\mathrm{d}x \tag{8.1-16}$$

这样给定初始条件，即函数 $\phi(x)$ 和 $\psi(x)$ 的形式，我们就可以确定系数 C_n 和 D_n，进而确定了函数 $u(x,t)$ 的形式。至此，我们已经完成了对泛定方程 (8.1-1) 的求解过程。这里需要强调的是，采用分离变量法求解数学物理方程，必须满足如下两个条件：① 泛定方程和边界条件都必须是齐次的，否则无法进行变量分离；② 泛定方程必须是线性的，否则无法利用叠加原理得到一般的解。

最后，我们分析一下上述结果的物理意义。可以将特解 (8.1-11) 改写成如下形式

$$u_n(x,t) = A_n\cos(\omega_n t - \delta_n)\sin(k_n x) \tag{8.1-17}$$

其中

$$\omega_n = \frac{n\pi}{l}a, \quad k_n = \frac{n\pi}{l}$$

$$A_n = \sqrt{C_n^2 + D_n^2}, \delta_n = \arctan(D_n/C_n)$$

其中 $A_n\sin(k_n x)$ 是弦上各点的振幅分布，$\cos(\omega_n t - \delta_n)$ 表示振动的相位因子，ω_n 为振动的圆频率或振动的本征频率，k_n 为振动的波数，δ_n 是初始相位。可见 $u_n(x,t)$ 表示一个驻波，而且当 $k_n x_m = m\pi$，或 $x_m = \frac{ml}{n}$ $(m=0,1,2,\cdots)$ 时，振幅为零，这样的 x_m 点为驻波的节点。第 m 个驻波，共有 $m-1$ 个节点(不包括两端的固定点)。

由于弦的两端是固定的，将使得波在两个端点之间往复反射，造成入射波和反射波的叠加，从而形成驻波现象。虽然弦的振动是一个特殊的问题，但它却能比较直观地反映出波动问题的基本特征，并能形象地说明一些相关的物理概念，如驻波、节点及本征频率等。

2. 齐次输运方程

下面我们以细杆的热传导方程为例，来介绍如何采用分离变量法求解

齐次输运方程。考虑一个长为 l 的均匀细杆，其一端的温度保持为零，另一端与外界绝热，初始温度为 $f(x)$，求该细杆上的温度分布。

设细杆上的温度分布为 $u(x,t)$，则根据上述条件，对应的泛定方程和定解条件分别为

$$u_t - a^2 u_{xx} = 0 \ (a = \sqrt{k/c\rho} \tag{8.1-18}$$

$$\begin{cases} u(0,t) = 0 \\ u_x(l,t) = 0 \end{cases} \tag{8.1-19}$$

$$u(x,0) = f(x) \ (0 \leqslant x \leqslant l) \tag{8.1-20}$$

由于该泛定方程和边界条件都是齐次的，因此可以直接进行分离变量。与先前的做法一样，令 $u(x,t) = X(x)T(t)$，则对上述泛定方程及边界条件进行分离变量后，可以得到如下常微分方程

$$\begin{cases} X''(x) + \lambda X(x) = 0 \\ X(0) = 0 \\ X'(l) = 0 \end{cases} \tag{8.1-21}$$

及

$$T'(t) + a^2 \lambda T(t) = 0 \tag{8.1-22}$$

这样，方程(8.1-21)就构成了一个本征值问题。

可以验证，仅当 $\lambda > 0$ 时，方程(8.1-21)才存在着不为零的本征解，而且对应的本征值 λ_n 和本征函数 $X_n(x)$ 分别为

$$\lambda_n = \left(\frac{2n+1}{2l} \pi \right)^2 \quad (n = 0, 1, 2, \cdots) \tag{8.1-23}$$

及

$$X_n(x) = A_n \sin \left(\sqrt{\lambda_n} x \right) \tag{8.1-24}$$

其中 A_n 为常数。

我们再看方程(8.1-22)的解。将式(8.1-23)代入方程(8.1-22)，可以得到其解为

$$T_n(t) = B_n e^{-\lambda_n a^2 t} (n = 0, 1, 2, \cdots) \tag{8.1-25}$$

其中 B_n 为常数。这样根据式(8.1-24)及式(8.1-25)，方程(8.1-18)的特解为

$$u_n(x,t) = C_n e^{-\lambda_n a^2 t} \sin \left(\sqrt{\lambda_n} x \right) \tag{8.1-26}$$

其中 $C_n = A_n B_n$ 为常数。

根据以上结果，方程(8.1-18)的一般解为

$$u(x,t) = \sum_{n=0}^{\infty} C_n e^{-\left(\frac{2n+1}{2l} a\pi \right)^2 t} \sin \left(\frac{2n+1}{2l} \pi x \right) \tag{8.1-27}$$

其中常数 C_n 由初始条件(8.1-20)来确定。利用三角函数的正交性,则可以得到

$$C_n = \frac{2}{l} \int_0^l f(x) \sin\left(\frac{2n+1}{2l}\pi x\right) \mathrm{d}x \tag{8.1-28}$$

这样,一旦初始温度分布函数 $f(x)$ 的具体形式确定,就可以确定出常数 C_n,进而可以确定出细杆上任一点在任意时刻($t > 0$)的温度分布。

对于由式(8.1-27)给出的温度场分布,需要做如下两点说明:

(1) 对于给定 $t = 0$ 时刻的初始温度分布,利用热传导方程和边界条件,只能确定出 $t > 0$ 以后时刻的温度场分布,而不能反推出 $t < 0$ 以前时刻的温度场分布。从数学上看,当 $t < 0$ 时,式(8.1-27)中的指数项随着 $t \to \infty$ 而发散,即温度场变得无限大,这是不可能的。关于这一点,输运过程(包括热传导和扩散)不同于振动过程。

(2) 从式(8.1-27)可以看出,在 $t > 0$ 时刻,细杆上的温度随着时间的增加而快速地下降,而且当 $t \to \infty$ 时,温度下降为零。这是因为没有热源维持的结果。

3. 拉普拉斯方程

下面以横截面为矩形的散热片为例,来说明用分离变量法求解稳态二维热传导方程(即拉普拉斯方程)的过程。设散热片的横截面的长和宽分别为 a 和 b,而且在 $y = b$ 处保持恒温 u_0,而在其他三边 $x = 0$,$x = a$ 及 $y = 0$ 处均保持为零温。这样二维稳态温度场 $u(x,y)$ 所遵从的泛定方程及定解条件为

$$u_{xx} + u_{yy} = 0 \tag{8.1-29}$$

$$u\big|_{x=0} = 0, u\big|_{x=a} = 0 \tag{8.1-30}$$

$$u\big|_{y=0} = 0, u\big|_{y=b} = u_0 \tag{8.1-31}$$

其中式(8.1-30)对应于第一类齐次边界条件。

由于泛定方程(8.1-29)和边界条件(8.1-30)都是齐次的,我们可以直接进行变量分离。令 $u(x,y) = X(x)Y(y)$,则可以得到

$$\begin{cases} X'' + \lambda X = 0 \\ X\big|_{x=0} = 0, \quad X\big|_{x=a} = 0 \end{cases} \tag{8.1-32}$$

$$Y'' - \lambda Y = 0 \tag{8.1-33}$$

其中 λ 为待定的常数。方程(8.1-32)就构成了本征值问题,其本征值 λ_n 和本征函数 $X_n(x)$ 分别为

$$\lambda_n = \left(\frac{n\pi}{a}\right)^2 (n = 1, 2, \cdots) \tag{8.1-34}$$

$$X_n(x) = A_n \sin\left(\frac{n\pi}{a}x\right) (n = 1, 2, \cdots) \tag{8.1-35}$$

其中 A_n 为常数。将本征值 λ_n 代入方程(8.1-33),则可以得到该方程的解为

$$Y_n(y) = C_n e^{\frac{n\pi}{a}y} + D_n e^{-\frac{n\pi}{a}y} \tag{8.1-36}$$

其中 C_n 及 D_n 为常数。再根据式(8.1-35)及式(8.1-36),则方程(8.1-29)的特解为

$$u_n(x,y) = (C_n e^{\frac{n\pi}{a}y} + D_n e^{-\frac{n\pi}{a}y}) \sin\left(\frac{n\pi}{a}x\right) \tag{8.1-37}$$

其中已把常数 A_n 并入常数 C_n 及 D_n 中。

这样,方程(8.1-29)的一般解为

$$u(x,y) = \sum_{n=1}^{\infty} (C_n e^{\frac{n\pi}{a}y} + D_n e^{-\frac{n\pi}{a}y}) \sin\left(\frac{n\pi}{a}x\right) \tag{8.1-38}$$

其中常数 C_n 及 D_n 由边界条件(8.1-31)来确定。根据式(8.1-31),并利用三角函数的正交性,则可以得到

$$C_n + D_n = 0$$

$$C_n e^{\frac{n\pi}{a}b} + D_n e^{-\frac{n\pi}{a}b} = \begin{cases} 0 & (n\text{ 为偶数}) \\ \dfrac{4u_0}{n\pi} & (n\text{ 为奇数}) \end{cases}$$

由此可以解得

$$C_n = -D_n = \begin{cases} 0 & (n\text{ 为偶数}) \\ \dfrac{4u_0}{\pi n (e^{n\pi b/a} - e^{-n\pi b/a})} & (n\text{ 为奇数}) \end{cases}$$

这样,最后得到散热片的温度场分布为

$$u(x,y) = \frac{4u_0}{\pi} \sum_{k=0}^{\infty} \frac{1}{2k+1} \frac{\operatorname{sh}\left(\dfrac{2k+1}{a}\pi y\right)}{\operatorname{sh}\left(\dfrac{2k+1}{a}\pi b\right)} \sin\left(\frac{2k+1}{a}\pi x\right) \tag{8.1-39}$$

对于三维拉普拉斯方程,也可以做类似地处理。

本节分别介绍了在直角坐标系中采用分离变量法求解三类不同形式的齐次方程的基本过程。分离变量法的基本步骤为:

(1)采用分离变量法,将原来的偏微分方程转化成两个或多个常微分方程,并引入了一些待定的常数,即本征值。同时,对齐次边界条件进行分离变量。

(2)将齐次边界条件与所对应的常微分方程联立,确定出本征值和本征函数。对于一维情况,表8.1给出了不同齐次边界条件下的本征值和本征函数。

(3)将本征值代入其余的常微分方程中,确定出该常微分方程的解,进而确定出泛定方程的特解。

（4）将泛定方程的特解进行线性叠加，给出它的一般解，并根据初始条件或其他非齐次边界条件确定出一般解中的叠加系数。

表 8.1　不同齐次边界条件下的本征值及本征函数

序号	齐次边界条件	本征值	本征函数
1	$X(0) = 0$ $X(l) = 0$	$\lambda_n = \left(\dfrac{n\pi}{l}\right)^2$　$(n = 1, 2, 3, \cdots)$	$X_n(x) = \sin\left(\sqrt{\lambda_n}\,x\right)$
2	$X(0) = 0$ $X'(l) = 0$	$\lambda_n = \left(\dfrac{2n+1}{2l}\pi\right)^2$　$(n = 0, 1, 2, \cdots)$	$X_n(x) = \sin\left(\sqrt{\lambda_n}\,x\right)$
3	$X'(0) = 0$ $X(l) = 0$	$\lambda_n = \left(\dfrac{2n+1}{2l}\pi\right)^2$　$(n = 0, 1, 2, \cdots)$	$X_n(x) = \cos\left(\sqrt{\lambda_n}\,x\right)$
4	$X'(0) = 0$ $X'(l) = 0$	$\lambda_n = \left(\dfrac{n\pi}{l}\right)^2$　$(n = 0, 1, 2, 3, \cdots)$	$X_0(x) = 1$ $X_n(x) = \cos\left(\sqrt{\lambda_n}\,x\right)$　$(n > 1)$

§8.2　平面极坐标系中的分离变量法

与上一节讨论的顺序不一样，从本节开始，我们先介绍拉普拉斯方程的分离变量法，然后再介绍波动方程和输运方程的分离变量法。

1. 拉普拉斯方程

我们首先以拉普拉斯方程为例，来介绍如何在平面极坐标系中进行分离变量。在平面极坐标系(r, φ)中，拉普拉斯方程的定解问题为

$$\nabla^2 u = 0 \tag{8.2-1}$$

其中∇^2是平面极坐标系中的拉普拉斯算符

$$\nabla^2 = \frac{1}{r}\frac{\partial}{\partial r}\left(r\frac{\partial}{\partial r}\right) + \frac{1}{r^2}\frac{\partial^2}{\partial \varphi^2} \tag{8.2-2}$$

为了将变量r和φ分离开，令

$$u(r, \varphi) = R(r)\Phi(\varphi) \tag{8.2-3}$$

将上式代入方程(8.2-1)，则可以得到

$$\frac{r}{R}\frac{\mathrm{d}}{\mathrm{d}r}\left(r\frac{\mathrm{d}R}{\mathrm{d}r}\right) = -\frac{1}{\Phi}\frac{\mathrm{d}^2\Phi}{\mathrm{d}\varphi^2}$$

上式左边仅是r的函数，与φ无关；右边仅是φ的函数，与r无关。要使上式左右两边相等，只有它们等于同一个常数。记这个常数为λ，则有

$$\Phi''(\varphi) + \lambda\Phi(\varphi) = 0 \tag{8.2-4}$$

$$r\frac{\mathrm{d}}{\mathrm{d}r}\left(r\frac{\mathrm{d}R}{\mathrm{d}r}\right) - \lambda R = 0 \tag{8.2-5}$$

常微分方程(8.2-4)的本征值问题由周期性条件$\Phi(\varphi) = \Phi(\varphi + 2\pi)$来

确定,其本征值和本征函数为

$$\lambda = m^2 (m = 0,\ 1,\ 2,\ 3,\cdots) \tag{8.2-6}$$

$$\Phi_m(\varphi) = A_m \cos m\varphi + B_m \sin m\varphi \tag{8.2-7}$$

其中 A_m 及 B_m 为常数。

当 $\lambda = m^2$ 时,方程(8.2-5)是一个典型的欧拉方程,其解为

$$R_m(r) = \begin{cases} C_0 + D_0 \ln r & (m = 0) \\ C_m r^m + \dfrac{D_m}{r^m} & (m > 0) \end{cases} \tag{8.2-8}$$

其中 C_m 及 D_m 为常数。

这样,对上面的特解 $R_m(r)\Phi_m(\varphi)$ 进行线性叠加,就可以得到拉普拉斯方程在平面极坐标系中的一般解

$$u(r,\varphi) = \sum_{m=0}^{\infty} R_m(r)\Phi_m(\varphi) \tag{8.2-9}$$

把式(8.2-7)和式(8.2-8)代入上式,并对系数进行重新组合,则可以得到拉普拉斯方程在平面极坐标系中的一般解

$$u(r,\varphi) = C_0 + D_0 \ln r + \sum_{m=1}^{\infty} (C_m r^m + D_m r^{-m})(A_m \cos m\varphi + B_m \sin m\varphi)$$
$$\tag{8.2-10}$$

其中 A_m、B_m、C_m 及 D_m 为叠加系数。这里需要说明一点,对于拉普拉斯方程在平面极坐标系中的定解问题,不需要其径向上的边界条件是齐次的,因为本征值问题是由周期性条件确定的。

当所考虑的问题位于半径为 ρ_0 的圆形区域内($r < \rho_0$)时,由于拉普拉斯方程的解在 $r \to 0$ 处应有界,则式(8.2-10)中的系数 D_m 应为零,因此有

$$u(r,\varphi) = \frac{A_0}{2} + \sum_{m=1}^{\infty} r^m (A_m \cos m\varphi + B_m \sin m\varphi) \tag{8.2-11}$$

其中 $C_0 \to A_0/2$,$A_m C_m \to A_m$ 及 $B_m C_m \to B_m$。利用三角函数的正交性,叠加系数可以由边界条件 $u|_{r=\rho_0} = f(\varphi)$ 来确定

$$\begin{cases} A_m = \dfrac{1}{\pi \rho_0^m} \displaystyle\int_0^{2\pi} f(\varphi)\cos m\varphi \, \mathrm{d}\varphi \\ B_m = \dfrac{1}{\pi \rho_0^m} \displaystyle\int_0^{2\pi} f(\varphi)\sin m\varphi \, \mathrm{d}\varphi \end{cases} \tag{8.2-12}$$

在第二章中,我们曾把柯西公式应用到一个半径为 a 的圆形区域中,并得到了一个解析函数的实部或虚部,其形式与式(8.2-11)完全相同,见式(2.4-15)和式(2.4-16)。

例 1 求解在环形区域 $a \leqslant r \leqslant b$ 内拉普拉斯方程的定解问题

$$\nabla^2 u = 0$$

$$\begin{cases} u \mid_{r=a} = 1 - a^4 \cos 2\varphi \\ u_r \mid_{r=b} = -4b^3 \cos 2\varphi \end{cases} \tag{8.2-13}$$

其中 a 和 b 为常数。

解：在环形区域内，拉普拉斯方程的一般解应为式(8.2-10)。但根据边界条件的形式，可以把该方程的解简化为

$$u(r,\varphi) = C_0 + D_0 \ln r + (C_2 r^2 + D_2 r^{-2})\cos 2\varphi \tag{8.2-14}$$

利用边界条件，可以得到

$$\begin{cases} 1 - a^4 \cos 2\varphi = C_0 + D_0 \ln a + (C_2 a^2 + D_2 a^{-2})\cos 2\varphi \\ -4b^3 \cos 2\varphi = D_0 b^{-1} + (2C_2 b - 2D_2 b^{-3})\cos 2\varphi \end{cases}$$

比较两边的系数，则可以得到

$$\begin{cases} C_0 + D_0 \ln a = 1 \\ C_2 a^2 + D_2 a^{-2} = -a^4 \end{cases}, \begin{cases} D_0 b^{-1} = 0 \\ 2C_2 b - 2D_2 b^{-3} = -4b^3 \end{cases}$$

由此解得

$$C_0 = 1$$

$$D_0 = 0$$

$$C_2 = -\frac{2b^6 + a^6}{a^4 + b^4}$$

$$D_2 = a^4 b^4 \frac{2b^2 - a^2}{a^4 + b^4}$$

所以式(8.2-13)的定解为

$$u(r,\varphi) = 1 - \left[\frac{2b^6 + a^6}{a^4 + b^4} r^2 - a^4 b^4 \frac{2b^2 - a^2}{a^4 + b^4} r^{-2} \right] \cos 2\varphi \tag{8.2-15}$$

例 2　可以近似地认为带电云层与大地之间的静电场是均匀分布的，且电场强度 $\boldsymbol{E}_0$ 的方向竖直向下。现将一个半径为 a 的无限长直导线水平架设在该电场中，求导线周围的电场分布。

解：当导线处于均匀电场 $\boldsymbol{E}_0$ 中时，将会在其表面产生感应电荷，因此导线周围的电场应为感应电荷产生的电场与原来的均匀电场之和。这时导线周围的电场不再是均匀分布的。

取导线的轴线为 z 轴，由于导线是无限长的，因此导线周围的电场和电势分布与变量 z 无关。这样，在如下讨论中只考虑导线某一个横截面周围的电场和电势分布就可以了。由于在导线的外部没有电荷存在，因此电势 $u(r,\varphi)$ 满足拉普拉斯方程

$$\nabla^2 u(r,\varphi) = 0 \quad (r > a) \tag{8.2-16}$$

由于电势只具有相对意义，因此可以假设导体表面上的电势为零，即

$$u\big|_{r=a} = 0 \tag{8.2-17}$$

另一方面，在无穷远处感应电荷产生的电场和电势应为零。设均匀电场 E_0 的方向沿 x 轴，则有 $E_x = E_0$。由于 $E_x = -\dfrac{\partial u}{\partial x}$，故有 $u = -E_0 x = -E_0 r\cos\varphi$。这样方程(8.2-16)在无穷远处的边界条件为

$$u\big|_{r\to\infty} = -E_0 r\cos\varphi \tag{8.2-18}$$

根据前面的讨论，方程(8.2-16)的一般解应为式(8.2-10)。但为了便于确定叠加系数，可以把该解改写为如下形式(对系数进行重新组合)

$$u(r,\varphi) = C_0 + D_0\ln r + \sum_{m=1}^{\infty} r^m (A_m\cos m\varphi + B_m\sin m\varphi) +$$

$$\sum_{m=1}^{\infty} r^{-m}(C_m\cos m\varphi + D_m\sin m\varphi) \tag{8.2-19}$$

根据边界条件(8.2-17)，有

$$C_0 + D_0\ln a + \sum_{m=1}^{\infty} a^m(A_m\cos m\varphi + B_m\sin m\varphi) + \sum_{m=1}^{\infty} a^{-m}(C_m\cos m\varphi + D_m\sin m\varphi) = 0$$

对上式两边进行比较，可以得到

$$\begin{cases} C_0 + D_0\ln a = 0 \\ a^m A_m + a^{-m}C_m = 0 \\ a^m B_m + a^{-m}D_m = 0 \end{cases}$$

由此解得

$$\begin{cases} C_0 = -D_0\ln a \\ C_m = -a^{2m}A_m \\ D_m = -a^{2m}B_m \end{cases} \tag{8.2-20}$$

当 $r\to\infty$ 时，式(8.2-19)中含有 $\ln r$ 和 r^{-m} 的项远小于含有 r^m 的项，因此式(8.2-19)在 $r\to\infty$ 时变为

$$u(r,\varphi) \approx \sum_{m=1}^{\infty} r^m(A_m\cos m\varphi + B_m\sin m\varphi) \tag{8.2-21}$$

根据边界条件(8.2-18)，则有

$$\sum_{m=1}^{\infty} r^m(A_m\cos m\varphi + B_m\sin m\varphi) = -E_0 r\cos\varphi$$

比较上式两边的系数，则得到

$$\begin{cases} A_1 = -E_0 \\ A_m = 0 \ (m \neq 1) \\ B_m = 0 \end{cases} \tag{8.2-22}$$

根据以上结果,最后可以得到导线外部的电势分布为

$$u(r,\varphi) = D_0 \ln(r/a) + E_0 \frac{a^2}{r}\cos\varphi - E_0 r\cos\varphi \qquad (8.2\text{-}23)$$

上式前两项是由于导线表面感应电荷产生的电势,而最后一项为原来的均匀电场产生的电势。式(8.2-23)中的常数 D_0 与导线表面的电荷量有关,这是因为一个半径为 a 的无限长直导线产生的电势为 $\frac{q_0}{2\pi\varepsilon_0}\ln(1/r)$,其中 q_0 为单位长度导线上的带电量。这样,如果考虑导线表面的电荷存在,则可以得到 $D = -\frac{q_0}{2\pi\varepsilon_0}$ 及 $u_0 = \frac{q_0}{2\pi\varepsilon_0}\ln a$

如果导线原来不带电,则可以取 $D_0 = 0$。这时电势分布为

$$u(r,\varphi) = E_0 \frac{a^2}{r}\cos\varphi - E_0 r\cos\varphi \qquad (8.2\text{-}24)$$

很容易看到,当 $\varphi = \pm\pi/2$ 时,电势的值为零;径向电场在 $\varphi = 0, \pi$ 及 $r = a$ 处最大,其值为

$$E_r(a,\varphi)\big|_{\varphi=0,\pi} = -\frac{\partial u}{\partial r}\bigg|_{\substack{r=a\\\varphi=0,\pi}} = \left(E_0\cos\varphi + E_0\frac{a^2}{r^2}\cos\varphi\right)\bigg|_{\substack{r=a\\\varphi=0,\pi}} = \pm 2E_0$$

$$(8.2\text{-}25)$$

是原来均匀电场的两倍。这说明在这两处电场很强,导线容易被击穿。

2. 齐次波动方程

在平面极坐标系 (r,φ) 中,波动方程为

$$u_{tt} - a^2 \nabla^2 u = 0 \qquad (8.2\text{-}26)$$

其中拉普拉斯算子 ∇^2 由式(8.2-2)给出,a 为常数。

我们首先将时间变量 t 和空间变量 $\boldsymbol{r} = \{r,\varphi\}$ 进行分离。令

$$u(\boldsymbol{r},t) = T(t)V(\boldsymbol{r}) \qquad (8.2\text{-}27)$$

将它代入方程(8.2-26),可以得到

$$\frac{T''}{a^2 T} = \frac{\nabla^2 V}{V}$$

由于上式左边仅是时间变量 t 的函数,而右边仅是空间变量 $\boldsymbol{r}$ 的函数。若要上式成立,只有两边都等于同一个常数。设这个常数为 $-k^2$,则可以得到如下两个方程

$$T''(t) + a^2 k^2 T(t) = 0 \qquad (8.2\text{-}28)$$
$$\nabla^2 V(\boldsymbol{r}) + k^2 V(\boldsymbol{r}) = 0 \qquad (8.2\text{-}29)$$

后面将会看到,k^2 为本征值,且是实数。

偏微分方程(8.2-29)为亥姆霍兹方程。下面继续对亥姆霍兹方程进行

分离变量。令

$$V(r,\varphi) = R(r)\Phi(\varphi) \tag{8.2-30}$$

将上式代入方程(8.2-29),则可以得到

$$\frac{r}{R}\frac{\mathrm{d}}{\mathrm{d}r}\left(r\frac{\mathrm{d}R}{\mathrm{d}r}\right) + k^2 r^2 = -\frac{1}{\Phi}\frac{\mathrm{d}^2\Phi}{\mathrm{d}\varphi^2}$$

上式左边仅是 r 的函数,与 φ 无关;右边仅是 φ 的函数,与 r 无关。要使上式左右两边相等,只有它们等于同一个常数。记这个常数为 λ,则有

$$\Phi''(\varphi) + \lambda\Phi(\varphi) = 0 \tag{8.2-31}$$

$$r\frac{\mathrm{d}}{\mathrm{d}r}\left(r\frac{\mathrm{d}R}{\mathrm{d}r}\right) + (k^2 r^2 - \lambda)R = 0 \tag{8.2-32}$$

对于常微分方程(8.2-31),可以由周期性边界条件确定本征值和本征函数

$$\lambda = m^2 \ (m = 0,\ 1,\ 2,\ 3,\cdots) \tag{8.2-33}$$

$$\Phi_m(\varphi) = A_m \cos m\varphi + B_m \sin m\varphi \tag{8.2-34}$$

其中 A_m 及 B_m 为常数。

当 $\lambda = m^2$ 时,并令 $x = kr$,则方程(8.2-32)变为

$$\frac{\mathrm{d}^2 R}{\mathrm{d}x^2} + \frac{1}{x}\frac{\mathrm{d}R}{\mathrm{d}x} + \left(1 - \frac{m^2}{x^2}\right)R = 0 \tag{8.2-35}$$

该方程称为 m 阶的贝塞尔方程。在第十三章我们将看到,贝塞尔方程的一般解为

$$R_m(r) = C_m J_m(kr) + D_m N_m(kr) \tag{8.2-36}$$

其中 $J_m(kr)$ 和 $N_m(kr)$ 分别为第一类和第二类 m 阶贝塞尔函数,C_m 和 D_m 为常数。为了确定常数 k,要求波动方程(8.2-26)在径向上的边界条件必须是齐次的。将式(8.2-36)与该齐次边界条件联立,就可以确定出贝塞尔方程的本征值

$$k = k_n \ (n = 1,2,3,\cdots) \tag{8.2-37}$$

我们将在第十三章对此进行详细地讨论。

当 k 为离散的本征值 k_n 时,方程(8.2-28)的解为

$$T_n(t) = E_n \cos(k_n a t) + F_n \sin(k_n a t) \tag{8.2-38}$$

其中 E_n 和 F_n 为常数。

这样,对上面得到的特解进行线性叠加,就可以得到波动方程在平面极坐标系中的一般解

$$u(r,\varphi,t) = \sum_{n=1}^{\infty}\sum_{m=0}^{\infty} R_m(r)\Phi_m(\varphi)T_n(t) \tag{8.2-39}$$

注意:在对波动方程进行分离变量的过程中,引入了 6 个叠加系数 A_m,B_m,

C_m,D_m,E_n 和 F_n。实际上，这些叠加系数并不是都独立地出现在式(8.2-39)中，这取决于所考虑的区域。例如，当所考虑的区域是一个半径为 ρ_0 的区域时，即 $r<\rho_0$，由于第二类贝塞尔函数 $N_m(kr)$ 在 $r=0$ 处为无穷，则要求式(8.2-36)中的 $D_m=0$。这时把式(8.2-34)，式(8.2-36)及式(8.2-38)代入式(8.2-39)，并对叠加系数进行重新组合，有

$$u(r,\varphi,t)=\sum_{n=1}^{\infty}\sum_{m=0}^{\infty}J_m(k_nr)(A_n^{(m)}\cos m\varphi+B_n^{(m)}\sin m\varphi)\cos(k_nat)+$$

$$\sum_{n=1}^{\infty}\sum_{m=0}^{\infty}J_m(k_nr)(C_n^{(m)}\cos m\varphi+D_n^{(m)}\sin m\varphi)\sin(k_nat)$$

$$(r<\rho_0)\tag{8.2-40}$$

这样还剩下 4 个叠加系数 $A_n^{(m)},B_n^{(m)},C_n^{(m)}$ 及 $D_n^{(m)}$，它们可以由波动方程的两个初始条件 $u\big|_{t=0}=\phi(r,\varphi)$ 和 $u_t\big|_{t=0}=\psi(r,\varphi)$ 来确定。

　　这里需要说明的是，对于波动方程在平面极坐标系中的定解问题，存在着两个本征值，即 $\lambda=m^2$ 和 $k=k_n$，前者由函数 $\Phi(\varphi)$ 的周期性条件来确定，后者由函数 $R(r)$ 在径向上的齐次边界条件来确定。也就是说，对于平面极坐标系中的波动方程的定解问题，必须要求在径向上的边界是齐次的，这样才能确定出本征值和本征函数。

3. 齐次输运方程

　　在平面极坐标系下，输运方程为

$$u_t-a^2\nabla^2u=0\tag{8.2-41}$$

与前面的讨论一样，先将时间变量 t 和空间变量 $r=\{r,\varphi\}$ 进行分离，可以得到如下两个方程

$$T'(t)+a^2k^2T(t)=0\tag{8.2-42}$$

$$\nabla^2V(r)+k^2V(r)=0\tag{8.2-43}$$

同理，k^2 为本征值，且仅可能是实数。

　　可以看出方程(8.2-43)也是一个亥姆霍兹方程。与上面的做法相同，进一步对变量 r 和变量 φ 进行分离变量，可以得到本征函数 $\Phi_m(\varphi)$ 和 $R_m(r)$，见式(8.2-34)和式(8.2-36)。对于常数 k，仍需要由径向上的齐次边界条件来确定。

　　当 k 为分立的本征值 k_n 时，方程(8.2-42)的解为

$$T_n(t)=E_ne^{-k_n^2a^2t}\tag{8.2-44}$$

对上面得到的特解进行线性叠加，就可以得到输运方程在平面极坐标系中的一般解为

$$u(r,\varphi,t)=\sum_{n=1}^{\infty}\sum_{m=0}^{\infty}R_m(r)\Phi_m(\varphi)T_n(t)\tag{8.2-45}$$

在输运方程的分离变量过程中,引入了 5 个叠加系数:A_m,B_m,C_m,D_m 和 E_n。同样,这些叠加系数也并不是都独立地出现在式(8.2-45)中。当所考虑的区域是一个半径为 ρ_0 的区域时($r < \rho_0$),可以把式(8.2-45)转化成

$$u(r,\varphi,t) = \sum_{n=1}^{\infty}\sum_{m=0}^{\infty} J_m(k_n r)(A_n^{(m)}\cos m\varphi + B_n^{(m)}\sin m\varphi)e^{-k_n^2 a^2 t} \quad (r < \rho_0)$$

$$(8.2\text{-}46)$$

这时只剩下两个叠加系数 $A_n^{(m)}$ 和 $B_n^{(m)}$,它们可以由输运方程的初始条件 $u\big|_{t=0} = \phi(r,\varphi)$ 来确定。

§8.3 柱坐标系中的分离变量法

1. 拉普拉斯方程

在柱坐标系中,拉普拉斯方程为

$$\nabla^2 u = 0 \tag{8.3-1}$$

其中∇^2是柱坐标系中的拉普拉斯算符

$$\nabla^2 = \frac{1}{r}\frac{\partial}{\partial r}\left(r\frac{\partial}{\partial r}\right) + \frac{1}{r^2}\frac{\partial^2}{\partial \varphi^2} + \frac{\partial^2}{\partial z^2} \tag{8.3-2}$$

下面对方程(8.3-1)进行分离变量,令

$$u(r,\varphi,z) = R(r)\Phi(\varphi)Z(z) \tag{8.3-3}$$

并将它代入式(8.3-1),可以得到以下三个方程

$$\Phi''(\varphi) + \lambda\Phi(\varphi) = 0 \tag{8.3-4}$$

$$\frac{d^2 Z}{dz^2} - \mu Z = 0 \tag{8.3-5}$$

$$\frac{1}{r}\frac{d}{dr}\left(r\frac{dR}{dr}\right) + \left(\mu - \frac{\lambda}{r^2}\right)R = 0 \tag{8.3-6}$$

其中 λ 及 μ 为两个待定的常数。

与前面的讨论一样,常微分方程(8.3-4)与自然周期性边界条件构成本征值问题,对应的本征值和本征函数分别为

$$\lambda = m^2 (m = 0, 1, 2, 3, \cdots) \tag{8.3-7}$$

$$\Phi_m(\varphi) = A_m\cos m\varphi + B_m\sin m\varphi \tag{8.3-8}$$

其中 A_m 及 B_m 为常数。

当 $\lambda = m^2$ 时,方程(8.3-6)为

$$\frac{1}{r}\frac{d}{dr}\left(r\frac{dR}{dr}\right) + \left(\mu - \frac{m^2}{r^2}\right)R = 0 \tag{8.3-9}$$

下面分两种情况来讨论方程(8.3-5)和(8.3-9)的解。

(1) 侧面为齐次边界条件

当柱的侧面为齐次边界条件时,可以取 $\mu > 0$,方程(8.3-9)为 m 阶贝塞尔方程,其一般解为

$$R_m(r) = C_m J_m(\sqrt{\mu} r) + D_m N_m(\sqrt{\mu} r) \qquad (8.3\text{-}10)$$

其中 C_m 和 D_m 为常数。与先前的讨论一样,这时本征值 μ 应由圆柱侧面的齐次边界条件来确定,有 $\mu = \mu_n (n = 1, 2, 3, \cdots)$。

当 $\mu > 0$ 时,方程(8.3-5)的一般解为

$$Z_n(z) = E_n e^{\sqrt{\mu_n} z} + F_n e^{-\sqrt{\mu_n} z} \qquad (8.3\text{-}11)$$

其中 E_n 及 F_n 为常数。

(2) 两端为齐次边界条件

当柱的上下两端为齐次边界条件时,可以取 $\mu < 0$。令 $\mu = -\nu^2$,并令 $x = \nu r$,则方程(8.3-9)变为

$$\frac{d^2 R}{dx^2} + \frac{1}{x} \frac{dR}{dx} - \left(1 + \frac{m^2}{x^2}\right) R = 0 \qquad (8.3\text{-}12)$$

该方程为 m 阶虚宗量贝塞尔方程,它的一般解为

$$R_m(r) = C_m I_m(\nu r) + D_m K_m(\nu r) \qquad (8.3\text{-}13)$$

其中 $I_m(\nu r)$ 和 $K_m(\nu r)$ 分别为第一类和第二类 m 阶虚宗量贝塞尔函数,C_m 和 D_m 为常数。我们将在第十三章中详细讨论虚宗量贝塞尔函数的性质。

当 $\mu = -\nu^2 < 0$ 时,方程(8.3-5)与圆柱体上下两端的齐次边界条件将构成一个本征值问题,对应的本征函数为

$$Z_n(z) = E_n \sin(\nu_n z) + F_n \cos(\nu_n z) \qquad (8.3\text{-}14)$$

其中 E_n 及 F_n 为常数。对于不同的齐次边界条件,本征值 ν_n 及常数 E_n(或 F_n)的取值是不同的。例如,对于第一类边界条件,本征值为

$$\nu_n = \frac{n\pi}{h} \quad (n = 1, 2, 3, \cdots) \qquad (8.3\text{-}15)$$

而且常数 $F_n = 0$。

对于以上两种情况,可以把拉普拉斯方程(8.3-1)的一般解统一地表示为

$$u(r, \varphi, z) = \sum_n \sum_{m=0}^{\infty} R_m(r) \Phi_m(\varphi) Z_n(z) \qquad (8.3\text{-}16)$$

对于上面两种不同的情况,$R_m(r)$ 和 $Z_n(z)$ 的形式是不一样的。

由上面的讨论可以看出,对于不同的边界条件,拉普拉斯方程解的形式是不一样的。如果柱的侧面上是齐次边界条件,由此可以确定出本征值 μ_n,而且径向函数所遵从的方程为贝塞尔方程;反之,如果两端为齐次边界条件,由此可以确定出本征值 $\mu = -\nu^2$,而且径向函数所遵从的方程为虚宗量贝

塞尔方程。因此,在求解柱坐标系中的拉普拉斯方程时,首先要分辨清楚是柱侧面为齐次边界条件,还是两端为齐次边界条件,以便确定本征值问题。

2. 波动方程

在柱坐标系 (r, φ, z) 下,齐次波动方程为

$$u_{tt} - a^2 \nabla^2 u = 0 \tag{8.3-17}$$

与前面的做法一样,首先将空间变量和时间变量进行分离,可以将方程(8.3-17)转化成如下两个方程

$$T''(t) + a^2 k^2 T(t) = 0 \tag{8.3-18}$$

$$\nabla^2 V(\boldsymbol{r}) + k^2 V(\boldsymbol{r}) = 0 \tag{8.3-19}$$

其中 k^2 为待定的实常数。

下面进一步对变量 r, φ 及 z 进行分离。令

$$V(r, \varphi, z) = R(r)\Phi(\varphi)Z(z) \tag{8.3-20}$$

并引入两个常数 λ 和 ν^2,则很容易得到如下三个常微分方程

$$\Phi'' + \lambda\Phi = 0 \tag{8.3-21}$$

$$Z'' + \nu^2 Z = 0 \tag{8.3-22}$$

$$\frac{1}{r}\frac{\mathrm{d}}{\mathrm{d}r}\left(r\frac{\mathrm{d}R}{\mathrm{d}r}\right) + \left(k^2 - \nu^2 - \frac{\lambda}{r^2}\right)R = 0 \tag{8.3-23}$$

如同前面的讨论一样,方程(8.3-21)与周期性边界条件构成了本征值问题,本征值和本征函数分别为

$$\lambda = m^2 \ (m = 0, 1, 2, 3, \cdots) \tag{8.3-24}$$

$$\Phi_m(\varphi) = A_m \cos m\varphi + B_m \sin m\varphi \tag{8.3-25}$$

由于方程(8.3-22)和(8.3-23)各含一个待定的常数,分别为 ν 和 k,因此在这种情况下,必须要求圆柱的侧面和两端都是齐次边界条件。这样,方程(8.3-23)与圆柱侧面的齐次边界条件构成了一个本征值问题,对应的本征值和本征函数分别为

$$\mu = k^2 - \nu^2 = \mu_j \quad (j = 1, 2, 3, \cdots) \tag{8.3-26}$$

$$R_m(r) = C_m J_m(\sqrt{\mu_j}\, r) + D_m N_m(\sqrt{\mu_j}\, r) \tag{8.3-27}$$

其中 C_m 和 D_m 为叠加系数。同样,方程(8.3-22)与圆柱两端的齐次边界条件也构成了一个本征值问题,对应的本征函数为

$$Z_n(z) = E_n \sin(\nu_n z) + F_n \cos(\nu_n z) \tag{8.3-28}$$

其中 ν_n 为本征值,E_n 和 F_n 为叠加系数。同样,对于不同的齐次边界条件,本征值 ν_n 及常数 E_n(或 F_n)的取值是不一样的。

由式(8.3-26),可以得到 $k_{nj}^2 = \mu_j + \nu_n^2 > 0$。将 $k^2 = k_{nj}^2$ 代入方程(8.3-18),有

$$T_{nj}(t) = G_{nj}\cos(k_{nj}at) + H_{nj}\sin(k_{nj}at) \tag{8.3-29}$$

其中 G_{nj} 和 H_{nj} 为叠加系数。

这样,可以把波动方程(8.3-17)在柱坐标系中的一般解表示为

$$u(r,\varphi,z,t) = \sum_{n}\sum_{j=1}^{\infty}\sum_{m=0}^{\infty}R_m(r)\Phi_m(\varphi)Z_n(z)T_{nj}(t) \tag{8.3-30}$$

由以上讨论可以看出,对于波动方程在柱坐标系中的定解问题,存在三个本征值,即 λ、ν^2 及 $\mu = k^2 - \nu^2$,它们分别由周期性条件,圆柱两端的齐次边界条件和圆柱侧面的齐次边界条件来确定。

3. 输运方程

我们以一个半径为 ρ_0、高度为 h 的圆柱体的热传导问题为例。在柱坐标系下,输运方程为

$$u_t - a^2\nabla^2 u = 0 \tag{8.3-31}$$

与前面的做法一样,首先将空间变量和时间变量进行分离,可以得到如下两个方程

$$T'(t) + a^2 k^2 T(t) = 0 \tag{8.3-32}$$

$$\nabla^2 V(\boldsymbol{r}) + k^2 V(\boldsymbol{r}) = 0 \tag{8.3-33}$$

其中 k^2 为实常数。

然后,再对亥姆霍兹方程(8.2-34)进行空间变量分离。与上面的讨论一样,可以得到本征函数 $\Phi_m(\varphi)$,$R_m(r)$ 及 $Z_n(z)$,分别为式(8.3-25)、式(8.3-27)及式(8.3-28)。将 $k^2 = k_{nj}^2 = \mu_j + \nu_n^2$,代入方程(8.3-32),可以得到

$$T_{nj}(t) = E_{nj}\,\mathrm{e}^{-k_{nj}^2 a^2 t} \tag{8.3-34}$$

这样,输运方程(8.3-31)的一般解为

$$u(r,\varphi,z,t) = \sum_{n}\sum_{j=1}^{\infty}\sum_{m=0}^{\infty}R_m(r)\Phi_m(\varphi)Z_n(z)T_{nj}(t) \tag{8.3-35}$$

§8.4　球坐标系中的分离变量法

1. 拉普拉斯方程

在球坐标系 (r,θ,φ) 下,拉普拉斯方程为

$$\nabla^2 u = 0 \tag{8.4-1}$$

其中 ∇^2 是拉普拉斯算符,它在球坐标系中的表示式为

$$\nabla^2 = \frac{1}{r^2}\frac{\partial}{\partial r}\left(r^2\frac{\partial}{\partial r}\right) + \frac{1}{r^2\sin\theta}\frac{\partial}{\partial\theta}\left(\sin\theta\frac{\partial}{\partial\theta}\right) + \frac{1}{r^2\sin^2\theta}\frac{\partial^2}{\partial\varphi^2} \tag{8.4-2}$$

可以从有关微积分教科书中找到它的形式。

我们首先将径向变量 r 分离出来,令

$$u(r,\theta,\varphi) = R(r)Y(\theta,\varphi) \qquad (8.4\text{-}3)$$

将上式代入方程(8.4-1),则可以得到

$$\frac{1}{R}\frac{\mathrm{d}}{\mathrm{d}r}\left(r^2\frac{\mathrm{d}R}{\mathrm{d}r}\right) = -\frac{1}{Y\sin\theta}\frac{\partial}{\partial\theta}\left(\sin\theta\frac{\partial Y}{\partial\theta}\right) - \frac{1}{Y\sin^2\theta}\frac{\partial^2 Y}{\partial\varphi^2}$$

该方程左边仅是 r 的函数,而右边则是 θ 和 φ 的函数,要使得它们相等,仅有它们等于同一个常数。通常把这个常数取为 λ,这样可以得到

$$\frac{\mathrm{d}}{\mathrm{d}r}\left(r^2\frac{\mathrm{d}R}{\mathrm{d}r}\right) - \lambda R = 0 \qquad (8.4\text{-}4)$$

$$\frac{1}{\sin\theta}\frac{\partial}{\partial\theta}\left(\sin\theta\frac{\partial Y}{\partial\theta}\right) + \frac{1}{\sin^2\theta}\frac{\partial^2 Y}{\partial\varphi^2} + \lambda Y = 0 \qquad (8.4\text{-}5)$$

偏微分方程 (8.4-5) 被称为球函数方程,$Y(\theta,\varphi)$ 为球函数。

下面再对球函数方程进行分离变量。令

$$Y(\theta,\varphi) = \Theta(\theta)\Phi(\varphi) \qquad (8.4\text{-}6)$$

将式(8.4-6)代入方程(8.4-5),则可以得到

$$\frac{\sin\theta}{\Theta(\theta)}\frac{\mathrm{d}}{\mathrm{d}\theta}\left[\sin\theta\frac{\mathrm{d}\Theta(\theta)}{\mathrm{d}\theta}\right] + \lambda\sin^2\theta = -\frac{1}{\Phi}\frac{\mathrm{d}^2\Phi}{\mathrm{d}\varphi^2}$$

该式左边仅是 θ 的函数,而右边仅是 φ 的函数。若左右两边相等,仅可能它们都等于同一个常数。设这个常数为 μ,则有

$$\Phi''(\varphi) + \mu\Phi(\varphi) = 0 \qquad (8.4\text{-}7)$$

$$\sin\theta\frac{\mathrm{d}}{\mathrm{d}\theta}\left(\sin\theta\frac{\mathrm{d}\Theta}{\mathrm{d}\theta}\right) + (\lambda\sin^2\theta - \mu)\Theta = 0 \qquad (8.4\text{-}8)$$

与前面的讨论一样,常微分方程(8.4-7)与周期性边界条件结合,可以确定出本征值

$$\mu = m^2\,(m = 0,\,1,\,2,\,3,\cdots) \qquad (8.4\text{-}9)$$

和本征函数

$$\Phi_m(\varphi) = A_m\cos m\varphi + B_m\sin m\varphi \qquad (8.4\text{-}10)$$

其中 A_m 及 B_m 为常数。

如果令 $x = \cos\theta$ 及 $y = \Theta(\theta)$,并利用 $\dfrac{\mathrm{d}\Theta}{\mathrm{d}\theta} = \dfrac{\mathrm{d}\Theta}{\mathrm{d}x}\dfrac{\mathrm{d}x}{\mathrm{d}\theta} = -\sin\theta\dfrac{\mathrm{d}\Theta}{\mathrm{d}x}$,则可以把方程(8.4-8)变为

$$\frac{\mathrm{d}}{\mathrm{d}x}\left[(1-x^2)\frac{\mathrm{d}y}{\mathrm{d}x}\right] + \left(\lambda - \frac{m^2}{1-x^2}\right)y = 0 \qquad (8.4\text{-}11)$$

对于方程(8.4-11),也存在着一个自然边界条件,即要求在 $x = \pm1$(对应于 $\theta = 0,\,\pi$)处,该方程的解应存在。在第十二章将会看到:仅当 $\lambda = l(l+1)$,且 l 只能取整数时,这个自然边界条件才能成立。这样,方程(8.4-11)变为

$$\frac{\mathrm{d}}{\mathrm{d}x}\left[(1-x^2)\frac{\mathrm{d}y}{\mathrm{d}x}\right] + \left[l(l+1) - \frac{m^2}{1-x^2}\right]y = 0 \qquad (8.4\text{-}12)$$

该方程被称为 l 阶连带勒让德方程,它的解为所谓的连带勒让德函数

$$y = P_l^m(\cos\theta) \tag{8.4-13}$$

在第十二章中将看到,对于连带勒让德函数 $P_l^m(\cos\theta)$,m 的取值将受到限制,其最大值为 l,即 $m = 0, 1, 2, 3, \cdots, l-1, l$。

当 $m = 0$(所考虑的问题具有轴向对称性)时,方程(8.4-12)变为勒让德方程

$$\frac{\mathrm{d}}{\mathrm{d}x}\left[(1-x^2)\frac{\mathrm{d}y}{\mathrm{d}x}\right] + l(l+1)y = 0 \tag{8.4-14}$$

其解为所谓的勒让德函数 $y = P_l(\cos\theta)$。我们将在第十二章中详细讨论勒让德方程和连带勒让德方程的解,以及勒让德函数和连带勒让德函数的性质。

当 $\lambda = l(l+1)$ 时,方程(8.4-4)变为

$$\frac{\mathrm{d}}{\mathrm{d}r}\left(r^2\frac{\mathrm{d}R}{\mathrm{d}r}\right) - l(l+1)R = 0 \tag{8.4-15}$$

这是一个欧拉型的常微分方程,其解为

$$R_l(r) = C_l r^l + D_l \frac{1}{r^{l+1}} \tag{8.4-16}$$

其中 C_l 及 D_l 为常数。

这样,拉普拉斯方程(8.4-1)在球坐标系中的一般解为

$$u(r,\theta,\varphi) = \sum_{l=0}^{\infty}\sum_{m=0}^{l} R_l(r)P_l^m(\cos\theta)\Phi_m(\varphi) \tag{8.4-17}$$

将式(8.4-10)和式(8.4-16)代入式(8.4-17),并对系数进行重新组合,则可以得到

$$u(r,\theta,\varphi) = \sum_{l=0}^{\infty}\sum_{m=0}^{l} r^l(A_l^{(m)}\cos m\varphi + B_l^{(m)}\sin m\varphi)P_l^m(\cos\theta)$$
$$+ \sum_{l=0}^{\infty}\sum_{m=0}^{l} r^{-l-1}(C_l^{(m)}\cos m\varphi + D_l^{(m)}\sin m\varphi)P_l^m(\cos\theta)$$
$$\tag{8.4-18}$$

式中出现的系数 $A_l^{(m)}$,$B_l^{(m)}$,$C_l^{(m)}$ 及 $D_l^{(m)}$ 由边界条件来确定。当所考虑的区域位于一个半径为 r_0 的球内时($r < r_0$),为了保证拉普拉斯方程的解在圆心处($r = 0$)有界,则要求 $C_l^{(m)} = 0$ 及 $D_l^{(m)} = 0$,这样式(8.4-18)退化为

$$u(r,\theta,\varphi) = \sum_{l=0}^{\infty}\sum_{m=0}^{l} r^l(A_l^{(m)}\cos m\varphi + B_l^{(m)}\sin m\varphi)P_l^m(\cos\theta)$$
$$\tag{8.4-19}$$

其中系数 $A_l^{(m)}$ 及 $B_l^{(m)}$ 由边界条件 $u\big|_{r=r_0} = f(\theta,\varphi)$ 来确定。

在轴对称性条件下($m = 0$),拉普拉斯方程的解为

$$u(r,\theta) = \sum_{l=0}^{\infty}\left(C_l r^l + D_l \frac{1}{r^{l+1}}\right)P_l(\cos\theta) \qquad (8.4\text{-}20)$$

其中 $P_l(\cos\theta)$ 为勒让德函数。在球内$(r < r_0)$区域，式(8.4-20)退化为

$$u(r,\theta) = \sum_{l=0}^{\infty}C_l r^l P_l(\cos\theta) \quad (r < r_0) \qquad (8.4\text{-}21)$$

我们将在第十二章针对一些具体的问题，详细介绍勒让德函数和连带勒让德函数的应用。这里需要强调的是：(1) 对于拉普拉斯方程在球坐标系中的定解问题，球面上的边界条件可以是非齐次的；(2) 在分离变量过程中，出现的两个本征值 μ 和 λ 分别是由周期性条件和自然边界条件确定。

2. 波动方程

在球坐标系(r,θ,φ)下，齐次波动方程为

$$u_{tt} - a^2 \nabla^2 u = 0 \qquad (8.4\text{-}22)$$

其中∇^2是球坐标系中的拉普拉斯算符，见式(8.4-2)。我们首先将时间变量 t 和空间变量 $\boldsymbol{r} = \{r,\theta,\varphi\}$ 进行分离。令

$$u(\boldsymbol{r},t) = T(t)V(\boldsymbol{r}) \qquad (8.4\text{-}23)$$

将它代入方程(8.4-22)，可以得到

$$\frac{T''}{a^2 T} = \frac{\nabla^2 V}{V}$$

由于上式左边仅是时间变量 t 的函数，而右边仅是空间变量 $\boldsymbol{r}$ 的函数。若要上式成立，只有两边都等于同一个常数。设这个常数为$-k^2$，则可以得到如下两个方程

$$T''(t) + a^2 k^2 T(t) = 0 \qquad (8.4\text{-}24)$$
$$\nabla^2 V(\boldsymbol{r}) + k^2 V(\boldsymbol{r}) = 0 \qquad (8.4\text{-}25)$$

后面将会看到，k^2 为本征值，且仅可能是实数。

偏微分方程(8.4-25)也是一个亥姆霍兹方程。下面继续对亥姆霍兹方程进行分离变量。先将径向变量 r 分离出来，令

$$V(r,\theta,\varphi) = R(r)Y(\theta,\varphi) \qquad (8.4\text{-}26)$$

将上式代入方程(8.4-25)，则可以得到

$$\frac{1}{R}\frac{\mathrm{d}}{\mathrm{d}r}\left(r^2\frac{\mathrm{d}R}{\mathrm{d}r}\right) + k^2 r^2 = -\frac{1}{Y\sin\theta}\frac{\partial}{\partial\theta}\left(\sin\theta\frac{\partial Y}{\partial\theta}\right) - \frac{1}{Y\sin^2\theta}\frac{\partial^2 Y}{\partial\varphi^2}$$

该方程左边仅是 r 的函数，而右边仅是 θ 和 φ 的函数，要使得它们相等，仅有它们等于同一个常数。通常把这个常数取为 $l(l+1)$，这样可以得到

$$\frac{\mathrm{d}}{\mathrm{d}r}\left(r^2\frac{\mathrm{d}R}{\mathrm{d}r}\right) + [r^2 k^2 - l(l+1)]R = 0 \qquad (8.4\text{-}27)$$

$$\frac{1}{\sin\theta}\frac{\partial}{\partial\theta}\left(\sin\theta\frac{\partial Y}{\partial\theta}\right) + \frac{1}{\sin^2\theta}\frac{\partial^2 Y}{\partial\varphi^2} + l(l+1)Y = 0 \qquad (8.4\text{-}28)$$

偏微分方程（8.4-28）即为前面提到的球函数方程。再对球函数方程进一步分离变量，可以得到 $\Phi_m(\varphi)$ 及 $P_l^m(\cos\theta)$ 的表示式，见式（8.4-10）和式（8.4-13）。

当 $k \neq 0$ 时，令 $x = kr$，则常微分方程（8.4-27）约化为

$$\frac{\mathrm{d}^2 R}{\mathrm{d}x^2} + \frac{2}{x}\frac{\mathrm{d}R}{\mathrm{d}x} + \left[1 - \frac{l(l+1)}{x^2}\right]R = 0 \qquad (8.4\text{-}29)$$

该方程为 l 阶的球贝塞尔方程。在第十二章将看到，球贝塞尔方程的一般解为

$$R_l(r) = C_l j_l(kr) + D_l n_l(kr) \qquad (8.4\text{-}30)$$

其中 $j_l(x)$ 和 $n_l(x)$ 分别为 l 阶第一类和第二类球贝塞尔函数。对于波动方程，为了确定常数 k（本征值），其径向上的边界条件必须是齐次的。这样，可以得到本征值为

$$k = k_n (n = 1, 2, 3, \cdots) \qquad (8.4\text{-}31)$$

将 $k = k_n$ 代入方程（8.4-24），可以得到

$$T_n(t) = C_n \cos(k_n at) + D_n \sin(k_n at) \qquad (8.4\text{-}32)$$

其中 C_n 和 D_n 为常数。这样，波动方程（8.4-22）的一般解则为

$$u(r, \theta, \varphi, t) = \sum_{n=1}^{\infty} \sum_{l=0}^{\infty} \sum_{m=0}^{l} R_l(r) P_l^m(\cos\theta) \Phi_m(\varphi) T_n(t) \qquad (8.4\text{-}33)$$

3. 输运方程

在球坐标系 (r, θ, φ) 下，热传导方程为

$$u_t - a^2 \nabla^2 u = 0 \qquad (8.4\text{-}34)$$

与前面的做法一样，首先将空间变量和时间变量进行分离，可以得到如下两个方程

$$T'(t) + a^2 k^2 T(t) = 0 \qquad (8.4\text{-}35)$$

$$\nabla^2 V(\boldsymbol{r}) + k^2 V(\boldsymbol{r}) = 0 \qquad (8.4\text{-}36)$$

同理，k^2 为本征值，且是实数。

与前面的讨论一样，再对亥姆霍兹方程（8.4-36）进行分离变量，可以得到

$$V(r, \theta, \varphi) = R_l(r) \Phi_m(\varphi) P_l^{(m)}(\theta) \qquad (8.4\text{-}37)$$

将 $k = k_n$ 代入方程（8.4-35），可以得到

$$T_n(t) = E_n \mathrm{e}^{-k_n^2 a^2 t} \qquad (8.4\text{-}38)$$

这样，在球坐标系中输运方程（8.4-34）的一般解为

$$u(r, \theta, \varphi, t) = \sum_{n=1}^{\infty} \sum_{l=1}^{\infty} \sum_{m=0}^{l} R_l(r) \Theta_l^m(\theta) \Phi_m(\varphi) T_n(t) \qquad (8.4\text{-}39)$$

§8.5 施图姆-刘维尔型方程的本征值问题

在前文的曲面坐标系中分离变量时,先后得到了贝塞尔方程、球贝塞尔方程、连带勒让德方程及勒让德方程,这些方程都是变系数的二阶常微分方程,可以写成如下统一的形式

$$\frac{\mathrm{d}}{\mathrm{d}x}\left[g(x)\frac{\mathrm{d}y}{\mathrm{d}x}\right]+[\lambda\rho(x)-q(x)]y=0 \ (a\leqslant x\leqslant b) \qquad (8.5\text{-}1)$$

其中 λ 为常数,即本征值。该方程称为施图姆-刘维尔方程。可见:

(1) 当 $g=x,\rho=x$ 及 $q=m^2/x$ 时,方程(8.5-1)可以约化为贝塞尔方程

$$\frac{\mathrm{d}}{\mathrm{d}x}\left(x\frac{\mathrm{d}y}{\mathrm{d}x}\right)-\frac{m^2}{x}y+\lambda xy=0 \qquad (8.5\text{-}2)$$

见方程 (8.2-35),其中 $0\leqslant x\leqslant x_0$。该方程与 $x=x_0$ 处的齐次边界条件就构成了本征值问题。

(2) 当 $g=\rho=x^2$ 及 $q=l(l+1)$ 时,方程(8.5-1)可以约化为球塞尔方程

$$\frac{\mathrm{d}}{\mathrm{d}x}\left(x^2\frac{\mathrm{d}y}{\mathrm{d}x}\right)-l(l+1)y+\lambda x^2 y=0 \qquad (8.5\text{-}3)$$

见方程(8.4-29),其中 $0\leqslant x\leqslant x_0$。该方程与 $x=x_0$ 处的齐次边界条件就构成了本征值问题。

(3) 当 $g=1-x^2,q=\dfrac{m^2}{1-x^2}$ 及 $\rho=1$ 时,方程(8.5-1)可以约化为连带勒让德方程

$$\frac{\mathrm{d}}{\mathrm{d}x}\left[(1-x^2)\frac{\mathrm{d}y}{\mathrm{d}x}\right]+\left(\lambda-\frac{m^2}{1-x^2}\right)y=0 \qquad (8.5\text{-}4)$$

见方程(8.4-11),其中 $-1\leqslant x\leqslant 1$。该方程与 $x=\pm 1$ 处的自然边界条件就构成了本征值问题。

(4) 当 $g=1-x^2,q=0$ 及 $\rho=1$ 时,方程(8.5-1)可以约化为勒让德方程

$$\frac{\mathrm{d}}{\mathrm{d}x}\left[(1-x^2)\frac{\mathrm{d}y}{\mathrm{d}x}\right]+\lambda y=0 \qquad (8.5\text{-}5)$$

其中 $-1\leqslant x\leqslant 1$。该方程与 $x=\pm 1$ 处的自然边界条件就构成了本征值问题。

可以看到,在以上各例中,$g(x),q(x)$ 及 $\rho(x)$ 的取值都是非负的($\geqslant 0$)。在这种条件下,施图特-刘维尔本征值问题具有如下特征:

（1）如果 $g(x)$，$g'(x)$ 及 $q(x)$ 连续，或最多以 $x=a$ 和 $x=b$ 为一阶极点，则存在着无限多个本征值

$$\lambda_1 \leqslant \lambda_2 \leqslant \lambda_3 \leqslant \cdots \tag{8.5-6}$$

相应地有无限多个本征函数

$$y_1(x)，\ y_2(x)，\ y_3(x)，\cdots \tag{8.5-7}$$

证明从略。

（2）在自然边界条件、周期性边界条件及齐次第一、第二和第三类边界条件下，本征值 λ_n 大于或等于零，即

$$\lambda_n \geqslant 0 \tag{8.5-8}$$

证明：本征函数 $y_n(x)$ 及本征值 λ_n 满足施图姆-刘维尔方程

$$-\frac{\mathrm{d}}{\mathrm{d}x}\left[g(x)\frac{\mathrm{d}y_n}{\mathrm{d}x}\right]+q(x)y_n = \lambda_n\rho(x)y_n$$

将该方程两边同乘以 y_n，并逐项从 a 到 b 进行积分，则有

$$\lambda_n\int_a^b \rho y_n^2 \mathrm{d}x = -\int_a^b y_n\frac{\mathrm{d}}{\mathrm{d}x}\left(g\frac{\mathrm{d}y_n}{\mathrm{d}x}\right)\mathrm{d}x + \int_a^b q y_n^2 \mathrm{d}x$$

$$= -\left(gy_ny'_n\right)\Big|_{x=a}^{x=b} + \int_a^b g\left(y'_n\right)^2\mathrm{d}x + \int_a^b q y_n^2 \mathrm{d}x$$

$$\tag{8.5-9}$$

上式右边第二项及第三项的积分值都是大于或等于零。下面再看上式右边第一项的积分值。

首先，对于自然边界条件，即 $g(a)=g(b)=0$，显然有 $(gy_ny'_n)\big|_{x=a}^{x=b}=0$。其次，对于周期性条件，即 $y_n(a)=y_n(b)$，$y'_n(a)=y'_n(b)$ 及 $g(a)=g(b)$，同样有 $(gy_ny'_n)\big|_{x=a}^{x=b}=0$。最后，对于第一类齐次边界条件 $y_n(a)=0$［或 $y_n(b)=0$］，第二类齐次边界条件 $y'_n(a)=0$［或 $y'_n(b)=0$］，以及第三类齐次边界条件 $(y_n-hy'_n)_{x=a}=0$ 和 $(y_n+hy'_n)_{x=b}=0$，同样也有 $(gy_ny'_n)\big|_{x=a}^{x=b}-0$。

这样，式(8.5-9)右边的各项之和大于或等于零，则左边也应大于或等于零，即

$$\lambda_n\int_a^b \rho y_n^2 \mathrm{d}x \geqslant 0$$

由于上式的积分是大于零的，则有 $\lambda_n \geqslant 0$。

（3）不同本征值 λ_m 和 λ_n 的本征函数 $y_m(x)$ 和 $y_n(x)$ 正交，即

$$\int_a^b y_m(x)y_n(x)\rho(x)\mathrm{d}x = 0 \quad (m \neq n) \tag{8.5-10}$$

其中 $\rho(x)$ 为权重。

证明：本征函数 $y_m(x)$ 和 $y_n(x)$ 分别满足施图姆 - 刘维尔方程

$$\frac{\mathrm{d}}{\mathrm{d}x}(gy'_m) + [\lambda_m \rho(x) - q(x)]y_m = 0$$

$$\frac{\mathrm{d}}{\mathrm{d}x}(gy'_n) + [\lambda_n \rho(x) - q(x)]y_n = 0$$

对前一个方程两边同乘以 $y_n(x)$，而对后一个方程两边同乘以 $y_m(x)$，然后将两个方程的左右两边分别相减，则有

$$y_n \frac{\mathrm{d}}{\mathrm{d}x}(gy'_m) - y_m \frac{\mathrm{d}}{\mathrm{d}x}(gy'_n) + (\lambda_m - \lambda_n)\rho y_m y_n = 0$$

再对方程两边进行积分，则有

$$(\lambda_m - \lambda_n)\int_a^b y_m y_n \rho \mathrm{d}x = -\left. (gy_n y'_m - gy_m y'_n) \right|_{x=a}^{x=b}$$

与前面的讨论一样，无论对自然边界条件、周期性边界条件，还是齐次的第一、二及三类边界条件，上式右边的值都为零。这样，上式的左边也为零，即

$$(\lambda_m - \lambda_n)\int_a^b y_m y_n \rho \mathrm{d}x = 0$$

而另一方面，由于 $\lambda_m \neq \lambda_n$，因此有式(8.5-10)。

(4) 本征函数 $\{y_n(x)\}$ 具有完备性，即位于区间 $[a,b]$ 内的函数 $f(x)$ 可以用本征函数 $\{y_n(x)\}$ 来展开

$$f(x) = \sum_n f_n y_n(x) \tag{8.5-11}$$

其中要求函数 $f(x)$ 具有连续一阶导数和分段的连续二阶导数，且满足本征函数所满足的边界条件。根据本征函数的正交性，见式(8.5-10)，很容易得到式(8.5-11)中的展开系数为

$$f_n = \frac{1}{N_n^2}\int_a^b f(x) y_n(x) \rho(x) \mathrm{d}x \tag{8.5-12}$$

其中

$$N_n^2 = \int_a^b y_n^2(x) \rho(x) \mathrm{d}x \tag{8.5-13}$$

为本征函数 $y_n(x)$ 的模的平方。

我们将在第十二章和第十三章，分别针对勒让德方程和贝塞尔方程，详细讨论它们的本征值问题。

习　　题

1. 一根长为 l 的匀质细弦，其两端固定，做自由振动。它的初始位移为

$$\varphi(x) = \begin{cases} hx & (0 < x < l/2) \\ h(l-x) & (l/2 < x < l) \end{cases}$$

而初始速度为零。求解弦的振动,其中 h 为常数。

2. 一根长为 l 的匀质细杆,一端固定,另一端自由,初始位移为零,初始速度为

$$\psi(x) = bx/l$$

其中 b 为常数。求细杆的纵振动。

3. 一根长为 l 的匀质细杆,两端温度保持为零,初始温度分布为

$$u(x,0) = bx(l-x)/l^2$$

其中 b 为常数。求解细杆在任意时刻 t 的温度分布 $u(x,t)$。

4. 在一个长宽分别为 a 和 b 的矩形区域内,求解拉普拉斯方程 $\nabla^2 u(x,y) = 0$,其中边界条件为 $u(0,y) = 0$, $u(a,y) = 0$, $u(x,0) = A(1-x/a)$, $u(x,b) = 0$。

5. 在一个半径为 ρ_0 的圆形区域内,求解拉普拉斯方程 $\nabla^2 u(r,\varphi) = 0$,其中边界条件分别为

$$(1) u\big|_{r=\rho_0} = A\cos\varphi$$

$$(2) u\big|_{r=\rho_0} = A + B\sin\varphi$$

其中 A 和 B 都是常数。

6. 一个半径为 ρ_0 的半圆形薄板,板面绝热,边界直径上的温度保持为零,而半圆周上的温度保持为 u_0。求稳定状态下的薄板上的温度分布。

7. 一环形区域,内外半径分别为 ρ_1 和 ρ_2,内环上保持温度为 $u_1\cos^2\varphi$,外环上保持温度为 $u_2\sin\varphi$。求环形区域内的稳态温度分布。

8. 氢原子的定态薛定谔方程为

$$\left(-\frac{\hbar^2}{2m}\nabla^2 - \frac{e^2}{r}\right)u = Eu$$

其中 $\hbar, m, e, E$ 都是常数。在球坐标系中把这个方程进行分离变量。

第九章　傅里叶级数展开法

在上一章中,我们介绍了如何利用分离变量法来求解由齐次方程和齐次边界条件构成的本征值问题。本章我们将要处理一些非齐次偏微分方程的问题,如强迫振动问题、有源热传导问题及有源静电场问题等。对于这些非齐次方程,不能直接用前面介绍的分离变量法来进行求解,因为首先遇到的问题是无法对偏微分方程进行分离变量。

本章将采用傅里叶级数展开法来求解非齐次方程在齐次边界条件下的定解问题。这种方法不需要进行分离变量,而是通过选择适当的本征函数族,将非齐次偏微分方程的解按照本征函数族进行傅里叶级数展开,其中本征函数族需要满足相应的齐次方程和齐次边界条件。

§9.1　强迫振动的定解问题

我们以一个长为 l 的细杆的振动方程为例,不过这时细杆受到外界强迫力 $f(x,t)$ 的作用。此外,我们还假设细杆的两端是自由振动的,即对应于第二类齐次边界条件。这样,细杆振动的泛定方程和定解条件为

$$u_{tt} - a^2 u_{xx} = f(x,t) \tag{9.1-1}$$

$$\begin{cases} u_x(0,t) = 0 \\ u_x(l,t) = 0 \end{cases} \tag{9.1-2}$$

$$\begin{cases} u(x,0) = \phi(x) \\ u_t(x,0) = \psi(x) \end{cases} \quad (0 \leqslant x \leqslant l) \tag{9.1-3}$$

由上一章的讨论可知,一维齐次方程在齐次边界条件下的本征解为三角函数族,它具有完备正交性。因此,本章求解非齐次泛定方程的基本思想是:将非齐次泛定方程的解 $u(x,t)$ 按照对应的齐次方程在齐次边界条件下的本征解 $X_n(x)$ 进行傅里叶级数展开,即

$$u(x,t) = \sum_n T_n(t) X_n(x) \tag{9.1-4}$$

其中展开系数 $T_n(t)$ 是随时间变化的,由初始条件(9.1-3)来确定。

可以看到，非齐次振动方程(9.1-1)所对应的齐次方程的本征解问题为

$$\begin{cases} X''_n(x) + \lambda_n X_n(x) = 0 \\ X'_n(0) = 0, \ X'_n(l) = 0 \end{cases}$$

不难验证，它的本征解为

$$X_n(x) = \cos\left(\frac{n\pi}{l}x\right) \ (n = 0,1,2,3,\cdots)$$

这样可以将非齐次方程(9.1-1)的通解表示为

$$u(x,t) = \sum_{n=0}^{\infty} T_n(t)\cos\left(\frac{n\pi}{l}x\right) \tag{9.1-5}$$

为了确定出展开系数 $T_n(t)$，我们还需要把方程(9.1-1)右边的非齐次项及初始条件(9.1-3)按这个本征函数来展开，即

$$f(x,t) = \sum_{n=0}^{\infty} f_n(t)\cos\left(\frac{n\pi}{l}x\right) \tag{9.1-6}$$

$$\phi(x) = \sum_{n=0}^{\infty} \phi_n\cos\left(\frac{n\pi}{l}x\right) \tag{9.1-7}$$

$$\psi(x) = \sum_{n=0}^{\infty} \psi_n\cos\left(\frac{n\pi}{l}x\right) \tag{9.1-8}$$

其中展开系数为

$$\begin{cases} f_0(t) = \dfrac{1}{l}\int_0^l f(x,t)\,\mathrm{d}x \\[2mm] \phi_0 = \dfrac{1}{l}\int_0^l \phi(x)\,\mathrm{d}x \\[2mm] \psi_0 = \dfrac{1}{l}\int_0^l \psi(x)\,\mathrm{d}x \end{cases} \tag{9.1-9}$$

$$\begin{cases} f_n(t) = \dfrac{2}{l}\int_0^l f(x,t)\cos\left(\dfrac{n\pi}{l}x\right)\mathrm{d}x \\[2mm] \phi_n = \dfrac{2}{l}\int_0^l \phi(x)\cos\left(\dfrac{n\pi}{l}x\right)\mathrm{d}x \qquad (n \geqslant 1) \\[2mm] \psi_n = \dfrac{2}{l}\int_0^l \psi(x)\cos\left(\dfrac{n\pi}{l}x\right)\mathrm{d}x \end{cases} \tag{9.1-10}$$

分别把式(9.1-5)—(9.1-8)代入泛定方程(9.1-1)及初始条件(9.1-3)，则可以得到

$$T_n''(t) + (k_n a)^2 T_n(t) = f_n(t) \tag{9.1-11}$$

$$\begin{cases} T_n(0) = \phi_n \\ T_n'(0) = \psi_n \end{cases} \tag{9.1-12}$$

其中 $k_n = n\pi/l$。这样通过上述级数展开，我们就把原来的一个非齐次二阶偏微分方程的求解问题转化成一个非齐次二阶常微分方程的求解问题。

接下来,我们采用第六章介绍的拉普拉斯变换来求解方程(9.1-11)。设与 $T_n(t)$ 对应的像函数为 $T_n(p)$,则借助于拉普拉斯变换,可以把方程(9.1-11)转化为如下代数方程

$$(p^2 + k_n^2 a^2) T_n(p) - pT_n(0) - T_n{}'(0) = f_n(p) \qquad (9.1\text{-}13)$$

其中 $f_n(p)$ 是函数 $f_n(t)$ 对应的像函数。将初始条件(9.1-12)代入方程(9.1-13),则可以得到

$$T_n(p) = \frac{p}{p^2 + k_n^2 a^2}\phi_n + \frac{1}{p^2 + k_n^2 a^2}\psi_n + \frac{1}{p^2 + k_n^2 a^2}f_n(p) \quad (9.1\text{-}14)$$

然后再进行拉普拉斯反演,可以得到

$$T_0(t) = \phi_0 + t\psi_0 + \int_0^t (t-\tau)f_0(\tau)\mathrm{d}\tau \qquad (9.1\text{-}15)$$

$$T_n(t) = \phi_n\cos(k_n a t) + \frac{\psi_n}{k_n a}\sin(k_n a t) +$$

$$\frac{1}{k_n a}\int_0^t \sin[k_n a(t-\tau)]f_n(\tau)\mathrm{d}\tau \qquad (n \neq 0)$$

$$(9.1\text{-}16)$$

最后,我们得到非齐次振动方程(9.1-1)的一般解为

$$u(x,t) = \left[\phi_0 + t\psi_0 + \int_0^t (t-\tau)f_0(\tau)\mathrm{d}\tau\right] +$$

$$\sum_{n=1}^{\infty}\left[\begin{array}{l}\phi_n\cos(k_n a t) + \dfrac{\psi_n}{k_n a}\sin(k_n a t)\\[2mm] + \dfrac{1}{k_n a}\int_0^t \sin[k_n a(t-\tau)]f_n(\tau)\mathrm{d}\tau\end{array}\right]\cos(k_n x) \qquad (9.1\text{-}17)$$

可以看到,一旦给定非齐次项 $f(x,t)$ 及初始位移 $\phi(x)$ 和初始速度 $\psi(x)$ 的函数形式,就可以确定出展开系数 $f_n(t)$,ϕ_n 及 ψ_n 的形式,进而可以确定出非齐次振动方程的解 $u(x,t)$。

上面介绍的求解非齐次方程的解法是一种较为普遍的方法,可以用来求解任意形式的线性非齐次方程,只是对于不同形式的齐次边界条件,本征函数和本征值有所不同。

例 1 求解如下细杆强迫振动的定解问题

$$u_{tt} - a^2 u_{xx} = A\cos\left(\frac{\pi}{l}x\right)\sin\omega t$$

$$\begin{cases} u_x(0,t) = 0 \\ u_x(l,t) = 0 \end{cases}$$

$$\begin{cases} u(x,0) = 0 \\ u_t(x,0) = 0 \end{cases} \qquad (0 \leqslant x \leqslant l)$$

其中 A, ω 及 a 均为常数。

解：由于 $f(x,t) = A\cos\left(\frac{\pi}{l}x\right)\sin(\omega t)$，以及 $\phi(x) = 0$ 和 $\psi(x) = 0$，对

应上述齐次边界条件的齐次方程的本征函数为 $\cos\left(\frac{n\pi}{l}x\right)$，则有

$$f_0(t) = \frac{1}{l}\int_0^l f(x,t)\mathrm{d}x = 0$$

$$f_n(t) = \frac{2}{l}\int_0^l f(x,t)\cos\left(\frac{n\pi}{l}x\right)\mathrm{d}x = \begin{cases} A\sin(\omega t) \ (n=1) \\ 0 \ (n>1) \end{cases}$$

$$\phi_n = \psi_n = 0$$

将以上结果代入式(9.1-17)，则可以得到

$$\begin{aligned} u(x,t) &= \left[\frac{1}{k_1 a}\int_0^t \sin\left[k_1 a(t-\tau)\right]f_1(\tau)\mathrm{d}\tau\right]\cos(k_1 x) \\ &= \left[\frac{Al}{\pi a}\int_0^t \sin\left[\omega_1(t-\tau)\right]\sin(\omega\tau)\mathrm{d}\tau\right]\cos(k_1 x) \\ &= \frac{A}{\omega_1}\frac{1}{\omega^2 - \omega_1^2}\left[\omega\sin(\omega_1 t) - \omega_1\sin(\omega t)\right]\cos(k_1 x) \end{aligned}$$

其中 $k_1 = \pi/l$ 及 $\omega_1 = \pi a/l$。

由以上讨论可以看出，对于齐次边界条件下的非齐次方程，可以把它的一般解按对应的齐次方程的本征函数 $X_n(x)$ 展开，即 $u(x,t) = \sum_n T_n(t)X_n(x)$，同时对非齐次项和初始条件也作类似地展开，这样可以把原来 $u(x,t)$ 的非齐次偏微分方程转化成关于 $T_n(t)$ 的非齐次常微分方程。然后利用拉普拉斯变换求解该常微分方程，即可以确定 $T_n(t)$ 的形式。

上述介绍的傅里叶级数展开法也适用于求解高维非齐次波动方程的问题。

§9.2　有源热传导的定解问题

对于有源热传导问题，也可以采用上节介绍的傅里叶级数展开法进行处理。考虑如下细杆的热传导问题

$$u_t - a^2 u_{xx} = f(x,t) \tag{9.2-1}$$

$$\begin{cases} u(0,t) = 0 \\ u_x(l,t) = 0 \end{cases} \tag{9.2-2}$$

$$u(x,0) = \phi(x) \ (0 \leqslant x \leqslant l) \tag{9.2-3}$$

其中 $f(x,t)$ 表示时空依赖的热源，$\phi(x)$ 为初始温度。

可以看到,与上述问题对应的齐次方程的本征函数为 $\sin(k_n x)$,其中 $k_n = \left(\dfrac{2n+1}{2l}\pi\right)$ 为本征波数 $(n = 0, 1, 2, \cdots)$。将非齐次方程(9.2-1)的一般解按照这个本征函数展开,即

$$u(x,t) = \sum_{n=0}^{\infty} T_n(t)\sin(k_n x) \tag{9.2-4}$$

并代入方程(9.2-1),则可以得到

$$T_n{}'(t) + (k_n a)^2 T_n(t) = f_n(t) \tag{9.2-5}$$

其中

$$f_n(t) = \frac{2}{l}\int_0^l f(x,t)\sin(k_n x)\,\mathrm{d}x \tag{9.2-6}$$

对于初始温度 $\phi(x)$ 也做类似地展开,可以得到

$$T_n(0) = \phi_n \tag{9.2-7}$$

其中

$$\phi_n = \frac{2}{l}\int_0^l \phi(x)\sin(k_n x)\,\mathrm{d}x \tag{9.2-8}$$

采用拉普拉斯变换方法来求解非齐次常微分方程(9.2-5),可以得到

$$pT_n(p) - T_n(0) + (k_n a)^2 T_n(p) = f_n(p)$$

将初始条件(9.2-7)代入上式,并进行反演,则有

$$T_n(t) = \phi_n \mathrm{e}^{-k_n^2 a^2 t} + \int_0^t \mathrm{e}^{-k_n^2 a^2 (t-\tau)} f_n(\tau)\,\mathrm{d}\tau \tag{9.2-9}$$

最后,可以得到非齐次热传导方程(9.2-1)的一般解为

$$u(x,t) = \sum_{n=0}^{\infty}\left[\phi_n \mathrm{e}^{-k_n^2 a^2 t} + \int_0^t \mathrm{e}^{-k_n^2 a^2 (t-\tau)} f_n(\tau)\,\mathrm{d}\tau\right]\sin(k_n x) \tag{9.2-10}$$

这样,一旦给定了非齐次项 $f(x,t)$ 和初始温度 $\phi(x)$ 的形式,非齐次热传导方程的解就完全被确定。

例 1 在上述非齐次热传导问题中,如果初始温度为零,即 $\phi(x) = 0$,以及非齐次项为 $f(x,t) = A\sin(\omega t)$,求细杆上的温度分布。

解:由于 $\phi(x) = 0$ 及 $f(x,t) = A\sin(\omega t)$,则有

$$\phi_n = 0$$

$$f_n(t) = \frac{2A}{l}\int_0^l \sin(\omega t)\sin(k_n x)\,\mathrm{d}x$$

$$= \frac{2A}{k_n l}[1 - \cos(k_n l)]\sin(\omega t)$$

$$= \frac{2A}{k_n l}\sin(\omega t)$$

这样有

$$T_n(t) = \int_0^t e^{-k_n^2 a^2 (t-\tau)} f_n(\tau) \mathrm{d}\tau$$

$$= \frac{2A}{k_n l}\left[\frac{\omega}{(k_n a)^4 + \omega^2} e^{-k_n^2 a^2 t} + \frac{(k_n a)^2 \sin(\omega t) - \omega\cos(\omega t)}{(k_n a)^4 + \omega^2}\right]$$

$$(9.2\text{-}11)$$

可见在 $T_n(t)$ 的表示中，第一部分为弛豫项，随着 $t \to \infty$，很快衰减为零；第二项为外界热源维持的强迫项，随外界热源的变化而变化。将式(9.2-11)代入式(9.2-10)，即可以得到细杆上任意时刻的温度场分布 $u(x,t)$。

　　下面讨论利用傅里叶级数展开法求解二维有源热传导问题。考虑一个长和宽分别为 a 和 b 的矩形薄板，在外界热源作用下，对应的定解问题为

$$\frac{\partial u}{\partial t} - \kappa\left(\frac{\partial^2 u}{\partial x^2} + \frac{\partial^2 u}{\partial y^2}\right) = f(x,y,t) \tag{9.2-12}$$

$$\begin{cases} u(0,y,t) = 0 \\ u(a,y,t) = 0 \end{cases}, \quad \begin{cases} u(x,0,t) = 0 \\ u(x,b,t) = 0 \end{cases} \tag{9.2-13}$$

$$u(x,y,0) = \phi(x,y) \ (0 \leqslant x \leqslant a; 0 \leqslant y \leqslant b) \tag{9.2-14}$$

其中 $f(x,y,t)$ 表示二维瞬时外界热源，$\phi(x,y)$ 为初始温度分布。

　　由齐次边界条件(9.2-13)可以看出，与齐次方程对应的本征函数为 $\sin\left(\frac{n\pi}{a}x\right)\sin\left(\frac{m\pi}{b}y\right)$，其中 $n = 1,2,3,\cdots; m = 1,2,3,\cdots$。这样可以将非齐次方程(9.2-12)的一般解展开成如下傅里叶级数形式

$$u(x,y,t) = \sum_{n=1}^{\infty}\sum_{m=1}^{\infty} T_{nm}(t)\sin\left(\frac{n\pi}{a}x\right)\sin\left(\frac{m\pi}{b}y\right) \tag{9.2-15}$$

将上式代入方程(9.2-12)，并利用三角函数的正交性，则可以得到

$$T'_{nm}(t) + \kappa k_{nm}^2 T_{nm}(t) = f_{nm}(t) \tag{9.2-16}$$

其中　　　　　　　$k_{nm}^2 = (n\pi/a)^2 + (m\pi/b)^2$

$$f_{nm}(t) = \frac{4}{ab}\int_0^a\int_0^b f(x,y,t)\sin\left(\frac{n\pi}{a}x\right)\sin\left(\frac{m\pi}{b}y\right)\mathrm{d}x\mathrm{d}y \tag{9.2-17}$$

　　对初始条件(9.2-14)，也可以做类似地展开，有

$$T_{nm}(0) = \phi_{nm}$$

其中

$$\phi_{nm} = \frac{4}{ab}\int_0^a\int_0^b \phi(x,y)\sin\left(\frac{n\pi}{a}x\right)\sin\left(\frac{m\pi}{b}y\right)\mathrm{d}x\mathrm{d}y \tag{9.2-18}$$

　　利用拉普拉斯变换，很容易得到常微分方程(9.2-16)的解为

$$T_{nm}(t) = \phi_{nm}e^{-\kappa k_{nm}^2 t} + \int_0^t e^{-\kappa k_{nm}^2 \tau} f_{nm}(t-\tau)\mathrm{d}\tau \tag{9.2-19}$$

将式(9.2-19)代入式(9.2-15)，即可以得到二维非齐次热传导方程(9.

2-12）的一般解。

§9.3 泊松方程的定解问题

我们再讨论一下二维泊松方程的定解问题。考虑一个长和宽分别为 a 和 b 的矩形区域，静电势 $u(x,y)$ 满足如下泊松方程

$$u_{xx} + u_{yy} = f(x,y) \tag{9.3-1}$$

及边界条件

$$\begin{cases} u(0,y) = 0 \\ u(a,y) = 0 \end{cases} (0 \leqslant y \leqslant b) \tag{9.3-2}$$

$$\begin{cases} u(x,0) = 0 \\ u(x,b) = 0 \end{cases} (0 \leqslant x \leqslant a) \tag{9.3-3}$$

其中 $f(x,y)$ 为电荷源的空间分布。

考虑到齐次边界条件(9.3-2)，首先可以将函数 $u(x,y)$ 展开成如下形式

$$u(x,y) = \sum_{n=1}^{\infty} Y_n(y) \sin\left(\frac{n\pi}{a}x\right) \tag{9.3-4}$$

其中系数 $Y_n(y)$ 待定。将式(9.3-4)代入方程(9.3-1)及边界条件(9.3-3)，则有

$$Y_n''(y) - \left(\frac{n\pi}{a}\right)^2 Y_n(y) = f_n(y) \tag{9.3-5}$$

$$\begin{cases} Y_n(0) = 0 \\ Y_n(b) = 0 \end{cases} \tag{9.3-6}$$

其中

$$f_n(y) = \frac{2}{a} \int_0^a f(x,y) \sin\left(\frac{n\pi}{a}x\right) dx \tag{9.3-7}$$

再考虑齐次边界条件(9.3-6)，可以进一步地把 $Y_n(y)$ 展开成如下级数形式

$$Y_n(y) = \sum_{m=1}^{\infty} C_{nm} \sin\left(\frac{m\pi}{b}y\right) \tag{9.3-8}$$

其中 C_{nm} 为待定系数。把式(9.3-8)代入方程(9.3-5)，则可以确定出展开系数 C_{nm} 为

$$C_{nm} = -\frac{f_{nm}}{\left(\frac{n\pi}{a}\right)^2 + \left(\frac{m\pi}{b}\right)^2} \tag{9.3-9}$$

其中

$$f_{nm} = \frac{2}{b} \int_0^b f_n(y) \sin\left(\frac{m\pi}{b}y\right) \mathrm{d}y$$

(9.3-10)

$$= \frac{4}{ab} \int_0^a \int_0^b f(x,y) \sin\left(\frac{n\pi}{a}x\right) \sin\left(\frac{m\pi}{b}y\right) \mathrm{d}x\mathrm{d}y$$

最后可以得到泊松方程的一般解为

$$u(x,y) = -\sum_{n=1}^{\infty} \sum_{m=1}^{\infty} \frac{f_{nm}}{(n\pi/a)^2 + (m\pi/b)^2} \sin\left(\frac{n\pi}{a}x\right) \sin\left(\frac{m\pi}{b}y\right)$$

(9.3-11)

这样,一旦知道了非齐次项 $f(x,y)$ 的具体形式,就可以利用上述方法确定出泊松方程的解。

在上面的讨论中,我们假定了所有的边界条件都是齐次的。实际上,对于直角坐标系中的二维泊松方程,只要其中的一对边界条件是齐次的,而另外一对边界条件是非齐次的,就可以利用傅里叶级数展开法进行求解。例如,在 $x=0$ 及 $x=a$ 处的边界条件是齐次的,如式(9.3-2);而在 $y=0$ 及 $y=b$ 处的边界条件是非齐次的,为

$$\begin{cases} u(x,0) = \phi(x) \\ u(x,b) = \psi(x) \end{cases} (0 \leqslant x \leqslant a)$$

(9.3-12)

这时仍然可以将泊松方程(9.3-1)的解写成式(9.3-4)的形式,其中系数 $Y_n(y)$ 也仍然满足方程(9.3-5),不过方程(9.3-5)对应的边界条件不再是式(9.3-6),而是

$$\begin{cases} Y_n(0) = \phi_n \\ Y_n(b) = \psi_n \end{cases}$$

(9.3-13)

原则上讲,利用常微分方程的求解方法,可以得到方程(9.3-5)在非齐次边界条件下的一般解,进而可以确定出泊松方程的一般解。

下面再来讨论圆形区域内泊松方程的定解问题。在平面极坐标系中,齐次边界条件下泊松方程的定解问题为

$$\begin{cases} \dfrac{1}{r} \dfrac{\partial}{\partial r}\left(r \dfrac{\partial u}{\partial r}\right) + \dfrac{1}{r^2} \dfrac{\partial^2 u}{\partial^2 \varphi} = f(r,\varphi) & (0 \leqslant r < a, 0 \leqslant \varphi \leqslant 2\pi) \\ u\big|_{r=a} = 0 & (0 \leqslant \varphi \leqslant 2\pi) \end{cases}$$

(9.3-14)

其中 a 为圆的半径。

考虑到周期性边界条件 $u(r,\varphi) = u(r,\varphi+2\pi)$,可以将方程(9.3-14)的解按照如下复数形式的傅里叶级数展开

$$u(r,\varphi) = \sum_{n=-\infty}^{\infty} A_n(r) \mathrm{e}^{\mathrm{i}n\varphi}$$

(9.3-15)

将式(9.3-15)代入方程(9.3-14),则可以得到展开系数 $A_n(r)$ 满足的方程为

$$\frac{1}{r}\frac{\mathrm{d}}{\mathrm{d}r}\left(r\frac{\mathrm{d}A_n}{\mathrm{d}r}\right) - \frac{n^2}{r^2}A_n = f_n(r) \qquad (9.3\text{-}16)$$

其中

$$f_n(r) = \frac{1}{2\pi}\int_0^{2\pi} f(r,\varphi)\mathrm{e}^{-\mathrm{i}n\varphi}\,\mathrm{d}\varphi \qquad (9.3\text{-}17)$$

对应的齐次边界条件则变为

$$A_n(a) = 0 \qquad (9.3\text{-}18)$$

另外,泊松方程在圆心处($r=0$)的解应有限,因此有

$$A_n(0) = 有限 \qquad (9.3\text{-}19)$$

方程(9.3-16)是一个二阶非齐次常微分方程,原则上讲可以求出它在边界条件(9.3-18)和(9.3-19)下的解。

下面我们考虑一种简单的情况,即取 $f(r,\varphi) = -r\cos\varphi$。由式(9.3-17),很容易得到 $f_{\pm1}(r) = -\frac{1}{2}r$ 及 $f_n(r) = 0$ ($n \neq \pm1$)。当 $n = \pm1$ 时,方程(9.3-16)的一般解为齐次方程(欧拉方程)的通解 $c_1 r + c_2 r^{-1}$ 与非齐次方程的特解 $-r^3/16$ 之和,即

$$A_{\pm1}(r) = c_1 r + c_2 r^{-1} - \frac{1}{16}r^3 \qquad (9.3\text{-}20)$$

考虑边界条件(9.3-19)和(9.3-18),则有 $c_1 = \frac{1}{16}a^2$ 及 $c_2 = 0$,这样有

$$A_{\pm1}(r) = \frac{1}{16}(a^2 r - r^3) \qquad (9.3\text{-}21)$$

而当 $n \neq \pm1$ 时,方程(9.3-16)变为欧拉方程,其解为 $A_n(r) = \mathrm{d}_n r^n + e_n r^{-n}$,考虑边界条件(9.3-19)和(9.3-18),则有 $\mathrm{d}_n = e_n = 0$,即 $A_n(r) = 0$ ($n \neq \pm1$)。最后,可以得到方程(9.3-14)的解为

$$u(r,\varphi) = \frac{1}{16}(a^2 r - r^3)(\mathrm{e}^{\mathrm{i}\varphi} + \mathrm{e}^{-\mathrm{i}\varphi})$$
$$= \frac{1}{8}(a^2 r - r^3)\cos\varphi \qquad (9.3\text{-}22)$$

可以看到在平面极坐标系中,当函数 $f(r,\varphi)$ 形式比较复杂时,很难得到方程(9.3-16)的解析解。这说明,当所考虑的坐标系不是直角坐标系时,采用这种傅里叶级数展开法求解泛定方程的解要受到一定的限制。

§9.4 非齐次边界的处理

在前面的讨论中,无论方程是齐次的还是非齐次的,我们都假定边界条

件是齐次的。那么在非齐次边界条件下,如何确定泛定方程的定解问题呢?由于所讨论的泛定方程的定解问题都是线性的,因此可以采用叠加原理把边界齐次化,其基本思路是:选择一个合适的辅助函数 $v(x,t)$,且令

$$u(x,t) = v(x,t) + w(x,t) \tag{9.4-1}$$

使得关于函数 $w(x,t)$ 的定解问题具有齐次边界条件。

首先我们以细杆的自由振动为例来进行讨论,其定解问题如下

$$u_{tt} - a^2 u_{xx} = 0 \tag{9.4-2}$$

$$\begin{cases} u(0,t) = u_1(t) \\ u(l,t) = u_2(t) \end{cases} \tag{9.4-3}$$

$$\begin{cases} u(x,0) = \phi(x) \\ u_t(x,0) = \psi(x) \end{cases} \quad (0 \leqslant x \leqslant l) \tag{9.4-4}$$

其中 $u_1(t)$ 和 $u_2(t)$ 是时间变量的任意函数,所对应的边界条件为第一类非齐次边界条件。

辅助函数 $v(x,t)$ 的选取所要遵循的基本原则是:在保证能够使得边界条件齐次化的前提下,使得 $v(x,t)$ 的形式最为简单。对于上述第一类非齐次边界条件,可以选取 $v(x,t)$ 是空间变量 x 的线性函数,即

$$v(x,t) = \frac{u_2(t) - u_1(t)}{l} x + u_1(t) \tag{9.4-5}$$

将 $u(x,t) = v(x,t) + w(x,t)$ 代入定解问题式(9.4-2)—式(9.4-4),则可以得到关于 $w(x,t)$ 的定解问题

$$w_{tt} - a^2 w_{xx} = F(x,t) \tag{9.4-6}$$

$$\begin{cases} w(0,t) = 0 \\ w(l,t) = 0 \end{cases} \tag{9.4-7}$$

$$\begin{cases} w(x,0) = \Phi(x) \\ w_t(x,0) - \Psi(x) \end{cases} \quad (0 \leqslant x \leqslant l) \tag{9.4-8}$$

其中

$$F(x,t) = -(v_{tt} - a^2 v_{xx}) = -\frac{x}{l}[u_2''(t) - u_1''(t)] - u_1''(t) \tag{9.4-9}$$

$$\Phi(x) = \phi(x) - \frac{x}{l}[u_2(0) - u_1(0)] - u_1(0) \tag{9.4-10}$$

$$\Psi(x) = \psi(x) - \frac{x}{l}[u_2'(0) - u_1'(0)] - u_1'(0) \tag{9.4-11}$$

可以看到,经过上述处理后,原来的非齐次边界条件变成了齐次边界条件,原来的齐次方程变成了非齐次方程。这样,我们就可以利用 §9.1 节介绍的方法来求解该非齐次方程的定解问题。

还需要说明两点：

(1) 尽管我们是以齐次泛定方程(9.4-2)为例来讨论的，但如果在定解问题中，不仅边界是非齐次的，泛定方程也是非齐次的，我们仍然可以按照上面的方法来把边界齐次化。

(2) 辅助函数的形式依赖于边界条件的类型，如对于第二类非齐次边界条件

$$\begin{cases} u_x(0,t) = u_1(t) \\ u_x(l,t) = u_2(t) \end{cases} \tag{9.4-12}$$

可以选取辅助函数 $v(x,t)$ 的形式为

$$v(x,t) = \frac{u_2(t) - u_1(t)}{2l}x^2 + u_1(t)x \tag{9.4-13}$$

而对于"混合"边界条件

$$\begin{cases} u(0,t) = u_1(t) \\ u_x(l,t) = u_2(t) \end{cases} \tag{9.4-14}$$

$$\begin{cases} u_x(0,t) = u_1(t) \\ u(l,t) = u_2(t) \end{cases} \tag{9.4-15}$$

则对应的辅助函数分别为

$$v(x,t) = u_2(t)x + u_1(t) \tag{9.4-16}$$

$$v(x,t) = u_2(t) + u_1(t)(x-l) \tag{9.4-17}$$

例 1 求解如下定解问题

$$u_{tt} - a^2 u_{xx} = 0 \tag{9.4-18}$$

$$\begin{cases} u(0,t) = 0 \\ u(l,t) = A\sin(\omega t) \end{cases} \tag{9.4-19}$$

$$\begin{cases} u(x,0) = 0 \\ u_t(x,0) = 0 \end{cases} (0 \leqslant x \leqslant l) \tag{9.4-20}$$

其中 A 和 ω 为常数。

解：在这种情况下，可以选取辅助函数为

$$v(x,t) = A\sin(\omega t)x/l \tag{9.4-21}$$

并令 $u(x,t) = v(x,t) + w(x,t)$，则可以把原来的定解问题转化为

$$w_{tt} - a^2 w_{xx} = \frac{x}{l}A\omega^2\sin(\omega t) \tag{9.4-22}$$

$$\begin{cases} w(0,t) = 0 \\ w(l,t) = 0 \end{cases} \tag{9.4-23}$$

$$\begin{cases} w(x,0) = 0 \\ w_t(x,0) = -\frac{x}{l}A\omega \end{cases} \tag{9.4-24}$$

对于现在的定解问题,可以按照上节介绍的方法来求解。将 $w(x,t)$ 按照对应的齐次方程的本征函数 $\sin\left(\dfrac{n\pi}{l}x\right)$ 展开,即令

$$w(x,t) = \sum_{n=1}^{\infty} T_n(t)\sin\left(\frac{n\pi}{l}x\right) \qquad (9.4\text{-}25)$$

则可以得到

$$T_n{''}(t) + \omega_n^2 T_n(t) = f_n(t)$$
$$T_n(0) = 0 \qquad (9.4\text{-}26)$$
$$T_n{'}(0) = \psi_n$$

其中 $\omega_n = n\pi a/l$ 及

$$f_n(t) = \frac{2}{l}\int_0^l f(x,t)\sin\left(\frac{n\pi}{l}x\right)\mathrm{d}x$$
$$= -\frac{2A\omega^2}{n\pi}(-1)^n\sin(\omega t) \qquad (9.4\text{-}27)$$

$$\psi_n = \frac{2}{l}\int_0^l \psi(x)\sin\left(\frac{n\pi}{l}x\right)\mathrm{d}x$$
$$= \frac{2A\omega}{n\pi}(-1)^n \qquad (9.4\text{-}28)$$

再利用拉普拉斯变换法来求解常微分方程(9.4-26),可以得到

$$T_n(t) = \frac{\psi_n}{\omega_n}\sin(\omega_n t) + \frac{1}{\omega_n}\int_0^t f_n(t-\tau)\sin(\omega_n\tau)\mathrm{d}\tau$$
$$= \frac{\psi_n}{\omega_n}\sin(\omega_n t) - \frac{2A\omega^2}{n\pi\omega_n}(-1)^n\int_0^t \sin[\omega(t-\tau)]\sin(\omega_n\tau)\mathrm{d}\tau$$
$$= \frac{2A\omega}{n\pi\omega_n}(-1)^n\sin(\omega_n t) - \frac{2A\omega^2}{n\pi\omega_n}\frac{(-1)^n}{\omega_n^2-\omega^2}[\omega_n\sin(\omega t) - \omega\sin(\omega_n t)]$$
$$\qquad (9.4\text{-}29)$$

最后就得到

$$u(x,t) = \frac{Ax}{l}\sin(\omega t) + \sum_{n=1}^{\infty} T_n(t)\sin\left(\frac{n\pi}{l}x\right) \qquad (9.4\text{-}30)$$

例2　设一匀质细杆,长度为 l,其初始温度为常数 u_0,而且两端的温度分别保持为 u_1 及 u_2。求细杆的热传导问题。

解:设细杆的温度分布为 $u(x,t)$,则对应的定解问题为

$$\frac{\partial u}{\partial t} - a^2\frac{\partial^2 u}{\partial x^2} = 0 \qquad (9.4\text{-}31)$$

$$\begin{cases} u(0,t) = u_1 \\ u(l,t) = u_2 \end{cases} \qquad (9.4\text{-}32)$$

$$u(x,0) = u_0 \qquad (9.4\text{-}33)$$

令 $u(x,t) = w(x,t) + v(x,t)$，其中 $v(x) = \dfrac{u_2 - u_1}{l}x + u_1$，则可以得到函数 $w(x,t)$ 满足的方程

$$\frac{\partial w}{\partial t} - a^2 \frac{\partial^2 w}{\partial x^2} = 0 \qquad (9.4\text{-}34)$$

$$\begin{cases} w(0,t) = 0 \\ w(l,t) = 0 \end{cases} \qquad (9.4\text{-}35)$$

$$w(x,0) = u_0 - \left(\frac{u_2 - u_1}{l}x + u_1\right) \qquad (9.4\text{-}36)$$

由先前的讨论可知，对于这样一个齐次方程在第一类齐次边界条件下，其一般解为

$$w(x,t) = \sum_{n=1}^{\infty} c_n e^{-(k_n a)^2 t} \sin(k_n x) \qquad (9.4\text{-}37)$$

其中 $k_n = n\pi/l$。上式中的叠加系数由初始条件确定，即

$$u_0 - \left(\frac{u_2 - u_1}{l}x + u_1\right) = \sum_{n=1}^{\infty} c_n \sin(k_n x)$$

利用三角函数的正交性，可以得到

$$c_n = \frac{2}{l} \int_0^l \left[u_0 - \frac{u_2 - u_1}{l}x - u_1\right] \sin(k_n x)\,\mathrm{d}x$$
$$= \frac{2(u_1 - u_0)}{n\pi}\left[(-1)^n - 1\right] + \frac{2(u_2 - u_1)}{n\pi}(-1)^n \qquad (9.4\text{-}38)$$

这样，最后得到细杆上的温度分布为

$$u(x,t) = \frac{u_2 - u_1}{l}x + u_1$$
$$+ 2\sum_{n=1}^{\infty} \left\{\frac{(u_1 - u_0)}{n\pi}\left[(-1)^n - 1\right] + \frac{(u_2 - u_1)}{n\pi}(-1)^n\right\} e^{-(k_n a)^2 t} \sin(k_n x) \qquad (9.4\text{-}39)$$

习　题

1. 一根长为 l 的匀质细杆，两端固定，细杆上单位长度单位横截面积上受到的纵向外力为 $f_0 \sin(2\pi x/l)\cos\omega t$，初始位移为 $\sin^2(\pi x/l)$，初始速度为零。求细杆的纵振动。

2. 求解如下热传导问题

$$\begin{cases} u_t - a^2 u_{xx} = A\sin\omega t \\ u_x\big|_{x=0} = 0,\ u\big|_{x=l} = 0 \\ u\big|_{t=0} = b(1 - x/l) \end{cases}$$

其中 A,l,ω 及 b 均为常数。

3.求解具有放射性衰变的热传导问题

$$\begin{cases} u_t - a^2 u_{xx} = Ae^{-\alpha x} \\ u\big|_{x=0} = 0, \ u\big|_{x=l} = 0 \\ u\big|_{t=0} = u_0 \end{cases}$$

其中 A 和 α 都是常数。

4.一根长为 l 的匀质细杆,一端固定,另一端受纵向力 $F(t) = F_0\cos\omega t$ 的作用,初始位移和初始速度为零。求解细杆的纵向振动。

5.一根长为 l 的匀质细杆,初始温度为零,一端($x = l$)温度保持为零,另一端($x = 0$)温度保持为 At,其中 A 为常数。求解细杆的温度分布 $u(x,t)$。

第十章 积分变换法

在第八章中,我们采用分离变量法讨论了有界区域中的定解问题。已经看到,在分离变量的过程中需要引入一些待定的常数,即本征值,而且这些本征值可以由齐次边界条件来确定。如果所考虑的空间是无界的,则不存在所谓的边界条件,当然也不能确定本征值。

对于无界区域的定解问题,可以采用傅里叶积分变换法来处理。利用傅里叶积分变换后,可以把偏微分方程变成常微分方程,这样就简化了原来的定解问题。此外,当原方程中出现奇异性的函数时,例如 δ 函数,在经过傅里叶变换后就变成了较为规则的函数,从而避开了奇异性问题。

此外,对于带有初始值的定解问题,则可以采用拉普拉斯积分变换来处理。尤其是对于一些非齐次方程的定解问题,采用拉普拉斯变换处理很方便。

本章首先介绍傅里叶变换法在求解偏微分方程中的应用,然后介绍拉普拉斯变换法,最后再简单介绍一下联合变换法。

§ 10.1 傅里叶变换法

在第六章中,我们介绍了傅里叶积分变换。如果一个函数 $f(x)$ 是无界区域 $-\infty < x < \infty$ 中的分段光滑的函数,则可以进行如下傅里叶积分变换

$$f(x) = \int_{-\infty}^{\infty} F(k) e^{ikx} dk \qquad (10.1\text{-}1)$$

其中像函数 $F(k)$ 为

$$F(k) = \frac{1}{2\pi} \int_{-\infty}^{\infty} f(x) e^{-ikx} dx \qquad (10.1\text{-}2)$$

下面通过几个典型的例子,说明如何利用傅里叶积分变换方法来求解无界区域中泛定方程的定解问题。

例 1 利用傅里叶积分变换法求解一维无界区域中的波动问题

$$\begin{cases} \dfrac{\partial^2 u}{\partial t^2} - a^2 \dfrac{\partial^2 u}{\partial x^2} = 0 \ (-\infty < x < \infty) \\[2mm] u\big|_{t=0} = \phi(x) \\[2mm] u_t\big|_{t=0} = \psi(x) \end{cases} \tag{10.1-3}$$

解：根据傅里叶变换式(10.1-1)，令

$$u(x,t) = \int_{-\infty}^{\infty} U(k,t) \mathrm{e}^{ikx}\, \mathrm{d}k \tag{10.1-4}$$

将其代入式(10.1-3)，则可以得到

$$\begin{cases} \dfrac{\mathrm{d}^2 U(k,t)}{\mathrm{d}t^2} + (ak)^2 U(k,t) = 0 \\[2mm] U(k,0) = \Phi(k) \\[2mm] U_t(k,0) = \Psi(k) \end{cases} \tag{10.1-5}$$

其中

$$\begin{cases} \Phi(k) = \dfrac{1}{2\pi} \displaystyle\int_{-\infty}^{\infty} \phi(x) \mathrm{e}^{-ikx}\, \mathrm{d}x \\[4mm] \Psi(k) = \dfrac{1}{2\pi} \displaystyle\int_{-\infty}^{\infty} \psi(x) \mathrm{e}^{-ikx}\, \mathrm{d}x \end{cases} \tag{10.1-6}$$

分别为初始位移和初始速度的傅里叶变换。

方程(10.1-5)的通解为

$$U(k,t) = A(k)\mathrm{e}^{ikat} + B(k)\mathrm{e}^{-ikat} \tag{10.1-7}$$

其中系数 $A(k)$ 及 $B(k)$ 由初始条件确定

$$\begin{cases} \Phi(k) = A(k) + B(k) \\[2mm] \Psi(k) = ika[A(k) - B(k)] \end{cases}$$

由此可以解得

$$\begin{cases} A(k) = \dfrac{1}{2}\left[\Phi(k) + \dfrac{1}{ika}\Psi(k)\right] \\[4mm] B(k) = \dfrac{1}{2}\left[\Phi(k) - \dfrac{1}{ika}\Psi(k)\right] \end{cases} \tag{10.1-8}$$

将式(10.1-8)代入式(10.1-7)，并进行反演，有

$$u(x,t) = \frac{1}{2}\left[\int_{-\infty}^{\infty} \Phi(k)\mathrm{e}^{ik(x+at)}\, \mathrm{d}k + \int_{-\infty}^{\infty} \Phi(k)\mathrm{e}^{ik(x-at)}\, \mathrm{d}k\right]$$

$$+ \frac{1}{2a}\left[\int_{-\infty}^{\infty} \frac{\Psi(k)}{ik}\mathrm{e}^{ik(x+at)}\, \mathrm{d}k - \int_{-\infty}^{\infty} \frac{\Psi(k)}{ik}\mathrm{e}^{ik(x-at)}\, \mathrm{d}k\right]$$

$$\tag{10.1-9}$$

根据傅里叶变换的定义式(10.1-1)，上式右端第一项为 $\dfrac{1}{2}[\phi(x+at) + \phi(x-at)]$，而上式右端的第二项可以改写为

$$\frac{1}{2a}\int_{-\infty}^{\infty}\Psi(k)\mathrm{d}k \cdot \int_{x-at}^{x+at}\mathrm{e}^{\mathrm{i}k\zeta}\mathrm{d}\zeta = \frac{1}{2a}\int_{x-at}^{x+at}\psi(\zeta)\mathrm{d}\zeta$$

这样，最后该波动方程的解为

$$u(x,t) = \frac{1}{2}\big[\phi(x+at)+\phi(x-at)\big]+\frac{1}{2a}\int_{x-at}^{x+at}\psi(\zeta)\mathrm{d}\zeta$$

$$(10.1\text{-}10)$$

这种形式的解称为**达朗贝尔公式**。可见，一旦知道了初始时刻$(t=0)$的振动位移$\phi(x)$和振动速度$\psi(x)$，那么任意时刻t的解$u(x,t)$就完全确定了。

例 2　求解无限长细杆的热传导问题

$$\begin{cases}\dfrac{\partial u}{\partial t} - a^2\,\dfrac{\partial^2 u}{\partial x^2} = 0\ (-\infty < x < \infty) \\ u(x,0) = \phi(x)\end{cases}$$

$$(10.1\text{-}11)$$

解：对该方程及初始条件同时作傅里叶变换，则定解问题变为

$$\begin{cases}\dfrac{\mathrm{d}U}{\mathrm{d}t} + (ka)^2 U(k,t) = 0 \\ U(x,0) = \Phi(k)\end{cases}$$

$$(10.1\text{-}12)$$

其中

$$\Phi(k) = \frac{1}{2\pi}\int_{-\infty}^{\infty}\phi(x)\mathrm{e}^{-\mathrm{i}kx}\mathrm{d}x$$

$$(10.1\text{-}13)$$

为初始温度的傅里叶变换。

方程(10.1-12)的解为

$$U(k,t) = \Phi(k)\mathrm{e}^{-k^2 a^2 t}$$

$$(10.1\text{-}14)$$

对上式进行傅里叶变换反演，可以得到

$$u(x,t) = \int_{-\infty}^{\infty}\Phi(k)\mathrm{e}^{-k^2 a^2 t}\mathrm{e}^{\mathrm{i}kx}\mathrm{d}k$$

$$(10.1\text{-}15)$$

这就是无限长细杆热传导定解问题(10.1-11)的形式解。利用式(10.1-13)，可以进一步得到

$$u(x,t) = \int_{-\infty}^{\infty}\bigg[\frac{1}{2\pi}\int_{-\infty}^{\infty}\phi(\zeta)\mathrm{e}^{-\mathrm{i}k\zeta}\mathrm{d}\zeta\bigg]\mathrm{e}^{-k^2 a^2 t}\mathrm{e}^{\mathrm{i}kx}\mathrm{d}k$$

$$= \frac{1}{2\pi}\int_{-\infty}^{\infty}\phi(\zeta)\mathrm{d}\zeta\int_{-\infty}^{\infty}\mathrm{e}^{-k^2 a^2 t + \mathrm{i}k(x-\zeta)}\mathrm{d}k$$

利用积分公式［见式(4.4-8)］

$$\int_{-\infty}^{\infty}\mathrm{e}^{-a^2 k^2 + \mathrm{i}\beta k}\mathrm{d}k = \frac{\sqrt{\pi}}{\alpha}\mathrm{e}^{-\beta^2/(4a^2)}$$

则最后得到无限长细杆的温度分布为

$$u(x,t) = \frac{1}{2a\sqrt{\pi t}}\int_{-\infty}^{\infty}\phi(\zeta)\mathrm{e}^{-\frac{(x-\zeta)^2}{4a^2 t}}\mathrm{d}\zeta$$

$$(10.1\text{-}16)$$

可见,一旦知道了初始时刻($t = 0$)的温度分布 $\phi(x)$,由上式就可以确定 $t > 0$ 以后任意时刻的温度分布 $u(x,t)$。

例 3　一个位于 $y = 0$ 的无限大金属平板,其上电势分布为 $f(x)$。确定上半平面($y > 0$)的电势分布。

解:根据题意,上半平面的电势分布 $u(x,y)$ 服从如下拉普拉斯方程及边界条件

$$\begin{cases} \dfrac{\partial^2 u}{\partial x^2} + \dfrac{\partial^2 u}{\partial y^2} = 0 \ (-\infty < x < \infty,\ y > 0) \\ u\big|_{y=0} = f(x) \\ u\big|_{y\to\infty} = \text{有限值} \end{cases} \tag{10.1-17}$$

该定解问题在 x 轴方向是无界的,而在 y 轴方向则是半无界的。将方程(10.1-17)作关于 x 的傅里叶变换,有

$$\begin{cases} \dfrac{\mathrm{d}^2 U}{\mathrm{d}y^2} - k^2 U = 0 \\ U\big|_{y=0} = F(k) \\ U\big|_{y\to\infty} = \text{有限值} \end{cases} \tag{10.1-18}$$

其中

$$F(k) = \frac{1}{2\pi} \int_{-\infty}^{\infty} f(x) \mathrm{e}^{-ikx} \mathrm{d}x \tag{10.1-19}$$

为原函数 $f(x)$ 的傅里叶变换。

考虑到边界条件,方程(10.1-18)的解为

$$U(k,y) = F(k) \mathrm{e}^{-|k|y}$$

进行反演后,并将式(10.1-19)代入,则有

$$\begin{aligned} u(x,y) &= \int_{-\infty}^{\infty} F(k) \mathrm{e}^{-|k|y} \mathrm{e}^{ikx} \mathrm{d}k \\ &= \int_{-\infty}^{\infty} \left[\frac{1}{2\pi} \int_{-\infty}^{\infty} f(\zeta) \mathrm{e}^{-ik\zeta} \mathrm{d}\zeta \right] \mathrm{e}^{-|k|y} \mathrm{e}^{ikx} \mathrm{d}k \\ &= \frac{1}{2\pi} \int_{-\infty}^{\infty} f(\zeta) \mathrm{d}\zeta \int_{-\infty}^{\infty} \mathrm{e}^{-ik(\zeta-x)-|k|y} \mathrm{d}k \end{aligned}$$

而

$$\begin{aligned} \int_{-\infty}^{\infty} \mathrm{e}^{-ik(\zeta-x)-|k|y} \mathrm{d}k &= \int_{0}^{\infty} \mathrm{e}^{-ik(\zeta-x)-ky} \mathrm{d}k + \int_{-\infty}^{0} \mathrm{e}^{-ik(\zeta-x)+ky} \mathrm{d}k \\ &= \frac{2y}{(\zeta-x)^2 + y^2} \end{aligned}$$

这样,最后上半平面中的电势分布为

$$u(x,y) = \frac{1}{\pi} \int_{-\infty}^{\infty} \frac{yf(\zeta)}{(\zeta-x)^2 + y^2} \mathrm{d}\zeta \tag{10.1-20}$$

例 4 求解三维无界空间中的波动问题

$$\begin{cases} \dfrac{\partial^2 u}{\partial t^2} - a^2 \nabla^2 u = 0 \ (t > 0) \\ u\big|_{t=0} = \phi(\boldsymbol{r}) \\ u_t\big|_{t=0} = \psi(\boldsymbol{r}) \end{cases} \tag{10.1-21}$$

解：借助于第六章引入的三维无界空间中的傅里叶变化，可以把上面的定解问题转化为

$$\begin{cases} \dfrac{\mathrm{d}^2 U}{\mathrm{d}t^2} + a^2 k^2 U = 0 \\ U\big|_{t=0} = \Phi(\boldsymbol{k}) \\ U_t\big|_{t=0} = \Psi(\boldsymbol{k}) \end{cases} \tag{10.1-22}$$

其中

$$\begin{cases} \Phi(\boldsymbol{k}) = \dfrac{1}{(2\pi)^3} \iiint \phi(\boldsymbol{r}) \mathrm{e}^{-\mathrm{i}\boldsymbol{k}\cdot\boldsymbol{r}} \mathrm{d}\boldsymbol{r} \\ \Psi(\boldsymbol{k}) = \dfrac{1}{(2\pi)^3} \iiint \psi(\boldsymbol{r}) \mathrm{e}^{-\mathrm{i}\boldsymbol{k}\cdot\boldsymbol{r}} \mathrm{d}\boldsymbol{r} \end{cases} \tag{10.1-23}$$

为初始位移和初始速度的像函数。

由式(10.1-22)可以解得

$$U(\boldsymbol{k},t) = \frac{1}{2}\Phi(\boldsymbol{k})(\mathrm{e}^{\mathrm{i}kat} + \mathrm{e}^{-\mathrm{i}kat}) + \frac{1}{2a}\frac{1}{\mathrm{i}k}\Psi(\boldsymbol{k})(\mathrm{e}^{\mathrm{i}kat} - \mathrm{e}^{-\mathrm{i}kat})$$

再进行逆变换

$$\begin{aligned} u(\boldsymbol{r},t) &= \iiint U(\boldsymbol{k},t)\mathrm{e}^{\mathrm{i}\boldsymbol{k}\cdot\boldsymbol{r}}\mathrm{d}\boldsymbol{k} \\ &= \frac{1}{2}\iiint \Phi(\boldsymbol{k})(\mathrm{e}^{\mathrm{i}kat} + \mathrm{e}^{-\mathrm{i}kat})\mathrm{e}^{\mathrm{i}\boldsymbol{k}\cdot\boldsymbol{r}}\mathrm{d}\boldsymbol{k} + \frac{1}{2a}\iiint \frac{1}{\mathrm{i}k}\Psi(\boldsymbol{k})(\mathrm{e}^{\mathrm{i}kat} - \mathrm{e}^{-\mathrm{i}kat})\mathrm{e}^{\mathrm{i}\boldsymbol{k}\cdot\boldsymbol{r}}\mathrm{d}\boldsymbol{k} \end{aligned}$$

将式(10.1-23)代入，有

$$\begin{aligned} u(\boldsymbol{r},t) &= \frac{1}{2}\iiint \left[\frac{1}{(2\pi)^3}\iiint \phi(\boldsymbol{r}')\mathrm{e}^{-\mathrm{i}\boldsymbol{k}\cdot\boldsymbol{r}'}\mathrm{d}\boldsymbol{r}'\right](\mathrm{e}^{\mathrm{i}kat} + \mathrm{e}^{-\mathrm{i}kat})\mathrm{e}^{\mathrm{i}\boldsymbol{k}\cdot\boldsymbol{r}}\mathrm{d}\boldsymbol{k} \\ &+ \frac{1}{2a}\iiint \frac{1}{\mathrm{i}k}\left[\frac{1}{(2\pi)^3}\iiint \psi(\boldsymbol{r}')\mathrm{e}^{-\mathrm{i}\boldsymbol{k}\cdot\boldsymbol{r}'}\mathrm{d}\boldsymbol{r}'\right](\mathrm{e}^{\mathrm{i}kat} - \mathrm{e}^{-\mathrm{i}kat})\mathrm{e}^{\mathrm{i}\boldsymbol{k}\cdot\boldsymbol{r}}\mathrm{d}\boldsymbol{k} \end{aligned}$$

改变上式中的积分顺序，则有

$$\begin{aligned} u(\boldsymbol{r},t) &= \frac{1}{2}\iiint \frac{\mathrm{d}\boldsymbol{r}'}{(2\pi)^3}\phi(\boldsymbol{r}')\iiint (\mathrm{e}^{\mathrm{i}kat} + \mathrm{e}^{-\mathrm{i}kat})\mathrm{e}^{\mathrm{i}\boldsymbol{k}\cdot(\boldsymbol{r}-\boldsymbol{r}')}\mathrm{d}\boldsymbol{k} \\ &+ \frac{1}{2a}\iiint \frac{\mathrm{d}\boldsymbol{r}'}{(2\pi)^3}\psi(\boldsymbol{r}')\iiint \frac{1}{\mathrm{i}k}(\mathrm{e}^{\mathrm{i}kat} - \mathrm{e}^{-\mathrm{i}kat})\mathrm{e}^{\mathrm{i}\boldsymbol{k}\cdot(\boldsymbol{r}-\boldsymbol{r}')}\mathrm{d}\boldsymbol{k} \end{aligned}$$

$$\tag{10.1-24}$$

借助 δ 函数的定义，可以证明有[见式(5.4-21)]

$$\iiint \frac{1}{ik}(e^{ikr_0}-e^{-ikr_0})e^{i\boldsymbol{k}\cdot\boldsymbol{r}}d\boldsymbol{k}=\frac{4\pi^2}{r}[\delta(r-r_0)-\delta(r+r_0)]$$

$$(10.1\ 25)$$

$$\iiint(e^{ikr_0}+e^{-ikr_0})e^{i\boldsymbol{k}\cdot\boldsymbol{r}}d\boldsymbol{k}=\frac{\partial}{\partial r_0}\iiint\frac{1}{ik}(e^{ikr_0}-e^{-ikr_0})e^{i\boldsymbol{k}\cdot\boldsymbol{r}}d\boldsymbol{k}$$

$$=\frac{4\pi^2}{r}\cdot\frac{\partial}{\partial r_0}[\delta(r-r_0)-\delta(r+r_0)]$$

$$(10.1\text{-}26)$$

其中 $r_0=at$。将式(10.1-25)及式(10.1-26)代入式(10.1-24)，并考虑到 $t>0$，则可以得到

$$u(\boldsymbol{r},t)=\frac{1}{2a}\cdot\frac{\partial}{\partial t}\iiint\frac{d\boldsymbol{r}'}{2\pi}\frac{\phi(\boldsymbol{r}')}{|\boldsymbol{r}-\boldsymbol{r}'|}\delta(|\boldsymbol{r}-\boldsymbol{r}'|-at)$$

$$+\frac{1}{2a}\iiint\frac{d\boldsymbol{r}'}{2\pi}\frac{\psi(\boldsymbol{r}')}{|\boldsymbol{r}-\boldsymbol{r}'|}\delta(|\boldsymbol{r}-\boldsymbol{r}'|-at)$$

由于 $\delta(|\boldsymbol{r}-\boldsymbol{r}'|-at)$ 的出现，上式右边的积分只需在以 $\boldsymbol{r}$ 为圆心、以 at 为半径的球面 S_{at} 上进行，即

$$u(\boldsymbol{r},t)=\frac{1}{4\pi a}\frac{\partial}{\partial t}\iint\limits_{S_{at}}\frac{\phi(\boldsymbol{r}')}{at}dS'+\frac{1}{4\pi a}\iint\limits_{S_{at}}\frac{\psi(\boldsymbol{r}')}{at}dS'\qquad(10.1\text{-}27)$$

其中 $dS'=r'^2\sin\theta'd\theta'd\varphi'$。式(10.1-27)称为**泊松公式**。

式(10.1-27)表明，只要知道了初始时刻($t=0$)的波动状态，即初始位移 $\phi(\boldsymbol{r}')$ 和初始速度 $\psi(\boldsymbol{r}')$，将它们在球面 S_{at} 上积分，就可以得到以后任意时刻($t>0$)的波动状态 $u(\boldsymbol{r},t)$。

例5　求解三维无界空间中的热传导问题

$$\begin{cases}\dfrac{\partial u}{\partial t}-a^2\nabla^2 u=0\\ u|_{t=0}=\phi(\boldsymbol{r})\end{cases}\qquad(10.1\text{-}28)$$

解：借助于三维空间中的傅里叶变换，可以把定解问题转化为

$$\begin{cases}\dfrac{dU}{dt}+a^2k^2U=0\\ U|_{t=0}=\Phi(\boldsymbol{k})\end{cases}\qquad(10.1\text{-}29)$$

其中

$$\Phi(\boldsymbol{k})=\frac{1}{(2\pi)^3}\iiint\phi(\boldsymbol{r})e^{-i\boldsymbol{k}\cdot\boldsymbol{r}}d\boldsymbol{r}\qquad(10.1\text{-}30)$$

为初始温度的傅里叶变换。

由式(10.1-29)，可以得到

$$U(\boldsymbol{k},t)=\Phi(\boldsymbol{k})e^{-k^2a^2t}$$

再进行逆变换,并利用式(10.1-30),有

$$u(\boldsymbol{r},t) = \iiint \Phi(\boldsymbol{k}) \mathrm{e}^{-k^2 a^2 t} \mathrm{e}^{\mathrm{i}\boldsymbol{k}\cdot\boldsymbol{r}} \mathrm{d}\boldsymbol{k}$$

$$= \iiint \Big[\frac{1}{(2\pi)^3} \iiint \phi(\boldsymbol{r}') \mathrm{e}^{-\mathrm{i}\boldsymbol{k}\cdot\boldsymbol{r}'} \mathrm{d}\boldsymbol{r}' \Big] \mathrm{e}^{-k^2 a^2 t + \mathrm{i}\boldsymbol{k}\cdot\boldsymbol{r}} \mathrm{d}\boldsymbol{k} \quad (10.1\text{-}31)$$

$$= \frac{1}{(2\pi)^3} \iiint \phi(\boldsymbol{r}') \mathrm{d}\boldsymbol{r}' \iiint \mathrm{e}^{-k^2 a^2 t + \mathrm{i}\boldsymbol{k}\cdot(\boldsymbol{r}-\boldsymbol{r}')} \mathrm{d}\boldsymbol{k}$$

注意到积分

$$\iiint \mathrm{e}^{-k^2 a^2 t + \mathrm{i}\boldsymbol{k}\cdot\boldsymbol{r}} \mathrm{d}\boldsymbol{k} = -\frac{4\pi}{r} \frac{\partial}{\partial r} \int_0^\infty \mathrm{e}^{-k^2 a^2 t} \cos kr \, \mathrm{d}k = \Big(\sqrt{\frac{\pi}{a^2 t}} \Big)^3 \mathrm{e}^{-r^2/(4a^2 t)}$$

则最后可以得到

$$u(\boldsymbol{r},t) = \Big(\frac{1}{2a\sqrt{\pi t}} \Big)^3 \iiint \phi(\boldsymbol{r}') \, \mathrm{e}^{\frac{-|\boldsymbol{r}-\boldsymbol{r}'|^2}{4a^2 t}} \mathrm{d}\boldsymbol{r}' \quad (10.1\text{-}32)$$

在一维情况下,上式即可以退化为式(10.1-16)。

例 6 求解无限长细杆的非齐次热传导方程的解

$$\begin{cases} \dfrac{\partial u}{\partial t} - a^2 \dfrac{\partial^2 u}{\partial x^2} = f(x,t) \ (-\infty < x < \infty) \\ u(x,0) = 0 \end{cases} \quad (10.1\text{-}33)$$

其中 $f(x,t)$ 为已知的热源分布函数。

解:对该方程进行傅里叶变换,可以得到

$$\begin{cases} \dfrac{\mathrm{d}U(k,t)}{\mathrm{d}t} + (ka)^2 U(k,t) = F(k,t) \\ U(k,0) = 0 \end{cases} \quad (10.1\text{-}34)$$

其中

$$F(k,t) = \frac{1}{2\pi} \int_{-\infty}^\infty f(x,t) \mathrm{e}^{-\mathrm{i}kx} \mathrm{d}x \quad (10.1\text{-}35)$$

为原函数 $f(x,t)$ 的傅里叶变换。

方程(10.1-34)是一个一阶非齐次常微分方程,将其两边同乘以因子 $\mathrm{e}^{k^2 a^2 t}$,则变为

$$\frac{\mathrm{d}}{\mathrm{d}t} \big[U(k,t) \mathrm{e}^{a^2 k^2 t} \big] = F(k,t) \mathrm{e}^{a^2 k^2 t}$$

将上式两边对时间 t 积分,并利用初始条件,有

$$U(k,t) = \mathrm{e}^{-a^2 k^2 t} \int_0^t F(k,\tau) \mathrm{e}^{a^2 k^2 t} \mathrm{d}\tau \quad (10.1\text{-}36)$$

将式(10.1-35)代入上式,有

$$U(k,t) = \mathrm{e}^{-a^2 k^2 t} \int_0^t \left[\frac{1}{2\pi} \int_{-\infty}^{\infty} f(\zeta,\tau) \mathrm{e}^{-ik\zeta} \mathrm{d}\zeta \right] \mathrm{e}^{a^2 k^2 \tau} \mathrm{d}\tau$$

$$= \frac{1}{2\pi} \int_0^t \int_{-\infty}^{\infty} f(\zeta,\tau) \mathrm{e}^{-a^2 k^2 (t-\tau)-ik\zeta} \mathrm{d}\tau \mathrm{d}\zeta$$

最后再进行反演,则得到

$$u(x,t) = \int_{-\infty}^{\infty} U(k,t) \mathrm{e}^{ikx} \mathrm{d}k$$

$$= \int_0^t \int_{-\infty}^{\infty} f(\zeta,\tau) \left[\frac{1}{2\pi} \int_{-\infty}^{\infty} \mathrm{e}^{-a^2 k^2 (t-\tau)+ik(x-\zeta)} \mathrm{d}k \right] \mathrm{d}\tau \mathrm{d}\zeta$$

$$= \int_0^t \int_{-\infty}^{\infty} f(\zeta,\tau) \left[\frac{1}{2a} \frac{1}{\sqrt{\pi(t-\tau)}} \mathrm{e}^{-\frac{(x-\zeta)^2}{4a^2(t-\tau)}} \right] \mathrm{d}\tau \mathrm{d}\zeta$$

$$(10.1\text{-}37)$$

可见,一旦知道了源函数 $f(x,t)$ 的形式,由上式即可以确定在任意地点 x 和任意时刻 t 的温度分布 $u(x,t)$。

由以上讨论可以看出,傅里叶变换法求解定解问题的步骤如下:(1) 借助于傅里叶变换把偏微分方程变换成一个关于时间变量的常微分方程;(2) 求解这个一阶或二阶常微分方程,并由初始条件确定积分常数;(3) 进行傅里叶反演,确定出定解问题的解。在傅里叶积分变换法中,泛定方程可以是齐次的,也可以是非齐次的,但物理量的变化区域必须是无界的。

§10.2　拉普拉斯变换法

本节介绍采用拉普拉斯变换法求解偏微分方程的定解问题。不管方程是齐次的还是非齐次的,所选的区域是无界的还是半无界的,原则上都可以采用拉普拉斯变换法。但实际情况下,由于拉普拉斯变换的反演过程极为复杂,使得这种方法的应用也受到一定的限制。

现在考虑一个随空间变量 x 和时间变量 t 变化的函数 $u(x,t)$,其中变量 x 的变化范围可以是无界的或半无界的,而时间 t 的变化范围是 $(0,\infty)$。根据第六章给出的拉普拉斯变换的定义式,原函数 $u(x,t)$ 与像函数 $U(x,p)$ 之间的变换关系由下式给出

$$U(x,p) = \int_0^{\infty} u(x,t) \mathrm{e}^{-pt} \mathrm{d}t \qquad (10.2\text{-}1)$$

其中 $\mathrm{Re}\,p > 0$。下面通过几个典型的例子,说明如何利用拉普拉斯积分变换方法来求解无界或半无界区域中泛定方程的定解问题。

例 1　求解半无限长细杆的热传导定解问题

$$\begin{cases} \dfrac{\partial u}{\partial t} - a^2 \dfrac{\partial^2 u}{\partial x^2} = 0 \ (x > 0, t > 0) \\ u\big|_{x=0} = f(t) \\ u\big|_{t=0} = 0 \end{cases} \tag{10.2-2}$$

解:对上述定解问题作关于时间 t 的拉普拉斯变换,则有

$$\begin{cases} pU - a^2 \dfrac{\mathrm{d}^2 U}{\mathrm{d}x^2} = 0 \\ U(0, p) = F(p) \end{cases} \tag{10.2-3}$$

其中 $F(p)$ 是 $f(t)$ 的像函数。考虑到在 $x \to \infty$ 时,定解应该有限,则由式(10.2-3)可以得到

$$U(x, p) = F(p) \mathrm{e}^{-\frac{\sqrt{p}}{a}x} \tag{10.2-4}$$

利用反演公式[见式(6.4-3)及式(6.4-4)]

$$\begin{cases} \dfrac{1}{\sqrt{p}} \mathrm{e}^{-b\sqrt{p}} \rightleftharpoons \dfrac{1}{\sqrt{\pi t}} \mathrm{e}^{-\frac{b^2}{4t}} \\ \mathrm{e}^{-b\sqrt{p}} = -\dfrac{\mathrm{d}}{\mathrm{d}b}\left(\dfrac{1}{\sqrt{p}} \mathrm{e}^{-b\sqrt{p}} \right) \rightleftharpoons \dfrac{b}{2\sqrt{\pi}\, t^{3/2}} \mathrm{e}^{-\frac{b^2}{4t}} \end{cases} \tag{10.2-5}$$

及拉普拉斯变换的卷积定理,可以得到

$$u(x, t) = \dfrac{x}{2a\sqrt{\pi}} \int_0^t \dfrac{f(\tau)}{|t-\tau|^{3/2}} \mathrm{e}^{-\frac{x^2}{4a^2|t-\tau|}} \mathrm{d}\tau \tag{10.2-6}$$

这就是半无限长细杆中的温度分布。式(10.2-6)也适用于半无界区域中扩散过程的定解问题。

在式(10.2-2)中,如果取 $u\big|_{x=0} = u_0$(常数),则由式(10.2-6)可以得到

$$u(x, t) = \dfrac{u_0 x}{2a\sqrt{\pi}} \int_0^t \dfrac{1}{|t-\tau|^{3/2}} \mathrm{e}^{-\frac{x^2}{4a^2|t-\tau|}} \mathrm{d}\tau \tag{10.2-7}$$

令

$$y = \dfrac{x}{2a\sqrt{t-\tau}}, \qquad \dfrac{\mathrm{d}y}{\mathrm{d}\tau} = \dfrac{x}{4a(t-\tau)^{3/2}}$$

并代入式(10.2-7),有

$$u(x, t) = \dfrac{2u_0}{\sqrt{\pi}} \int_{\frac{x}{2a\sqrt{t}}}^{\infty} \mathrm{e}^{-y^2} \mathrm{d}y \equiv u_0 \,\mathrm{erfc}\left(\dfrac{x}{2a\sqrt{t}} \right) \tag{10.2-8}$$

其中 $\mathrm{erfc}\left(\dfrac{x}{2a\sqrt{t}} \right)$ 为余误差函数。

例 2 采用拉普拉斯变换法求解无限长细杆的非齐次热传导问题

$$\begin{cases} \dfrac{\partial u}{\partial t} - a^2 \dfrac{\partial^2 u}{\partial x^2} = f(x, t) \ (-\infty < x < \infty) \\ u(x, 0) = 0 \end{cases} \tag{10.2-9}$$

其中 $f(x,t)$ 为已知的热源分布函数。

解：对方程(10.2-9)作关于时间 t 的拉普拉斯变换，则有

$$pU(x,p) - a^2 \frac{\mathrm{d}^2 U}{\mathrm{d}x^2} = F(x,p)$$

这是一个二阶非齐次常微分方程。考虑到该方程的解在 $x \to \pm\infty$ 时应有界，则它的一般解为(见 §5.4 节中的例4)

$$U(x,p) = \frac{1}{2a\sqrt{p}} \int_{-\infty}^{\infty} F(\zeta,p) \mathrm{e}^{-\frac{\sqrt{p}}{a}|x-\zeta|} \mathrm{d}\zeta \tag{10.2-10}$$

对上式进行拉普拉斯反演，并利用

$$\frac{1}{\sqrt{p}} \mathrm{e}^{-a\sqrt{p}} \rightleftharpoons \frac{1}{\sqrt{\pi t}} \mathrm{e}^{-\frac{a^2}{4t}} \tag{10.2-11}$$

则得到

$$u(x,t) = \int_0^t \int_{-\infty}^{\infty} f(\zeta,\tau) \left[\frac{1}{2a\sqrt{\pi(t-\tau)}} \mathrm{e}^{-\frac{(x-\zeta)^2}{4a^2(t-\tau)}} \right] \mathrm{d}\tau \mathrm{d}\zeta \tag{10.2-12}$$

这与用傅里叶变换法得到的结果一致，见 §10.1 节的例6。

例3　利用拉普拉斯变换法求解一维无界区域中的波动问题

$$\begin{cases} \dfrac{\partial^2 u}{\partial t^2} - a^2 \dfrac{\partial^2 u}{\partial x^2} = 0 \ (-\infty < x < \infty) \\ u\big|_{t=0} = \phi(x) \\ u_t\big|_{t=0} = \psi(x) \end{cases} \tag{10.2-13}$$

解：对泛定方程进行拉普拉斯变换，并利用初始条件，则有

$$p^2 U - a^2 \frac{\mathrm{d}^2 U}{\mathrm{d}x^2} = p\varphi(x) + \psi(x)$$

该方程为一个二阶非齐次常微分方程。考虑到该方程的解在 $x \to \pm\infty$ 时应有界，则它的一般解为

$$U(x,p) = \frac{1}{2a} \int_{-\infty}^{\infty} \left[\frac{1}{p}\psi(\zeta) + \phi(\zeta) \right] \mathrm{e}^{-\frac{p}{a}|\zeta-x|} \mathrm{d}\zeta \tag{10.2-14}$$

利用

$$\mathrm{e}^{-ap} \rightleftharpoons \delta(t-\alpha) = \begin{cases} 0 & (t \neq \alpha) \\ \infty & (t = \alpha) \end{cases}$$

及

$$\frac{1}{p} \mathrm{e}^{-ap} \rightleftharpoons H(t-\alpha) = \begin{cases} 1 & (t-\alpha > 0) \\ 0 & (t-\alpha < 0) \end{cases}$$

对式(10.2-14)进行反演，可以得到

$$u(x,t) = \frac{1}{2a}\int_{-\infty}^{\infty}\phi(\zeta)\delta\left(t - \frac{|\zeta - x|}{a}\right)\mathrm{d}\zeta + \frac{1}{2a}\int_{-\infty}^{\infty}\psi(\zeta)H\left(t - \frac{|\zeta - x|}{a}\right)\mathrm{d}\zeta$$

$$= \frac{1}{2}\left[\phi(x + at) + \phi(x - at)\right] + \frac{1}{2a}\int_{x-at}^{x+at}\psi(\zeta)\mathrm{d}\zeta$$

$$(10.2\text{-}15)$$

这正是 §10.1 节中得到的达朗贝尔公式。

利用拉普拉斯变换,还可以求解有界区域中偏微分方程的定解问题。

例 4 利用拉普拉斯变换求解有限长度细杆的热传导问题

$$\begin{cases} \dfrac{\partial u}{\partial t} - a^2\dfrac{\partial^2 u}{\partial x^2} = 0 \ (0 < x < l) \\[2mm] u\big|_{x=0} = 0 \\[2mm] u\big|_{x=l} = 0 \\[2mm] u\big|_{t=0} = \sin(\pi x/l) \end{cases} \qquad (10.2\text{-}16)$$

解:对定解问题进行拉普拉斯变换,并考虑到初始条件,则得到

$$\begin{cases} pU - a^2\dfrac{\mathrm{d}^2 U}{\mathrm{d}x^2} = \sin\left(\dfrac{\pi x}{l}\right) \ (0 < x < l) \\[2mm] U\big|_{x=0} = 0 \\[2mm] U\big|_{x=l} = 0 \end{cases} \qquad (10.2\text{-}17)$$

这是一个二阶非齐次常微分方程,它的解由两部分组成,即对应的齐次方程的通解和非齐次方程的一个特解。对应的齐次方程通解为

$$U_1(x,p) = c_1\mathrm{e}^{\frac{\sqrt{p}}{a}x} + c_2\mathrm{e}^{-\frac{\sqrt{p}}{a}x} \qquad (10.2\text{-}18)$$

可以设非齐次方程的一个特解为

$$U_2(x,p) = c\sin\left(\frac{\pi x}{l}\right) \qquad (10.2\text{-}19)$$

将该特解代入非齐次方程(10.2-17)中,可以确定出系数为

$$c = \frac{1}{p + (a\pi/l)^2}$$

这样非齐次方程(10.2-17)的通解为

$$U(x,p) = U_1(x,p) + U_2(x,p)$$

$$= c_1\mathrm{e}^{\frac{\sqrt{p}}{a}x} + c_2\mathrm{e}^{-\frac{\sqrt{p}}{a}x} + \frac{1}{p + (a\pi/l)^2}\sin\left(\frac{\pi x}{l}\right)$$

$$(10.2\text{-}20)$$

再考虑到边界条件,有 $c_1 = c_2 = 0$,这样有

$$U(x,p) = \frac{1}{p + (a\pi/l)^2}\sin\left(\frac{\pi x}{l}\right)$$

最后,再进行拉普拉斯反演,可以得到

$$u(x,t) = \sin\left(\frac{\pi x}{l}\right) e^{-\left(\frac{a\pi}{l}\right)^2 t} \tag{10.2-21}$$

可以验证,这与用分离变量法得到的结果是一致的。

由以上讨论可以看出,利用拉普拉斯变换法求解定解问题的步骤如下:(1)借助于拉普拉斯变换把偏微分方程变换成一个关于空间变量的二阶常微分方程,同时包括了初始条件;(2)求解这个常微分方程,并考虑方程的解在 $x \to \pm\infty$ 时有界;(3)进行拉普拉斯反演,确定出定解问题的解。在拉普拉斯积分变换法中,泛定方程可以是齐次的,也可以是非齐次的;考虑的区域可以是无界的,也可以是半无界的。

§10.3　联合变换法

在前两节中,我们分别介绍了采用傅里叶变换法和拉普拉斯变换法求解偏微分方程的定解问题,其中傅里叶变换法是对空间变量进行变换,把原来的偏微分方程转化成一个关于时间变量的常微分方程;拉普拉斯变换法是对时间变量进行变换,把原来的偏微分方程转化成一个关于空间变量的常微分方程(仅限一维情况)。如果所考虑的物理量在空间上的变化是无界的,在时间上的变化是半无界的,即 $t \in [0,\infty)$,则可以采用傅里叶-拉普拉斯积分联合变换法求解偏微分方程的定解问题。

除了傅里叶-拉普拉斯积分联合变换法,还有其他一些联合变换法可以用来求解偏微分方程的定解问题,如傅里叶级数-傅里叶积分变换法。下面分别举例进行介绍。

1. 傅里叶-拉普拉斯积分联合变换法

例1　求解三维无界空间中的受迫振动问题

$$\begin{cases} \dfrac{\partial^2 u}{\partial^2 t} - a^2 \nabla^2 u = f(\boldsymbol{r},t) \ (t > 0) \\ u\big|_{t=0} = 0 \\ u_t\big|_{t=0} = 0 \end{cases} \tag{10.3-1}$$

解:对上述定解问题进行傅里叶-拉普拉斯积分联合变换,并在拉普拉斯变换中考虑初始条件,则有

$$p^2 U(\boldsymbol{k},p) + (ka)^2 U(\boldsymbol{k},p) = F(\boldsymbol{k},p) \tag{10.3-2}$$

其中 $U(\boldsymbol{k},p)$ 和 $F(\boldsymbol{k},p)$ 分别是 $u(\boldsymbol{r},t)$ 和 $f(\boldsymbol{r},t)$ 在联合变换下的像函数。由式(10.3-2)可以得到

$$U(\boldsymbol{k},p) = \frac{F(\boldsymbol{k},p)}{p^2 + (ka)^2} \tag{10.3-3}$$

首先对式(10.3-3)进行拉普拉斯反演。利用反演公式 $\dfrac{\omega}{p^2+\omega^2}\rightleftharpoons\sin\omega t$ 及卷积定理,则有

$$U(\boldsymbol{k},t)=\frac{1}{ka}\int_0^t F(\boldsymbol{k},\tau)\sin[ka(t-\tau)]\mathrm{d}\tau \qquad (10.3\text{-}4)$$

其次,对上式进行傅里叶反演,有

$$\begin{aligned}u(\boldsymbol{r},t)&=\iiint U(\boldsymbol{k},t)\mathrm{e}^{\mathrm{i}\boldsymbol{k}\cdot\boldsymbol{r}}\mathrm{d}\boldsymbol{k}\\&=\iiint\Big[\frac{1}{ka}\int_0^t F(\boldsymbol{k},\tau)\sin[ka(t-\tau)]\mathrm{d}\tau\Big]\mathrm{e}^{\mathrm{i}\boldsymbol{k}\cdot\boldsymbol{r}}\mathrm{d}\boldsymbol{k}\end{aligned} \qquad (10.3\text{-}5)$$

最后,再将

$$F(\boldsymbol{k},\tau)=\frac{1}{(2\pi)^3}\iiint f(\boldsymbol{r},\tau)\mathrm{e}^{-\mathrm{i}\boldsymbol{k}\cdot\boldsymbol{r}}\mathrm{d}\boldsymbol{r}$$

代入,则有

$$u(\boldsymbol{r},t)=\frac{1}{(2\pi)^3}\iiint\mathrm{d}\boldsymbol{r}'\int_0^t f(\boldsymbol{r}',\tau)\mathrm{d}\tau\iiint\frac{1}{ka}\sin[ka(t-\tau)]\mathrm{e}^{\mathrm{i}\boldsymbol{k}\cdot(\boldsymbol{r}-\boldsymbol{r}')}\mathrm{d}\boldsymbol{k}$$

$$(10.3\text{-}6)$$

利用积分结果[见式(5.4-21)]

$$\iiint\frac{1}{\mathrm{i}k}(\mathrm{e}^{\mathrm{i}kr_0}-\mathrm{e}^{-\mathrm{i}kr_0})\mathrm{e}^{\mathrm{i}\boldsymbol{k}\cdot\boldsymbol{r}}\mathrm{d}\boldsymbol{k}=\frac{4\pi^2}{r}[\delta(r-r_0)-\delta(r+r_0)]$$

则可以把式(10.3-6)进一步化简为

$$\begin{aligned}u(\boldsymbol{r},t)&=\frac{1}{4\pi a}\iiint\mathrm{d}\boldsymbol{r}'\int_0^t\frac{f(\boldsymbol{r}',\tau)}{|\boldsymbol{r}-\boldsymbol{r}'|}\{\delta[|\boldsymbol{r}-\boldsymbol{r}'|-a(t-\tau)]-\delta[|\boldsymbol{r}-\boldsymbol{r}'|+a(t-\tau)]\}\mathrm{d}\tau\\&=\frac{1}{4\pi a^2}\iiint\frac{f(\boldsymbol{r}',t-|\boldsymbol{r}-\boldsymbol{r}'|/a)}{|\boldsymbol{r}-\boldsymbol{r}'|}\mathrm{d}\boldsymbol{r}'\end{aligned}$$

$$(10.3\text{-}7)$$

式(10.3-7)就是所谓的**推迟势**,其中要求 $t-|\boldsymbol{r}-\boldsymbol{r}'|/a\geqslant 0$。上式表明,在 $\boldsymbol{r}'$ 点产生的源,以速度 a 传播,并在 $t-|\boldsymbol{r}-\boldsymbol{r}'|/a$ 时刻以后才能在 $\boldsymbol{r}$ 点被观察到。

例2 求解三维无界空间中的非齐次热传导问题

$$\begin{cases}\dfrac{\partial u}{\partial t}-a^2\nabla^2 u=f(\boldsymbol{r},t)\ (t>0)\\u\big|_{t=0}=0\end{cases} \qquad (10.3\text{-}8)$$

解:对上述定解问题进行傅里叶-拉普拉斯积分联合变换,并在拉普拉斯变换中考虑初始条件,则有

$$pU(\boldsymbol{k},p)+(ka)^2U(\boldsymbol{k},p)=F(\boldsymbol{k},p) \qquad (10.3\text{-}9)$$

其中 $U(\boldsymbol{k},p)$ 和 $F(\boldsymbol{k},p)$ 分别是 $u(\boldsymbol{r},t)$ 和 $f(\boldsymbol{r},t)$ 在联合变换下的像函数。由

式(10.3-9) 可以得到

$$U(\boldsymbol{k}, p) = \frac{F(\boldsymbol{k}, p)}{p + (ku)^2} \tag{10.3-10}$$

首先对式(10.3-10)进行拉普拉斯反演。利用反演公式 $\frac{1}{p+\alpha} \rightleftharpoons e^{-\alpha t}$，则有

$$U(\boldsymbol{k}, t) = \int_0^t F(\boldsymbol{k}, \tau) e^{-k^2 a^2 (t-\tau)} \, \mathrm{d}\tau \tag{10.3-11}$$

其次，对上式进行傅里叶反演，有

$$u(\boldsymbol{r}, t) = \iiint \left[\int_0^t F(\boldsymbol{k}, \tau) e^{-k^2 a^2 (t-\tau)} \, \mathrm{d}\tau \right] e^{i\boldsymbol{k} \cdot \boldsymbol{r}} \, \mathrm{d}\boldsymbol{k}$$

再将

$$F(\boldsymbol{k}, \tau) = \frac{1}{(2\pi)^3} \iiint f(\boldsymbol{r}, \tau) e^{-i\boldsymbol{k} \cdot \boldsymbol{r}} \, \mathrm{d}\boldsymbol{r}$$

代入，则得到

$$u(\boldsymbol{r}, t) = \frac{1}{(2\pi)^3} \iiint \mathrm{d}\boldsymbol{r}' \int_0^t f(\boldsymbol{r}', \tau) \, \mathrm{d}\tau \iiint e^{-k^2 a^2 (t-\tau) + i\boldsymbol{k} \cdot (\boldsymbol{r}-\boldsymbol{r}')} \, \mathrm{d}\boldsymbol{k} \tag{10.3-12}$$

利用积分结果

$$\iiint e^{-k^2 a^2 t + i\boldsymbol{k} \cdot \boldsymbol{r}} \, \mathrm{d}\boldsymbol{k} = \left(\sqrt{\frac{\pi}{a^2 t}} \right)^3 e^{-r^2 / (4a^2 t)}$$

则式(10.3-12)变为

$$u(\boldsymbol{r}, t) = \iiint \mathrm{d}\boldsymbol{r}' \int_0^t \frac{f(\boldsymbol{r}', \tau)}{\left[2a \sqrt{\pi(t-\tau)} \right]^3} e^{-\frac{|\boldsymbol{r}-\boldsymbol{r}'|^2}{4a^2 (t-\tau)}} \, \mathrm{d}\tau \tag{10.3-13}$$

对于一维情况，上式即可以退化为式(10.2-12)。

2. 傅里叶级数-傅里叶积分变换法

例 3　求解如下二维区域中泊松方程的解

$$\begin{cases} \dfrac{\partial^2 u}{\partial x^2} + \dfrac{\partial^2 u}{\partial y^2} = f(x, y) \ (0 \leqslant x \leqslant l, \quad -\infty < y < \infty) \\ u(0, y) = 0 \\ u(l, y) = 0 \end{cases} \tag{10.3-14}$$

解：由于该问题在 x 轴方向是有界的，而在 y 轴方向是无界的，因此可以将函数 $u(x, y)$ 关于变量 x 的傅里叶级数和关于变量 y 的傅里叶积分，即

$$u(x, y) = \sum_{n=1}^{\infty} \int_{-\infty}^{\infty} c_n(k) \sin(k_n x) e^{iky} \, \mathrm{d}k \tag{10.3-15}$$

类似地，也可以把函数 $f(x, y)$ 展开成上述形式

$$f(x, y) = \sum_{n=1}^{\infty} \int_{-\infty}^{\infty} f_n(k) \sin(k_n x) e^{iky} \, \mathrm{d}k \tag{10.3-16}$$

其中 $k_n = n\pi/l$。利用三角函数的正交性及 δ 函数的定义，可以得到展开系数 $f_n(k)$ 的形式为

$$f_n(k) = \frac{1}{2\pi} \frac{2}{l} \int_0^l \int_{-\infty}^\infty f(x,y) \sin(k_n x) e^{-iky} dx dy \quad (10.3\text{-}17)$$

把式(10.3-15)及式(10.3-16)代入方程(10.3-14)，则可以得到

$$c_n(k) = -\frac{f_n(k)}{k^2 + k_n{}^2} \quad (10.3\text{-}18)$$

代入式(10.3-15)，则有

$$u(x,y) = -\sum_{n=1}^\infty \int_{-\infty}^\infty \frac{f_n(k)}{k^2 + (n\pi/l)^2} \sin\left(\frac{n\pi}{l} x\right) e^{iky} dk \quad (10.3\text{-}19)$$

再把式(10.3-17)代入，并利用积分

$$\int_{-\infty}^\infty \frac{e^{ik(y-\zeta)}}{k^2 + k_n^2} dk = \frac{\pi}{k_n} e^{-k_n|y-\zeta|} \quad (k_n = n\pi/l)$$

则最后得到

$$u(x,y) = -\sum_{n=1}^\infty \frac{1}{n\pi} \sin(k_n x) \int_0^l \sin(k_n \eta) d\eta \int_{-\infty}^\infty d\zeta f(\eta,\zeta) e^{-k_n|y-\zeta|}$$

$$(10.3\text{-}20)$$

这样，一旦给定了函数 $f(x,y)$ 的具体形式，就可以由式(10.3-20)给出方程 (10.3-14)的解。

习 题

1. 利用傅里叶变换法求解如下定解问题。

$$\begin{cases} u_t - a^2 u_{xx} = tu \\ u(x,0) = f(x) \end{cases} (-\infty < x < \infty)$$

2. 利用傅里叶变换法求解无限长细杆的热传导问题。

$$\begin{cases} u_t - a^2 u_{xx} = 0 \ (-\infty < x < \infty) \\ u(x,0) = \dfrac{A}{\sqrt{\pi}} e^{-x^2} \end{cases}$$

其中 A 为常数。

3. 利用拉普拉斯变换法求解半无界弦的振动问题。

$$\begin{cases} u_{tt} - a^2 u_{xx} = 0, (t > 0, 0 < x < \infty) \\ u_x\big|_{x=0} = f(t), u\big|_{x\to\infty} = 0 \\ u\big|_{t=0} = u_t\big|_{t=0} = 0 \end{cases}$$

第十一章　　格林函数法

格林函数,有时又称为点源函数,是数学物理中的一个重要概念。从物理上看,一个数学物理方程的解实际上表示的是源与它所产生的场之间的关系。例如,在 §10.1 节的例 2 中热传导方程的解表示初始的热源与任意时刻的温度场之间的关系;在 §10.1 节的例 3 中拉普拉斯方程的解表示边界上的源与空间势场之间的关系。在无界情况下,可以把这种点源与场之间的关系表示为

$$u(\boldsymbol{r}) = \iiint G(\boldsymbol{r},\boldsymbol{r}')\rho(\boldsymbol{r}')\mathrm{d}\boldsymbol{r}'$$

其中 $\rho(\boldsymbol{r}')$ 表示位于 $\boldsymbol{r}'$ 处的源函数,而 $G(\boldsymbol{r},\boldsymbol{r}')$ 为格林函数,它表示 $\boldsymbol{r}'$ 处的点源在 $\boldsymbol{r}$ 处产生的场。上式表明,如果知道了点源的格林函数,就可以由线性叠加的方法确定出场分布。

§11.1　三维无界区域中的格林函数法

首先以三维无界区域中的泊松方程的定解问题为例。对于一个连续电荷分布体,其电荷密度为 $\rho(\boldsymbol{r})$,它在三维无界区域中产生的电势 $u(\boldsymbol{r})$ 满足泊松方程

$$\nabla^2 u(\boldsymbol{r}) = -\rho(\boldsymbol{r})/\varepsilon_0 \qquad (11.1\text{-}1)$$

下面我们用格林函数的概念来确定方程(11.1-1)的解。

借助于格林函数的概念,可以把方程(11.1-1)的解表示为

$$u(\boldsymbol{r}) = \iiint G(\boldsymbol{r},\boldsymbol{r}')\rho(\boldsymbol{r}')\mathrm{d}\boldsymbol{r}' \qquad (11.1\text{-}2)$$

其中 $G(\boldsymbol{r},\boldsymbol{r}')$ 为所对应的格林函数。将式(11.1-2)代入方程(11.1-1),可以得到格林函数 $G(\boldsymbol{r},\boldsymbol{r}')$ 所满足的方程

$$\nabla^2 G(\boldsymbol{r},\boldsymbol{r}') = -\delta(\boldsymbol{r}-\boldsymbol{r}')/\varepsilon_0 \qquad (11.1\text{-}3)$$

可见,方程(11.1-3)就是一个单位电荷的点源所满足的泊松方程。

下面确定格林函数 $G(\boldsymbol{r},\boldsymbol{r}')$ 的形式。为了讨论方便,暂时用 $\boldsymbol{r}$ 来取代 $\boldsymbol{r}-$

r'，这样方程(11.1-3)变为

$$\nabla^2 G(\boldsymbol{r}) = -\delta(\boldsymbol{r})/\varepsilon_0 \tag{11.1-4}$$

借助于三维傅里叶积分变换

$$G(\boldsymbol{r}) = \iiint G(\boldsymbol{k}) e^{i\boldsymbol{k}\cdot\boldsymbol{r}} d\boldsymbol{k} \tag{11.1-5}$$

以及三维空间的 δ 函数的定义

$$\delta(\boldsymbol{r}) = \frac{1}{(2\pi)^3} \iiint e^{i\boldsymbol{k}\cdot\boldsymbol{r}} d\boldsymbol{k} \tag{11.1-6}$$

由方程(11.1-4)可以得到

$$G(\boldsymbol{k}) = \frac{1}{\varepsilon_0 (2\pi)^3 k^2} \tag{11.1-7}$$

然后再进行反演，则有

$$\begin{aligned}
G(\boldsymbol{r}) &= \iiint \frac{1}{(2\pi)^3 \varepsilon_0 k^2} e^{i\boldsymbol{k}\cdot\boldsymbol{r}} d\boldsymbol{k} \\
&= \frac{1}{(2\pi)^3 \varepsilon_0} \int_0^{2\pi} d\varphi \int_0^\infty dk \int_0^\pi e^{ikr\cos\theta} \sin\theta d\theta \\
&= \frac{1}{2\pi^2 \varepsilon_0} \int_0^\infty \frac{\sin(kr)}{kr} dk \\
&= \frac{1}{4\pi\varepsilon_0 r}
\end{aligned} \tag{11.1-8}$$

其中在上面积分的最后一步中利用了积分公式 $\int_0^\infty \frac{\sin x}{x} dx = \frac{\pi}{2}$，见 §4.4 节。

这样，方程(11.1-4)的解（格林函数）为

$$G(\boldsymbol{r},\boldsymbol{r}') = \frac{1}{4\pi\varepsilon_0 |\boldsymbol{r}-\boldsymbol{r}'|} \tag{11.1-9}$$

把式(11.1-9)代入式(11.1-2)，可以得到

$$u(\boldsymbol{r}) = \iiint \frac{\rho(\boldsymbol{r}') d\boldsymbol{r}'}{4\pi\varepsilon_0 |\boldsymbol{r}-\boldsymbol{r}'|} \tag{11.1-10}$$

这与由通常的叠加原理得到的结果是一致的。

下面再利用格林函数的方法求解三维无界区域中波动方程的定解问题

$$\begin{cases} \dfrac{\partial^2 u}{\partial t^2} - a^2 \nabla^2 u = 0 \\ u|_{t=0} = \phi(\boldsymbol{r}) \\ u_t|_{t=0} = \psi(\boldsymbol{r}) \end{cases} \tag{11.1-11}$$

为了便于讨论，我们令

$$u(\boldsymbol{r},t) = u_1(\boldsymbol{r},t) + u_2(\boldsymbol{r},t) \tag{11.1-12}$$

其中 $u_1(\boldsymbol{r},t)$ 和 $u_2(\boldsymbol{r},t)$ 分别满足如下方程

$$\begin{cases} \dfrac{\partial^2 u_1}{\partial t^2} - a^2 \, \nabla^2 u_1 = 0 \\ u_1 \big|_{t=0} = 0 \\ u_{1t} \big|_{t=0} = \psi(\boldsymbol{r}) \end{cases} \tag{11.1-13}$$

及

$$\begin{cases} \dfrac{\partial^2 u_2}{\partial t^2} - a^2 \, \nabla^2 u_2 = 0 \\ u_2 \big|_{t=0} = \phi(\boldsymbol{r}) \\ u_{2t} \big|_{t=0} = 0 \end{cases} \tag{11.1-14}$$

首先用格林函数法求解方程(11.1-13)。令

$$u_1(\boldsymbol{r},t) = \iiint G_1(\boldsymbol{r},\boldsymbol{r}',t)\psi(\boldsymbol{r}')\mathrm{d}\boldsymbol{r}' \tag{11.1-15}$$

其中 $G_1(\boldsymbol{r},\boldsymbol{r}',t)$ 是点源的瞬时格林函数。将式(11.1-15) 代入式(11.1-13)，可以得到 $G_1(\boldsymbol{r},\boldsymbol{r}',t)$ 所满足的方程为

$$\begin{cases} \dfrac{\partial^2 G_1}{\partial t^2} - a^2 \, \nabla^2 G_1 = 0 \\ G_1 \big|_{t=0} = 0 \\ G_{1t} \big|_{t=0} = \delta(\boldsymbol{r} - \boldsymbol{r}') \end{cases} \tag{11.1-16}$$

在如下讨论中，与前面的做法一样，暂时用 $\boldsymbol{r}$ 来取代方程(11.1-16) 中的 $\boldsymbol{r} - \boldsymbol{r}'$。根据三维傅里叶积分变换及 δ 函数的定义，可以把方程(11.1-16) 变为

$$\begin{cases} \dfrac{\partial^2 G_1(\boldsymbol{k},t)}{\partial t^2} + k^2 a^2 G_1(\boldsymbol{k},t) = 0 \\ G_1(\boldsymbol{k},t) \big|_{t=0} = 0 \\ G_{1t}(\boldsymbol{k},t) \big|_{t=0} = \dfrac{1}{(2\pi)^3} \end{cases} \tag{11.1-17}$$

由此，可以得到

$$G_1(\boldsymbol{k},t) = \frac{1}{(2\pi)^3}\frac{\sin(kat)}{ka} \tag{11.1-18}$$

然后再进行反演，有

$$\begin{aligned} G_1(\boldsymbol{r},t) &= \frac{1}{(2\pi)^3}\iiint \frac{\sin(kat)}{ka}\mathrm{e}^{\mathrm{i}\boldsymbol{k}\cdot\boldsymbol{r}}\mathrm{d}\boldsymbol{k} \\ &= \frac{1}{(2\pi)^3}\int_0^{2\pi}\mathrm{d}\phi\int_0^{\infty}\frac{\sin(kat)}{a}k\,\mathrm{d}k\int_0^{\pi}\mathrm{e}^{\mathrm{i}kr\cos\theta}\sin\theta\mathrm{d}\theta \\ &= -\frac{1}{2\pi^2}\frac{1}{ar}\int_0^{\infty}\sin(kat)\sin(kr)\mathrm{d}k \end{aligned}$$

$$= \frac{1}{4\pi} \frac{1}{ar} [\delta(r - at) - \delta(r + at)]$$

但考虑到 $a > 0$ 及 $t > 0$，有 $\delta(r + at) = 0$，因此有

$$G_1(\boldsymbol{r}, t) = \frac{1}{4\pi ar} \delta(r - at)$$

这样方程（11.1-13）的解为

$$G_1(\boldsymbol{r}, \boldsymbol{r}', t) = \frac{1}{4\pi a |\boldsymbol{r} - \boldsymbol{r}'|} \delta(|\boldsymbol{r} - \boldsymbol{r}'| - at) \tag{11.1-19}$$

它表示一个位于 $\boldsymbol{r}'$ 处的点源在 t 时刻后在 $\boldsymbol{r}$ 点产生的场。将式（11.1-19）代入式（11.1-15），可以得到泛定方程（11.1-13）的解为

$$u_1(\boldsymbol{r}, t) = \frac{1}{4\pi a} \iiint \frac{\psi(\boldsymbol{r}')}{|\boldsymbol{r} - \boldsymbol{r}'|} \delta(|\boldsymbol{r} - \boldsymbol{r}'| - at) \mathrm{d}\boldsymbol{r}' \tag{11.1-20}$$

类似地，令

$$u_2(\boldsymbol{r}, t) = \iiint G_2(\boldsymbol{r}, \boldsymbol{r}', t) \phi(\boldsymbol{r}') \mathrm{d}\boldsymbol{r}' \tag{11.1-21}$$

将其代入式（11.1-14），可以得到

$$\begin{cases} \dfrac{\partial^2 G_2}{\partial t^2} - a^2 \nabla^2 G_2 = 0 \\ G_2 |_{t=0} = \delta(\boldsymbol{r} - \boldsymbol{r}') \\ G_{2t} |_{t=0} = 0 \end{cases} \tag{11.1-22}$$

同样，对式（11.1-22）先进行傅里叶积分变换，然后再进行反演，有

$$G_2(\boldsymbol{r}, \boldsymbol{r}', t) = \frac{1}{4\pi a |\boldsymbol{r} - \boldsymbol{r}'|} \frac{\partial \delta(|\boldsymbol{r} - \boldsymbol{r}'| - at)}{\partial t} \tag{11.1-23}$$

把式（11.1-23）代入式（11.1-21），可以得到

$$u_2(\boldsymbol{r}, t) = \frac{1}{4\pi a} \frac{\partial}{\partial t} \iiint \frac{\phi(\boldsymbol{r}')}{|\boldsymbol{r} - \boldsymbol{r}'|} \delta(|\boldsymbol{r} - \boldsymbol{r}'| - at) \mathrm{d}\boldsymbol{r}' \tag{11.1-24}$$

分别把式（11.1-20）和式（11.1-24）代入式（11.1-12），则可以得到泛定方程（11.1-11）的解为

$$u(\boldsymbol{r}, t) = \frac{1}{4\pi a} \iiint \frac{\psi(\boldsymbol{r}')}{|\boldsymbol{r} - \boldsymbol{r}'|} \delta(|\boldsymbol{r} - \boldsymbol{r}'| - at) \mathrm{d}\boldsymbol{r}'$$

$$+ \frac{1}{4\pi a} \frac{\partial}{\partial t} \iiint \frac{\phi(\boldsymbol{r}')}{|\boldsymbol{r} - \boldsymbol{r}'|} \delta(|\boldsymbol{r} - \boldsymbol{r}'| - at) \mathrm{d}\boldsymbol{r}'$$

$$\tag{11.1-25}$$

这就是 §10.1 节中得到的泊松公式。

§11.2　三维有界区域中的格林函数法

从上一节的讨论可以看出，对于三维无界区域，格林函数的形式较为简

单,可以直接由格林函数所满足的方程确定出来。然而,对于有界区域,一个点源产生的场不仅与对应的方程有关,还要受到边界条件或初始条件的影响,而且这些影响的本身也是待定的。因此,在这种情况下,格林函数的形式要复杂得多。本节仅以泊松方程为例,讨论三维有界区域中求解泛定方程的格林函数法。

在三维空间中,泊松方程的一般形式为

$$\nabla^2 u(\boldsymbol{r}) = -\rho(\boldsymbol{r})/\varepsilon_0 \ (\boldsymbol{r} \in D) \tag{11.2-1}$$

其中 D 为所考虑的区域,$\rho(\boldsymbol{r})$ 为已知的源函数。此外,方程(11.2-1)的解还要受到如下边界条件

$$\left[\alpha \frac{\partial u}{\partial n} + \beta u \right]_\Sigma = f(\boldsymbol{r}_\Sigma) \tag{11.2-2}$$

的制约,其中 α 和 β 为常数,$\frac{\partial}{\partial n}$ 表示沿着边界 Σ 的外法线方向求导,$\boldsymbol{r}_\Sigma$ 为边界上的点。当 α 为零时,式(11.2-2)为第一类边界条件;当 β 为零时,式(11.2-2)为第二类边界条件,当 α 和 β 都不为零时,式(11.2-2)为第三类边界条件。

现在考虑一个位于 $\boldsymbol{r}'$ 的单位点电荷,它在 $\boldsymbol{r}$ 处产生的势场 $G(\boldsymbol{r}, \boldsymbol{r}')$(即格林函数)应满足如下方程

$$\nabla^2 G(\boldsymbol{r}, \boldsymbol{r}') = -\delta(\boldsymbol{r} - \boldsymbol{r}')/\varepsilon_0 \tag{11.2-3}$$

分别将 $G(\boldsymbol{r}, \boldsymbol{r}')$ 乘以方程(11.2-1)的两边和将 $u(\boldsymbol{r})$ 乘以方程(11.2-3)的两边,然后将二者相减,并在所考虑的区域 D 内积分,则有

$$\iiint_V \left[G(\boldsymbol{r}, \boldsymbol{r}') \nabla^2 u(\boldsymbol{r}) - u(\boldsymbol{r}) \nabla^2 G(\boldsymbol{r}, \boldsymbol{r}') \right] \mathrm{d}\boldsymbol{r}$$

$$= \frac{1}{\varepsilon_0} \iiint_V \delta(\boldsymbol{r} - \boldsymbol{r}') u(\boldsymbol{r}) \mathrm{d}\boldsymbol{r} - \frac{1}{\varepsilon_0} \iiint_V G(\boldsymbol{r}, \boldsymbol{r}') \rho(\boldsymbol{r}) \mathrm{d}\boldsymbol{r} \tag{11.2-4}$$

其中 V 是区域 D 所包含的体积。根据格林第二公式

$$\iiint_V (v \nabla^2 u - u \nabla^2 v) \mathrm{d}\boldsymbol{r} = \iint_\Sigma \left(v \frac{\partial u}{\partial n} - u \frac{\partial v}{\partial n} \right) \mathrm{d}\boldsymbol{S} \tag{11.2-5}$$

可以把式(11.2-4)的左边的体积分转化为面积分,这样可以得到

$$u(\boldsymbol{r}') = \iiint_V G(\boldsymbol{r}, \boldsymbol{r}') \rho(\boldsymbol{r}) \mathrm{d}\boldsymbol{r} + \varepsilon_0 \iint_\Sigma \left[G(\boldsymbol{r}, \boldsymbol{r}') \frac{\partial u(\boldsymbol{r})}{\partial n} - u(\boldsymbol{r}) \frac{\partial G(\boldsymbol{r}, \boldsymbol{r}')}{\partial n} \right] \mathrm{d}\boldsymbol{S} \tag{11.2-6}$$

将上式中的 $\boldsymbol{r}$ 及 $\boldsymbol{r}'$ 对调,并利用格林函数的对称性

$$G(\boldsymbol{r}, \boldsymbol{r}') = G(\boldsymbol{r}', \boldsymbol{r}) \tag{11.2-7}$$

则可以把式(11.2-6)改写为

$$u(\boldsymbol{r}) = \iiint_V G(\boldsymbol{r},\boldsymbol{r}')\rho(\boldsymbol{r}')\mathrm{d}\boldsymbol{r}' + \varepsilon_0 \iint_\Sigma \left[G(\boldsymbol{r},\boldsymbol{r}')\frac{\partial u(\boldsymbol{r}')}{\partial n'} - u(\boldsymbol{r}')\frac{\partial G(\boldsymbol{r},\boldsymbol{r}')}{\partial n'} \right]\mathrm{d}S'$$

(11.2-8)

这就是泊松方程的积分公式,其中 n' 为沿着表面的法线方向。上式右边的第一项和第二项分别来自于源函数 $\rho(\boldsymbol{r}')$ 和边界效应的贡献。

从式(11.2-8)可以看出,在 $\boldsymbol{r}$ 处的势场 $u(\boldsymbol{r})$ 可以由源函数 $\rho(\boldsymbol{r}')$、格林函数 $G(\boldsymbol{r},\boldsymbol{r}')$ 及势场 $u(\boldsymbol{r}')$ 及其导数在边界上的值来确定。但现在的问题是:(1)在有界区域中,还不知道格林函数 $G(\boldsymbol{r},\boldsymbol{r}')$ 的具体形式,只知道它满足方程(11.2-3);(2)边界条件(11.2-2)只给出了 $u(\boldsymbol{r})$ 和 $\frac{\partial u}{\partial n}$ 的线性组合在边界上的取值,而没有同时给出它们各自在边界上的取值。下面分别针对第一、第三及第二类边界条件,来讨论如何解决这两个问题。

(1)第一类边界条件,即势场 $u(\boldsymbol{r})$ 在边界上满足如下条件

$$u(\boldsymbol{r})\big|_\Sigma = f(\boldsymbol{r}_\Sigma)$$

(11.2-9)

在这种情况下,如果要求格林函数 $G(\boldsymbol{r},\boldsymbol{r}')$ 满足第一类齐次边界条件

$$G(\boldsymbol{r},\boldsymbol{r}')\big|_\Sigma = 0$$

(11.2-10)

则式(11.2-8)变为

$$u(\boldsymbol{r}) = \iiint_V G(\boldsymbol{r},\boldsymbol{r}')\rho(\boldsymbol{r}')\mathrm{d}\boldsymbol{r}' - \varepsilon_0 \iint_\Sigma f(\boldsymbol{r}')\frac{\partial G(\boldsymbol{r},\boldsymbol{r}')}{\partial n'}\mathrm{d}S'$$

(11.2-11)

这时格林函数 $G(\boldsymbol{r},\boldsymbol{r}')$ 由方程(11.2-3)和边界条件(11.2-10)来确定。

(2)第三类边界条件,即势场 $u(\boldsymbol{r})$ 在边界上满足式(11.2-2),其中 α 和 β 都不为零。这时,可以令 $G(\boldsymbol{r},\boldsymbol{r}')$ 满足第三类齐次边界条件,即

$$\left[\alpha\frac{\partial G}{\partial n} + \beta G \right]_\Sigma = 0$$

(11.2-12)

分别将 $G(\boldsymbol{r},\boldsymbol{r}')$ 乘以式(11.2-2)的两边和将 $u(\boldsymbol{r})$ 乘以式(11.2-12)的两边,并相减,可以得到

$$\alpha\left[G\frac{\partial u}{\partial n} - u\frac{\partial G}{\partial n} \right]_\Sigma = Gf$$

(11.2-13)

将式(11.2-13)代入式(11.2-8)的右边第二项,则可以得到

$$u(\boldsymbol{r}) = \iiint_V G(\boldsymbol{r},\boldsymbol{r}')\rho(\boldsymbol{r}')\mathrm{d}\boldsymbol{r}' + \frac{\varepsilon_0}{\alpha}\iint_\Sigma G(\boldsymbol{r},\boldsymbol{r}')f(\boldsymbol{r}')\mathrm{d}S'$$

(11.2-14)

这时格林函数 $G(\boldsymbol{r},\boldsymbol{r}')$ 出方程(11.2-3)和边界条件(11.2-12)来确定。

(3)第二类边界条件,即势场 $u(\boldsymbol{r})$ 在边界上满足如下条件

$$\frac{\partial u}{\partial n}\big|_\Sigma = f(\boldsymbol{r}_\Sigma)$$

(11.2-15)

如果认为格林函数满足第二类齐次边界条件,即

$$\frac{\partial G}{\partial n}\Big|_{\Sigma} = 0 \qquad (11.2\text{-}16)$$

则有

$$u(\boldsymbol{r}) = \iiint_V G(\boldsymbol{r},\boldsymbol{r}')\rho(\boldsymbol{r}')\mathrm{d}\boldsymbol{r}' + \varepsilon_0 \iint_{\Sigma} G(\boldsymbol{r},\boldsymbol{r}')f(\boldsymbol{r}')\mathrm{d}S' \qquad (11.2\text{-}17)$$

表面上看,这样做是没有什么问题的。但实际上,在边界条件(11.2-16)下泛定方程(11.2-3)的定解是不存在的。为了更清楚地理解这个问题,可以对方程(11.2-3)两边进行积分,有

$$\iiint_V \nabla^2 G(\boldsymbol{r},\boldsymbol{r}')\mathrm{d}\boldsymbol{r}' = -\frac{1}{\varepsilon_0}$$

可以将上式左边转化成面积分

$$\iint_{\Sigma} \frac{\partial G}{\partial n'}\mathrm{d}S' = -\frac{1}{\varepsilon_0} \neq 0$$

显然,上式与边界条件(11.2-16)矛盾。为了消除这种矛盾,需要对方程(11.2-3)进行修改,在其右面引进一个恒定的"吸收"项,即

$$\nabla^2 G(\boldsymbol{r},\boldsymbol{r}') = -\frac{1}{\varepsilon_0}\delta(\boldsymbol{r}-\boldsymbol{r}') + \frac{1}{\varepsilon_0 V} \quad (\boldsymbol{r}\in D) \qquad (11.2\text{-}18)$$

由此可以看出,对于上述三类边界条件,一旦确定出格林函数 $G(\boldsymbol{r},\boldsymbol{r}')$,就可以知道势场 $u(\boldsymbol{r})$ 的空间分布。

§11.3　求解格林函数的电像法

本节仅以第一类边界条件为例,采用电像法来确定格林函数。这时对应的定解问题是

$$\begin{cases} \nabla^2 G(\boldsymbol{r},\boldsymbol{r}') = -\delta(\boldsymbol{r}-\boldsymbol{r}')/\varepsilon_0 \\ G(\boldsymbol{r},\boldsymbol{r}')\big|_{\Sigma} = 0 \end{cases} \qquad (11.3\text{-}1)$$

假设所考虑的区域为一个半径为 a 的导体球,则方程(11.3-1)所对应的物理问题为:在导体球内 $\boldsymbol{r}'$ 点放置一个电量为 1 的单位点电荷,当球面接地时,求该点电荷在球内外所产生的电势分布。

由电磁学理论可以知道,在一个接地的导体球内放置一个点电荷时,将在球面上产生感应电荷,球内任意一点的电势为该点电荷所产生的势和球面感应电荷产生的势之和。因此,泛定方程(11.3-1)的解为

$$G = G_0 + G_1 \qquad (11.3\text{-}2)$$

其中 G_0 是不考虑球面边界存在时位于 $\boldsymbol{r}'$ 点的点电荷所产生的势,G_1 是球面上感应电荷所产生的势。

由上一节的讨论可知,G_0 满足如下方程

$$\nabla^2 G_0(\boldsymbol{r}, \boldsymbol{r}') = -\delta(\boldsymbol{r} - \boldsymbol{r}')/\varepsilon_0 \tag{11.3-3}$$

在三维无界空间中,其解为

$$G_0(\boldsymbol{r}, \boldsymbol{r}') = \frac{1}{4\pi\varepsilon_0 \mid \boldsymbol{r} - \boldsymbol{r}' \mid} \tag{11.3-4}$$

这样可以得到 G_1 满足的方程为

$$\begin{cases} \nabla^2 G_1(\boldsymbol{r}, \boldsymbol{r}') = 0 \\ G_1(\boldsymbol{r}, \boldsymbol{r}') \mid_{\Sigma} = -G_0(\boldsymbol{r}, \boldsymbol{r}') \mid_{\Sigma} \end{cases} \tag{11.3-5}$$

下面采用电像法来确定 G_1 的形式。电像法的基本思想是:用一个假想的等效点电荷来代替表面上的感应电荷,其电量为 q,使得原有的点电荷在表面上产生的势与假想的点电荷在表面上产生的势之和为零。很显然,等效电荷不能位于球内,因为感应电荷产生的势要满足方程(11.3-5),即球内是无源的。假设原有的点电荷位于球内 $M'(\boldsymbol{r}')$

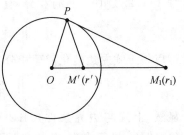

图 11-1

点,根据对称性,等效电荷要位于球心 O 点到 M' 的延长线 OM' 上的某点 $M_1(\boldsymbol{r}_1)$,见图 11-1。

设 P 是球面上任意一点,则三角形 OPM' 与三角形 OPM_1 有公共角 $\angle POM_1$。如果按如下比例关系

$$r' : a = a : r_1, \quad \text{即} \quad r_1 = \frac{a^2}{r'} \tag{11.3-6}$$

来确定等效电荷的位置,即 $M_1(\boldsymbol{r}_1)$ 点,则三角形 OPM' 与三角形 OPM_1 相似,因此有

$$\frac{PM_1}{PM'} = \frac{OP}{OM'} = \frac{a}{r'}, \quad \text{即} \quad \frac{\mid \boldsymbol{r} - \boldsymbol{r}_1 \mid}{\mid \boldsymbol{r} - \boldsymbol{r}' \mid} = \frac{a}{r'} \tag{11.3-7}$$

这样,在球面内任意一点 $\boldsymbol{r}$ 的总电势为

$$G(\boldsymbol{r}, \boldsymbol{r}') = \frac{1}{4\pi\varepsilon_0 \mid \boldsymbol{r} - \boldsymbol{r}' \mid} + \frac{q}{4\pi\varepsilon_0 \mid \boldsymbol{r} - \boldsymbol{r}_1 \mid} \tag{11.3-8}$$

将式(11.3-7)代入式(11.3-8),可以得到球面上的电势为

$$G(\boldsymbol{r}, \boldsymbol{r}') \mid_{\Sigma} = \frac{1}{4\pi\varepsilon_0 \mid \boldsymbol{r} - \boldsymbol{r}' \mid} + \frac{qr'}{4\pi\varepsilon_0 a \mid \boldsymbol{r} - \boldsymbol{r}' \mid} \tag{11.3-9}$$

可见,如果选取等效电荷的电量为

$$q = -\frac{a}{r'} \tag{11.3-10}$$

可以使得总电势满足边界条件 $G|_{\Sigma} = 0$。这样,等效电荷的位置 r_1 和电量 q 分别由式(11.3-6)和式(11.3-10)给出。

例 1　求解如下拉普拉斯方程的第一边值问题

$$\begin{cases} \nabla^2 u = 0 & (r < a) \\ u\big|_{r=a} = f(\theta, \varphi) \end{cases}$$

其中所考虑的区域是半径为 a 的球。

解：由于球内没有电荷分布，根据上一节的讨论可知［见式(11.2-11)］，在第一边界条件下，球内的电势分布为

$$u(\boldsymbol{r}) = -\varepsilon_0 \iint_\Sigma f(\boldsymbol{r}') \frac{\partial G(\boldsymbol{r}, \boldsymbol{r}')}{\partial n'} \mathrm{d}S' \qquad (11.3\text{-}11)$$

其中格林函数为

$$G(\boldsymbol{r}, \boldsymbol{r}') = \frac{1}{4\pi\varepsilon_0 |\boldsymbol{r} - \boldsymbol{r}'|} - \frac{a}{r'} \cdot \frac{1}{4\pi\varepsilon_0 |\boldsymbol{r} - \boldsymbol{r}_1|} \qquad (11.3\text{-}12)$$

由式(11.3-11) 可以看出，为了计算球内的电势分布，首先需要计算出 $\dfrac{\partial G}{\partial n'}\big|_\Sigma = \dfrac{\partial G}{\partial r'}\big|_\Sigma$。利用

$$\frac{1}{|\boldsymbol{r} - \boldsymbol{r}'|} = \frac{1}{\sqrt{r^2 + r'^2 - 2rr'\cos\psi}}$$

$$\frac{1}{|\boldsymbol{r} - \boldsymbol{r}_1|} = \frac{1}{\sqrt{r^2 + r_1^2 - 2rr_1\cos\psi}} = \frac{r'}{\sqrt{r^2 r'^2 + a^4 - 2rr'a^2\cos\psi}}$$

其中 ψ 是 $\boldsymbol{r}$ 与 $\boldsymbol{r}'(\boldsymbol{r}_1)$ 之间的夹角，则有

$$\frac{\partial}{\partial r'}\left(\frac{1}{|\boldsymbol{r} - \boldsymbol{r}'|}\right) = -\frac{r' - r\cos\psi}{(r^2 + r'^2 - 2rr'\cos\psi)^{3/2}}$$

$$\frac{\partial}{\partial r'}\left(\frac{a}{r'} \cdot \frac{1}{|\boldsymbol{r} - \boldsymbol{r}_1|}\right) = -\frac{a(r^2 r' - ra^2\cos\psi)}{(r^2 r'^2 + a^4 - 2rr'a^2\cos\psi)^{3/2}}$$

在球面上，有 $r' = a$，可以得到

$$\frac{\partial G}{\partial r'}\Big|_\Sigma = -\frac{a^2 - r^2}{4\pi\varepsilon_0 a \ (r^2 + a^2 - 2ra\cos\psi)^{3/2}} \qquad (11.3\text{-}13)$$

这样，球内的电势分布为

$$u(\boldsymbol{r}) = \frac{1}{4\pi a} \iint_\Sigma f(\boldsymbol{r}') \frac{a^2 - r^2}{(r^2 + a^2 - 2ra\cos\psi)^{3/2}} \mathrm{d}S'$$

采用球坐标系，可以把上式写成

$$u(r, \theta, \varphi) = \frac{a}{4\pi} \int_0^{2\pi} \int_0^\pi \frac{f(\theta', \varphi')(a^2 - r^2)}{(r^2 + a^2 - 2ra\cos\psi)^{3/2}} \sin\theta' \mathrm{d}\theta' \mathrm{d}\varphi'$$

$$(11.3\text{-}14)$$

最后，还需要确定 ψ 与 θ, φ, θ' 及 φ' 的关系。由于

$$\frac{\boldsymbol{r}}{r} = \sin\theta\cos\varphi\, \boldsymbol{e}_x + \sin\theta\sin\varphi\, \boldsymbol{e}_y + \cos\theta\, \boldsymbol{e}_z$$

$$\frac{\boldsymbol{r}'}{r'} = \sin\theta'\cos\varphi'\,\boldsymbol{e}_x + \sin\theta'\sin\varphi'\,\boldsymbol{e}_y + \cos\theta'\,\boldsymbol{e}_z$$

则有

$$\cos\psi = \frac{\boldsymbol{r}'}{r'} \cdot \frac{\boldsymbol{r}}{r}$$

$$= \sin\theta\sin\theta'\cos\varphi\cos\varphi' + \sin\theta\sin\theta'\sin\varphi\sin\varphi' + \cos\theta\cos\theta'$$

即

$$\cos\psi = \sin\theta\sin\theta'\cos(\varphi - \varphi') + \cos\theta\cos\theta' \tag{11.3-15}$$

这就是所谓的**球面三角公式**。

例 2 在半无界空间($z > 0$)内求解拉普拉斯方程的第一边值问题

$$\begin{cases} \nabla^2 u = 0 \ (z > 0) \\ u\big|_{z=0} = f(x,y) \end{cases} \tag{11.3-16}$$

解：对应的格林函数 $G(\boldsymbol{r},\boldsymbol{r}')$ 满足如下方程

$$\begin{cases} \nabla^2 G = -\delta(x-x')\delta(y-y')\delta(z-z')/\varepsilon_0 \\ G\big|_{z=0} = 0 \end{cases} \tag{11.3-17}$$

这相当于在上半平面($z > 0$)$M_0(x', y', z')$点放置一个电量为 1 的单位点电荷,求当导体面($z = 0$)上的电势为零时上半平面中的电势分布,如图 11-2 所示。下面采用电像法求出对应的格林函数 $G(\boldsymbol{r},\boldsymbol{r}')$。

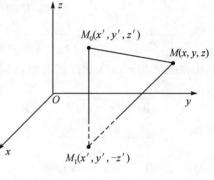

图 11-2

当导体面不存在时, 位于 $M_0(x', y', z')$ 点的单位点电荷在 $M(x, y, z)$ 点产生的电势为

$$G_0(x, y, z; x', y', z')$$

$$= \frac{1}{4\pi\varepsilon_0\sqrt{(x-x')^2 + (y-y')^2 + (z-z')^2}} \tag{11.3-18}$$

而当导体面存在时,为了满足 $G\big|_{z=0} = 0$ 的条件,假设在 $M_0(x', y', z')$ 的对称点 $M_1(x', y', -z')$ 存在一个像电荷,其电量为 -1,它在 $M(x, y, z)$ 点产生的电势为

$$G_1(x, y, z; x', y', z') = \frac{-1}{4\pi\varepsilon_0\sqrt{(x-x')^2 + (y-y')^2 + (z+z')^2}} \tag{11.3-19}$$

这样,在上半平面上的总电势分布为

$$G = G_0 + G_1 \ (z > 0) \tag{11.3-20}$$

显然满足边界条件 $G|_{z=0}=0$。

根据式(11.2-11),泛定方程(11.3-16)的定解为

$$u(\boldsymbol{r})=-\varepsilon_0\iint_\Sigma f(\boldsymbol{r}')\frac{\partial G(\boldsymbol{r},\boldsymbol{r}')}{\partial n'}\mathrm{d}S'$$

$$=\varepsilon_0\int_{-\infty}^\infty\int_{-\infty}^\infty f(x',y')\frac{\partial G}{\partial z'}\Big|_{z'=0}\mathrm{d}x'\mathrm{d}y' \tag{11.3-21}$$

根据式(11.3-17)~式(11.3-19),则有

$$\frac{\partial G}{\partial z'}\Big|_{z'=0}=\frac{2z}{4\pi\varepsilon_0\left[(x-x')^2+(y-y')^2+z^2\right]^{3/2}} \tag{11.3-22}$$

将式(11.3-22)代入式(11.3-21),则最后得到

$$u(x,y,z)=\frac{z}{2\pi}\int_{-\infty}^\infty\int_{-\infty}^\infty\frac{f(x',y')}{\left[(x-x')^2+(y-y')^2+z^2\right]^{3/2}}\mathrm{d}x'\mathrm{d}y' \tag{11.3-23}$$

§11.4 二维有界区域中泊松方程的格林函数法

前面采用格林函数讨论了三维有界区域中泊松方程的解。把前面的结果稍作修改,就可以适用于二维有界区域中泊松方程的定解问题。在如下讨论中,仍以第一边值问题为例。

设 S 为所考虑的二维平面区域,l 为其边界线,则二维泊松方程的第一边值问题为

$$\begin{cases}\nabla^2u=-\rho/\varepsilon_0\\u|_l=f(\boldsymbol{r}_l)\end{cases} \tag{11.4-1}$$

其中 $\boldsymbol{r}_l$ 为边界线 l 上的点。与方程(11.4-1)对应的格林函数 $G(\boldsymbol{r},\boldsymbol{r}')$ 则满足如下方程

$$\begin{cases}\nabla^2G(\boldsymbol{r},\boldsymbol{r}')=-\delta(r-r')/\varepsilon_0\\G(\boldsymbol{r},\boldsymbol{r}')|_l=0\end{cases} \tag{11.4-2}$$

其中 $r,r'\in S$。

与三维情况类似,在二维情况下,格林第二公式为

$$\iint_S(v\,\nabla^2u-u\,\nabla^2v)\mathrm{d}S=\oint_l\left(v\frac{\partial u}{\partial n}-u\frac{\partial v}{\partial n}\right)\mathrm{d}l \tag{11.4-3}$$

用 G 取代上式中的 v,设 u 满足方程(11.4-1),则可以得到

$$u(\boldsymbol{r})=\iint_S\rho(\boldsymbol{r}')G(\boldsymbol{r},\boldsymbol{r}')\mathrm{d}S'-\varepsilon_0\oint_lu(\boldsymbol{r}')\frac{\partial G}{\partial n'}\mathrm{d}l \tag{11.4-4}$$

其中 n' 为沿着边界线的法线方向。可见,只要知道了二维格林函数 $G(\boldsymbol{r},\boldsymbol{r}')$,就可以确定出方程(11.4-1)的定解。下面采用电像法求解方程(11.4-2)。

设所考虑的区域是一个半径为 a 的圆，则方程(11.4-2)的物理意义是：在半径为 a 的圆内，放置一个电量为1的单位点电荷，当圆周的电势保持为零时，求解圆内的电势分布。下面需要确定边界不存在时二维格林函数的形式，即无界区域中的格林函数 G_0。首先确定如下方程

$$\nabla^2 G_0(\boldsymbol{r}) = -\delta(\boldsymbol{r})/\varepsilon_0 \tag{11.4-5}$$

当 $\boldsymbol{r} \neq 0$ 时，有 $\nabla^2 G_0(\boldsymbol{r}) = 0$。由于该问题具有环向对称性，则有

$$\frac{1}{r}\cdot\frac{\mathrm{d}}{\mathrm{d}r}\left(r\frac{\mathrm{d}G_0}{\mathrm{d}r}\right) = 0$$

由此可以得到

$$G_0(r) = c_1\ln r + c_0 \tag{11.4-6}$$

其中 c_1 及 c_0 为常数。对方程(11.4-5)两边进行面积分，则有

$$\iint_S \nabla^2 G_0\,\mathrm{d}S = -\frac{1}{\varepsilon_0},$$

把上式左边转化成线积分，则可以得到

$$\oint_l \nabla G_0\cdot\mathrm{d}\boldsymbol{l} = -\frac{1}{\varepsilon_0}, \text{即} \int_0^{2\pi}\frac{\mathrm{d}G_0}{\mathrm{d}r}r\,\mathrm{d}\varphi = -\frac{1}{\varepsilon_0}$$

将式(11.4-6)代入上式左边，可以确定出常数为 $c_1 = -\dfrac{1}{2\pi\varepsilon_0}$。由此得到

$$G_0(r) = \frac{1}{2\pi\varepsilon_0}\ln\frac{1}{r} + c_0 \tag{11.4-7}$$

这样，单位点电荷在二维无界区域中的格林函数为

$$G_0(\boldsymbol{r},\boldsymbol{r}') = \frac{1}{2\pi\varepsilon_0}\ln\left(\frac{1}{|\boldsymbol{r}-\boldsymbol{r}'|}\right) + c_0 \tag{11.4-8}$$

当考虑边界存在时，设单位点电荷位于圆内 $M'(\boldsymbol{r}')$ 点，另一个电量为 q 的像电荷位于圆外 $M_1(\boldsymbol{r}_1)$ 点，见图11-3。这样，圆内任意一点 $M(\boldsymbol{r})$ 的电势为

$$G(\boldsymbol{r},\boldsymbol{r}') = \frac{1}{2\pi\varepsilon_0}\ln\left(\frac{1}{|\boldsymbol{r}-\boldsymbol{r}'|}\right) + \frac{q}{2\pi\varepsilon_0}\ln\left(\frac{1}{|\boldsymbol{r}-\boldsymbol{r}_1|}\right) + c \tag{11.4-9}$$

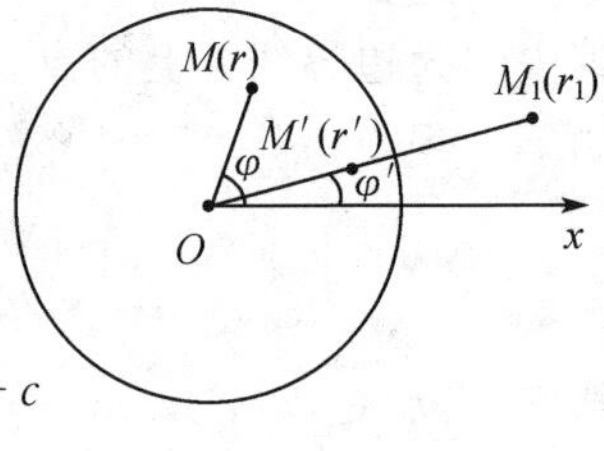

图 11-3

由于在圆的边界 $r = a$ 上电势为零 $G|_{r=a} = 0$，则有

$$\begin{aligned} G|_{r=a} &= -\frac{1}{2\pi\varepsilon_0}\ln\sqrt{a^2 + r'^2 - 2ar'\cos\psi} \\ &\quad - \frac{q}{2\pi\varepsilon_0}\ln\sqrt{a^2 + r_1^2 - 2ar_1\cos\psi} + c \\ &= 0 \end{aligned} \tag{11.4-10}$$

其中 $\psi = \varphi - \varphi'$。式(11.4-10)的成立应与 ψ 无关,即在圆周上处处成立,因此有

$$\frac{\partial G\big|_{r=a}}{\partial \psi} = 0$$

由此得到

$$\frac{1}{2\pi\varepsilon_0} \cdot \frac{2ar'\sin\psi}{a^2 + r'^2 - 2ar'\cos\psi} + \frac{q}{2\pi\varepsilon_0} \cdot \frac{2ar_1\sin\psi}{a^2 + r_1^2 - 2ar_1\cos\psi} = 0$$

或

$$r'(a^2 + r_1^2 - 2ar_1\cos\psi) + qr_1(a^2 + r'^2 - 2ar'\cos\psi) = 0 \quad (11.4\text{-}11)$$

要使得上式对于任意的角度 ψ 都成立,必须有

$$\begin{cases} r'(a^2 + r_1^2) = -qr_1(a^2 + r'^2) \\ 2ar_1 r' = -2ar'r_1 q \end{cases}$$

由此得到

$$\begin{cases} q = -1 \\ r_1 = \dfrac{a^2}{r'} \end{cases} \quad (11.4\text{-}12)$$

将式(11.4-12)代入式(11.4-9),并利用 $G\big|_{r=a} = 0$ 及 $\dfrac{|\boldsymbol{r} - \boldsymbol{r}_1|}{|\boldsymbol{r} - \boldsymbol{r}'|}\Big|_{r=a} = \dfrac{a}{r'}$,可以得到常数 c 为

$$c = \frac{1}{2\pi\varepsilon_0}\ln\left(\frac{1}{|\boldsymbol{r} - \boldsymbol{r}_1|}\right)_{r=a} - \frac{1}{2\pi\varepsilon_0}\ln\left(\frac{1}{|\boldsymbol{r} - \boldsymbol{r}'|}\right)_{r=a}$$

$$= \frac{1}{2\pi\varepsilon_0}\ln\left(\frac{|\boldsymbol{r} - \boldsymbol{r}'|}{|\boldsymbol{r} - \boldsymbol{r}_1|}\right)_{r=a} \quad (11.4\text{-}13)$$

$$= -\frac{1}{2\pi\varepsilon_0}\ln\frac{a}{r'}$$

这样式(11.4-9)变为

$$G(\boldsymbol{r}, \boldsymbol{r}') = -\frac{1}{2\pi\varepsilon_0}\ln\sqrt{r^2 + r'^2 - 2rr'\cos\psi} + \frac{1}{2\pi\varepsilon_0}\ln\sqrt{r^2 + r_1^2 - 2rr_1\cos\psi}$$

$$\quad - \frac{1}{2\pi\varepsilon_0}\ln\frac{a}{r'}$$

$$= \frac{1}{4\pi\varepsilon_0}\ln\frac{r^2 r'^2 + a^4 - 2rr'a^2\cos\psi}{a^2(r^2 + r'^2 - 2rr'\cos\psi)}$$

$$(11.4\text{-}14)$$

现在计算式(11.4-4)中的 $\dfrac{\partial G}{\partial n'}$。由式(11.4-14),则有

$$\frac{\partial G}{\partial n'}\Big|_{r'=a} = \frac{\partial G}{\partial r'}\Big|_{r'=a} = \frac{r^2 - a^2}{2\pi\varepsilon_0 a(r^2 + a^2 - 2ra\cos\psi)} \quad (11.4\text{-}15)$$

将式(11.4-15)和式(11.4-14)代入式(11.4-4),可以得到

$$u(r,\varphi) = \frac{1}{4\pi\varepsilon_0}\int_0^a\int_0^{2\pi}\rho(r',\varphi')\ln\frac{r^2r'^2+a^4-2rr'a^2\cos(\varphi-\varphi')}{a^2[r^2+r'^2-2rr'\cos(\varphi-\varphi')]}r'\mathrm{d}r'\mathrm{d}\varphi'$$

$$+\frac{a^2-r^2}{2\pi}\int_0^{2\pi}\frac{f(\varphi')}{r^2+a^2-2ra\cos(\varphi-\varphi')}\mathrm{d}\varphi'$$

$$(11.4\text{-}16)$$

这就是二维泊松方程第一边值问题在圆内的解。

对于圆内的拉普拉斯方程($\rho=0$)的第一边值问题,式(11.4-16)约化为

$$u(r,\varphi) = \frac{a^2-r^2}{2\pi}\int_0^{2\pi}\frac{f(\varphi')}{r^2+a^2-2ra\cos(\varphi-\varphi')}\mathrm{d}\varphi' \quad (11.4\text{-}17)$$

这就是圆内的泊松积分公式。

习　题

1. 在圆形区域 $r\leqslant a$ 内求解拉普拉斯方程 $\nabla^2 u(r,\varphi)=0$,其中边界条件为

$\quad$ (1)$u|_{r=a}=A\cos\varphi$; $\quad$ (2)$u|_{r=a}=A+B\sin\varphi$

2. 在上半平面 $y>0$ 内求解拉普拉斯方程 $\nabla^2 u(x,y)=0$,其中边界条件为 $u|_{y=0}=f(x)$。

第三篇　特殊函数

第十二章　　球函数

在第八章中,我们对拉普拉斯方程和亥姆霍兹方程在球坐标系中分离变量时,曾得到了球函数 $Y(\theta,\varphi)$ 满足的方程

$$\frac{1}{\sin\theta}\frac{\partial}{\partial\theta}\left(\sin\theta\frac{\partial Y}{\partial\theta}\right)+\frac{1}{\sin^2\theta}\frac{\partial^2 Y}{\partial\varphi^2}+\lambda Y = 0$$

其中 λ 为待定的常数(本征值)。再进一步对 θ 和 φ 分离变量,即 $Y(\theta,\varphi)=\Theta(\theta)\Phi(\varphi)$,则可以得到函数 $\Phi(\varphi)$ 所满足的方程

$$\Phi''(\varphi)+m^2\Phi(\varphi)=0$$

及函数 $\Theta(\theta)$ 所满足的方程

$$\sin\theta\frac{\mathrm{d}}{\mathrm{d}\theta}\left(\sin\theta\frac{\mathrm{d}\Theta}{\mathrm{d}\theta}\right)+\left[\lambda\sin^2\theta-m^2\right]\Theta=0$$

即连带勒让德方程。令 $x=\cos\theta$ 及 $y=\Theta(\theta)$,则可以得到标准的连带勒让德方程

$$\frac{\mathrm{d}}{\mathrm{d}x}\left[(1-x^2)\frac{\mathrm{d}y}{\mathrm{d}x}\right]+\left(\lambda-\frac{m^2}{1-x^2}\right)y=0$$

当考虑的问题具有轴对称性时,即 $m=0$ 时,该方程则可以退化为勒让德方程。

本章将首先讨论勒让德方程的级数解及勒让德函数的性质,然后再讨论连带勒让德方程的级数解及连带勒让德函数、球函数的性质。

§12.1　　勒让德方程的级数解

对于勒让德方程

$$\frac{\mathrm{d}}{\mathrm{d}x}\left[(1-x^2)\frac{\mathrm{d}y}{\mathrm{d}x}\right]+\lambda y=0 \qquad\qquad (12.1\text{-}1)$$

其变量 x 的变化范围是:$-1\leqslant x\leqslant 1$。该方程是一个变系数的二阶常微分方程,而且在 $x=\pm 1$(即 $\theta=0$ 和 $\theta=\pi$)处具有奇异性。但根据物理问题的性质,通常要求该方程在整个闭区域 $-1\leqslant x\leqslant 1$ 中应有界,这就构成了本征值

问题。下面将看到,仅当待定常数 $\lambda = l(l+1)$ 时,勒让德方程在整个闭区域中才存在有界解,其中 $l = 0, 1, 2, \cdots$。

在一般情况下,很难得到该方程的解析解。但我们注意到,$x = 0$ 为勒让德方程的一个常点。因此,可以将它的解 $y(x)$ 在 $x = 0$ 处展开成如下级数

$$y(x) = \sum_{k=0}^{\infty} c_k x^k \qquad (\mid x \mid \leqslant 1) \tag{12.1-2}$$

其中 c_k 为展开系数。对式(12.1-2)求导,可以得到

$$y'(x) = \sum_{k=1}^{\infty} k c_k x^{k-1} \tag{12.1-3}$$

$$y''(x) = \sum_{k=2}^{\infty} k(k-1) c_k x^{k-2} \tag{12.1-4}$$

将式(12.1-2)~式(12.1-4)代入方程(12.1-1),则有

$$(1-x^2) \sum_{k=2}^{\infty} k(k-1) c_k x^{k-2} - 2x \sum_{k=1}^{\infty} k c_k x^{k-1} + \lambda \sum_{k=0}^{\infty} c_k x^k = 0$$

进一步化简和变换后,有

$$\sum_{k=0}^{\infty} c_{k+2} (k+1)(k+2) x^k = \sum_{k=0}^{\infty} c_k [k(k+1) - \lambda] x^k$$

上式参与求和的各项是相互独立的,要使上式两边相等,只有两边任意项 x^k 的系数相等,即

$$c_{k+2} (k+1)(k+2) = c_k [k(k+1) - \lambda]$$

可见系数 c_k 满足如下递推关系

$$c_{k+2} = \frac{[k(k+1) - \lambda]}{(k+1)(k+2)} c_k \quad (k = 0, 1, 2, 3, \cdots) \tag{12.1-5}$$

该式表明,所有下标为偶数的系数 c_{2k} 可以用 c_0 来表示,而所有下标为奇数的系数 c_{2k+1} 可以用 c_1 来表示,其中 c_0 及 c_1 为常数。这样,勒让德方程(12.1-1)的通解可以表示为

$$y(x) = y_0(x) + y_1(x) \tag{12.1-6}$$

其中

$$y_0(x) = \sum_{k=0}^{\infty} c_{2k} x^{2k} \tag{12.1-7}$$

$$y_1(x) = \sum_{k=0}^{\infty} c_{2k+1} x^{2k+1} \tag{12.1-8}$$

而且 $y_0(x)$ 与 $y_1(x)$ 线性无关。

下面我们进一步讨论上述级数展开的收敛性。利用幂级数收敛半径公式的比值判别法(3.2-4),则上述两个级数的收敛半径为

$$R = \lim_{k \to \infty} \left| \frac{c_k}{c_{k+2}} \right| = \lim_{k \to \infty} \left| \frac{(k+1)(k+2)}{k(k+1) - \lambda} \right|$$

可见,对于有限大小的 λ(或 $\lambda \leqslant k^2$),上述两个级数的收敛半径都是 1。但是,可以验证:它们在 $x = \pm 1$ 处是发散的。也就是说,$x = \pm 1$ 为勒让德方程的奇点。

如果参数 λ 取特殊的值 $\lambda = l(l+1)$,且 $l = 0,1,2,3,\cdots$,情况就不同了。这时有

$$c_{k+2} = \frac{[k(k+1) - l(l+1)]}{(k+1)(k+2)} c_k (k = 0,1,2,3,\cdots) \qquad (12.1\text{-}9)$$

显然,当 $k = l$ 时,有 $c_{l+2} = 0$。接着,由递推关系有 $c_{l+4} = 0, c_{l+6} = 0, \cdots$。这样式(12.1-7)和式(12.1-8)两个无穷级数中必有一个为多项式。当 l 为偶数时,$y_0(x)$ 为多项式,即

$$y_0(x) = c_0 + c_2 x^2 + c_4 x^4 + \cdots + c_l x^l \equiv P_l(x) \ (l \text{ 为偶数})$$
$$(12.1\text{-}10)$$

而 $y_1(x)$ 仍为无穷级数;当 l 为奇数时,$y_1(x)$ 为多项式,即

$$y_1(x) = c_1 x + c_3 x^3 + c_5 x^5 + \cdots + c_l x^l \equiv P_l(x) \ (l \text{ 为奇数})$$
$$(12.1\text{-}11)$$

而 $y_0(x)$ 仍为无穷级数。

由此可见,仅当参数 $\lambda = l(l+1)(l = 0,1,2,3,\cdots)$ 时,勒让德方程在闭区间 $-1 \leqslant x \leqslant 1$ 中才存在有界的解。$\lambda = l(l+1)$ 是勒让德方程在自然边界条件下的本征值,对应的多项式为本征函数,即**勒让德函数(或多项式)**。对应于一个 l 值,只有唯一的一个多项式。

现在我们再确定式(12.1-10)和式(12.1-11)中的系数。如果最高次幂的系数 c_l 被确定,则按照递推公式(12.1-9)可以确定出 $c_{l-2}, c_{l-4}, \cdots$。这意味着所有的系数都能依次被确定。原则上 c_l 是一个任意的常数,不过如果取

$$c_l = \frac{(2l)!}{2^l (l!)^2} \qquad (12.1\text{-}12)$$

将会使勒让德多项式呈现出最简洁的形式。这样利用递推公式,可以得到

$$c_k = \frac{(k+1)(k+2)}{k(k+1) - l(l+1)} c_{k+2} (k = 0,1,2,3,\cdots,l-2) \qquad (12.1\text{-}13)$$

令 $k = l - 2$,则有

$$c_{l-2} = \frac{l(l-1)}{(l-2)(l-1) - l(l+1)} c_l$$

$$= -\frac{l(l-1)}{2(2l-1)} \cdot \frac{(2l)!}{2^l (l!)^2}$$

$$= -\frac{(2l-2)!}{2^l(l-1)!(l-2)!}$$

类似地，有

$$c_{l-4} = \frac{(l-2)(l-3)}{(l-4)(l-3)-l(l+1)}c_{l-2} = (-1)^2\frac{(2l-4)!}{2^l2!(l-2)!(l-4)!}$$

借助于归纳法，有

$$c_{l-2n} = (-1)^n\frac{(2l-2n)!}{2^l n!(l-n)!(l-2n)!} \qquad (12.1\text{-}14)$$

这样，可以得到 l 阶勒让德多项式为

$$P_l(x) = \sum_{n=0}^{N}(-1)^n\frac{(2l-2n)!}{2^l n!(l-n)!(l-2n)!}x^{l-2n} \qquad (12.1\text{-}15)$$

其中 N 是求和指标 n 的最大值 $[l/2]$。由于 N 必须是自然数，则有

$$N = \begin{cases} \dfrac{l}{2} & (l = 0,\,2,\,4,\,\cdots) \\[2mm] \dfrac{l-1}{2} & (l = 1,\,3,\,5,\,\cdots) \end{cases} \qquad (12.1\text{-}16)$$

这样在任何情况下，N 的值都是整数。注意在勒让德多项式中，求和指标 n 的最小值 $n = 0$ 对应于最高次幂 x^l，它的系数为式(12.1-12)；而求和指标最大值 $n = N$ 对应于常数项，它的系数为 c_0。

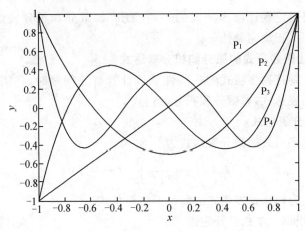

图 12-1

勒让德多项式的前 6 项为

$$P_0(x) = 1$$

$$P_1(x) = x$$

$$P_2(x) = \frac{1}{2}(3x^2 - 1)$$

$$P_3(x) = \frac{1}{2}(5x^3 - 3x)$$

$$P_4(x) = \frac{1}{8}(35x^4 - 30x^2 + 3)$$

$$P_5(x) = \frac{1}{8}(63x^5 - 70x^3 + 15x)$$

可以看出:当 l 为偶数时,$P_l(x)$ 为偶函数;当 l 为奇数时,$P_l(x)$ 为奇函数。图 12-1 显示了勒让德多项式前几项随 x 变化的图形。

由式(12.1-15),有

$$P_l(-x) = (-1)^l P_l(x) \tag{12.1-17}$$

则当 $l = 2m + 1$(奇数) 及 $x = 0$ 时,有

$$P_{2m+1}(0) = 0 \tag{12.1-18}$$

而当 $l = 2m$(偶数) 时,$P_{2m}(x)$ 应含有常数项,即为式(12.1-14)中 $l = 2m$ 的那一项,所以有

$$P_{2m}(0) = (-1)^m \frac{(2m)!}{2^{2m}(m!)^2}$$

§12.2 勒让德多项式的基本性质

本节将讨论勒让德多项式的一些性质,如微分和积分表达式、生成函数、递推关系、正交完备性等。

1. 勒让德多项式的微分和积分表达式

在讨论勒让德多项式的一些性质或计算有关问题时,还需要用到它的其他形式的表达式,如微分和积分表达式。

(1) 微分表达式

勒让德多项式的微分表达式为

$$P_l(x) = \frac{1}{2^l l!} \frac{\mathrm{d}^l}{\mathrm{d}x^l}(x^2 - 1)^l \tag{12.2-1}$$

通常又称它为勒让德多项式的罗德里格斯公式。

证明:根据二项式展开定理

$$(a+b)^l = \sum_{n=0}^{l} \frac{l!}{(l-n)!n!} a^{l-n} b^n$$

则有

$$\frac{1}{2^l l!} \frac{\mathrm{d}^l}{\mathrm{d}x^l}(x^2 - 1)^l = \sum_{n=0}^{l} \frac{(-1)^n}{2^l (l-n)!n!} \frac{\mathrm{d}^l}{\mathrm{d}x^l} x^{2l-2n}$$

在对上式进行求导时,凡是幂次 $2l - 2n$ 低于 l 的项在 l 次求导后将为零,所以

只需保留幂次 $2l - 2n \geqslant l$ 的项，即 $n \leqslant l/2$ 的项。这样有

$$\frac{1}{2^l l!} \frac{d^l}{dx^l} (x^2 - 1)^l = \sum_{n=0}^{N} \frac{(-1)^n}{2^l (l-n)! n!} (2l - 2n)(2l - 2n - 1) \cdots (l - 2n + 1) x^{l-2n}$$

$$= \sum_{n=0}^{N} \frac{(-1)^n (2l - 2n)!}{2^l n! (l-n)! (l-2n)!} x^{l-2n}$$

$$= P_l(x)$$

(2) 积分表达式

根据复变函数论中的柯西公式(见 §2.3 节)

$$f^{(l)}(x) = \frac{l!}{2\pi i} \oint_c \frac{f(z) dz}{(z - x)^{l+1}}$$

及令 $f(x) = (x^2 - 1)^l$，则可以将勒让德多项式的微分表示式用如下回路积分来表示

$$P_l(x) = \frac{1}{2\pi i} \cdot \frac{1}{2^l} \oint_c \frac{(z^2 - 1)^l dz}{(z - x)^{l+1}} \qquad (12.2\text{-}2)$$

其中 c 为复平面上绕 $z = x$ 点的任一闭合回路，也称这个积分为施列夫利积分。

可以把式(12.2-2)的积分进一步表示为定积分。为此，取积分围道 c 为圆周，圆心位于 $z = x$ 点，半径为 $\sqrt{|x^2 - 1|}$，则在圆周 c 上，有

$$z - x = \sqrt{x^2 - 1}\, e^{i\varphi},$$

$$dz = i\sqrt{x^2 - 1}\, e^{i\varphi} d\varphi = i(z - x) d\varphi,$$

另外，还可以得到

$$z^2 - 1 = \left(x + \sqrt{x^2 - 1}\, e^{i\varphi}\right)^2 - 1$$

$$= (x^2 - 1)(1 + e^{i2\varphi}) + 2x\sqrt{x^2 - 1}\, e^{i\varphi}$$

$$= 2\sqrt{x^2 - 1}\, e^{i\varphi} \left(x + \sqrt{x^2 - 1}\cos\varphi\right)$$

$$= 2(z - x)\left(x + \sqrt{x^2 - 1}\cos\varphi\right)$$

这样，可以把式(12.2-2)变为

$$P_l(x) = \frac{1}{2\pi} \int_0^{2\pi} \left(x + \sqrt{x^2 - 1}\cos\varphi\right)^l d\varphi$$

$$= \frac{1}{\pi} \int_0^{\pi} \left(x + i\sqrt{1 - x^2}\cos\varphi\right)^l d\varphi \qquad (12.2\text{-}3)$$

这就是勒让德多项式的积分表达式。

由上面的积分表达式很容易看到

$$P_l(1) = \frac{1}{\pi} \int_0^{\pi} 1^l d\varphi = 1 \qquad (12.2\text{-}4)$$

$$P_l(-1) = \frac{1}{\pi} \int_0^\pi (-1)^l \mathrm{d}\varphi = (-1)^l \qquad (12.2\text{-}5)$$

$$|P_l(x)| \leqslant 1 \qquad (12.2\text{-}6)$$

2. 勒让德多项式的生成函数

勒让德多项式最先是由勒让德在讨论势场问题时引入的。我们知道一个位于 r' 点的单位点电荷在 r 点产生的库仑势为

$$U(|r-r'|) = \frac{1}{|r-r'|} = \frac{1}{\sqrt{r^2 + r'^2 - 2rr'\cos\theta}} \qquad (12.2\text{-}7)$$

其中 θ 为位置矢量 r 和 r' 的夹角。

设 $t = r'/r$ 及 $x = \cos\theta$，则可以将上面的库仑势改写为

$$U(|r-r'|) = \frac{1}{r}(1+t^2-2tx)^{-1/2} \qquad (12.2\text{-}8)$$

假设 $|t| < 1$，并注意到 $|x| < 1$，则可以将函数 $(1+t^2-2tx)^{-1/2}$ 作泰勒展开：

$$(1+t^2-2tx)^{-1/2} = \sum_{l=0}^\infty a_l(x)t^l \qquad (12.2\text{-}9)$$

下面证明展开系数 $a_l(x)$ 就是勒让德多项式。

根据复平面上泰勒展开系数的积分表示式 [见式(3.3-2)]，则有

$$a_l(x) = \frac{1}{2\pi\mathrm{i}} \oint_c \frac{(1-2x\zeta+\zeta^2)^{-1/2}}{\zeta^{l+1}} \mathrm{d}\zeta \qquad (12.2\text{-}10)$$

其中 c 为复平面上包含原点 $z = 0$ 的闭合围道，而且闭合围道内没有根式的奇点。引入变换

$$(1+\zeta^2-2\zeta x)^{1/2} = 1-u\zeta$$

则有

$$\zeta = \frac{2(u-x)}{u^2-1}$$

$$\mathrm{d}\zeta = 2\frac{2xu-1-u^2}{(u^2-1)^2}\mathrm{d}u$$

$$(1+\zeta^2-2\zeta x)^{-1/2} = \frac{1}{1-u\zeta} = \frac{u^2-1}{2ux-1-u^2}$$

这样将以上各式代入式(12.2-10)，则可以得到

$$a_l(x) = \frac{1}{2^l 2\pi\mathrm{i}} \oint_{c'} \frac{(u^2-1)^l}{(u-x)^{l+1}} \mathrm{d}u \qquad (12.2\text{-}11)$$

其中 c' 是 u 平面上与 c 相应的、正向绕 $u = x$ 一周的围道。上式正是勒让德多项式 $P_l(x)$ 的积分表达式，见式(12.2-2)。这样有

$$(1+t^2-2tx)^{-1/2} = \sum_{l=0}^\infty P_l(x)t^l \qquad (12.2\text{-}12)$$

通常称 $(1+t^2-2tx)^{-1/2}$ 为勒让德多项式 $P_l(x)$ 的**生成函数**,而上式为勒让德多项式的生成函数公式。

对于 $x=\pm 1$,由式(12.2-12)可以得到

$$(1\mp t)^{-1}=\sum_{l=0}^{\infty}(\pm t)^l=\sum_{l=0}^{\infty}P_l(\pm 1)t^l$$

故有

$$P_l(1)=1,\ P_l(-1)=(-1)^l \qquad (12.2\text{-}13)$$

这与式(12.2-4)和式(12.2-5)是一致的。

这样,根据式(12.2-12),单位点电荷的库仑势可以表示为

$$\frac{1}{\sqrt{r^2+r'^2-2rr'\cos\theta}}=\begin{cases}\dfrac{1}{r}\sum_{l=0}^{\infty}\left(\dfrac{r'}{r}\right)^l P_l(\cos\theta)\ (r'<r)\\[3mm]\dfrac{1}{r'}\sum_{l=0}^{\infty}\left(\dfrac{r}{r'}\right)^l P_l(\cos\theta)\ (r'>r)\end{cases}$$

$$(12.2\text{-}14)$$

3. 勒让德多项式的递推关系

利用上面给出的生成函数公式,可以给出相邻的勒让德多项式之间的关系式,即递推关系式。

将式(12.2-12)两边对 t 求导,则可以得到

$$(x-t)(1+t^2-2tx)^{-3/2}=\sum_{l=1}^{\infty}lP_l(x)t^{l-1}$$

将上式两边乘以 $(1+t^2-2tx)$,则有

$$(x-t)(1+t^2-2tx)^{-1/2}=(1+t^2-2tx)\sum_{l=1}^{\infty}lP_l(x)t^{l-1}$$

再利用公式(12.2-12),上式改写为

$$(x-t)\sum_{l=0}^{\infty}P_l(x)t^l=(1+t^2-2tx)\sum_{l=1}^{\infty}lP_l(x)t^{l-1}$$

进一步对上式整理后可以得到

$$\sum_{l=0}^{\infty}(l+1)P_l(x)t^{l+1}+\sum_{l=0}^{\infty}lP_l(x)t^{l-1}=\sum_{l=0}^{\infty}(2l+1)xP_l(x)t^l$$

将上式左边第一项和第二项分别替换 $l+1\to l$ 及 $l-1\to l$,再比较两边 t^l 的系数,即可以得到如下递推关系

$$lP_{l-1}(x)-(2l+1)xP_l(x)+(l+1)P_{l+1}(x)=0 \qquad (l\geqslant 1)$$

$$(12.2\text{-}15)$$

将式(12.2-12)两边对 x 求导,则可以得到

$$t\,(1+t^2-2tx)^{-3/2} = \sum_{l=0}^{\infty} P_l'(x)t^l$$

将上式两边乘以 $(1+t^2-2tx)$，并再利用公式 (12.2-12)，则有

$$t\sum_{l=0}^{\infty} P_l(x)t^l = (1+t^2-2tx)\sum_{l=0}^{\infty} P_l'(x)t^l$$

整理后，比较两边 t^{l+1} 的系数，即可以得到递推关系

$$P_l(x) = P_{l+1}'(x) - 2xP_l'(x) + P_{l-1}'(x) \qquad (l \geqslant 1) \quad (12.2\text{-}16)$$

将式 (12.2-15) 两边对 x 求导，并与式 (12.2-16) 联立，消去 $P_{l-1}'(x)$，则可以得到递推关系

$$P_{l+1}'(x) = xP_l'(x) + (l+1)P_l(x) \qquad (l \geqslant 0) \quad (12.2\text{-}17)$$

将式 (12.2-16) 和式 (12.2-17) 联立，消去 $P_{l+1}'(x)$，则可以得到另外一个递推关系

$$xP_l'(x) - P_{l-1}'(x) = lP_l(x) \qquad (l \geqslant 1) \quad (12.2\text{-}18)$$

再将式 (12.2-17) 和式 (12.2-18) 联立，消去 $P_l'(x)$，还可以得到递推关系

$$P_{l+1}'(x) - P_{l-1}'(x) = (2l+1)P_l(x) \qquad (l \geqslant 1) \quad (12.2\text{-}19)$$

最后，将式 (12.2-17) 中的 l 换成 $l-1$，然后与式 (12.2-18) 联立，消去 $P_{l-1}'(x)$，则可以得到

$$(x^2-1)P_l'(x) = lxP_l(x) - lP_{l-1}(x) \qquad (l \geqslant 1) \quad (12.2\text{-}20)$$

上述递推关系很重要，尤其是式 (12.2-19)。后面将看到，利用这些递推关系式，可以简化含勒让德多项式的积分。

4. 勒让德多项式的正交完备性

作为施图姆-刘维尔方程本征值问题的特例，对于勒让德方程的本征值问题，勒让德多项式也具有正交性和完备性，见 §8.5 节。

(1) 勒让德多项式的正交性

两个不同本征值 $\lambda_k = k(k+1)$ 和 $\lambda_l = l(l+1)$ 的两个本征函数 $P_k(x)$ 和 $P_l(x)$ 在区间 $[-1,1]$ 正交，即

$$\int_{-1}^{1} P_k(x)P_l(x)\mathrm{d}x = 0 \qquad (k \neq l) \quad (12.2\text{-}21)$$

如果变量从 x 回到原来的角变量 θ，则上式变为

$$\int_0^{\pi} P_k(\cos\theta)P_l(\cos\theta)\sin\theta\mathrm{d}\theta = 0 \qquad (k \neq l) \quad (12.2\text{-}22)$$

(2) 勒让德多项式的模

按照本征函数的模的一般定义，见式 (8.5-13)，勒让德多项式 $P_l(x)$ 的模为

$$N_l^2 = \int_{-1}^{1} \left[P_l(x)\right]^2 \mathrm{d}x \quad (12.2\text{-}23)$$

将勒让德的生成函数公式

$$(1 + t^2 - 2tx)^{-1/2} = \sum_{l=0}^{\infty} P_l(x) t^l$$

两边进行平方,并对 x 从 -1 到 1 积分,则有

$$\int_{-1}^{1} \frac{\mathrm{d}x}{1 + t^2 - 2tx} = \sum_{l=0}^{\infty} \sum_{k=0}^{\infty} \left(\int_{-1}^{1} P_l(x) P_k(x) \mathrm{d}x \right) t^{l+k}$$

$$= \sum_{l=0}^{\infty} \sum_{k=0}^{\infty} N_l^2 \delta_{l,k} t^{l+k}$$

$$= \sum_{l=0}^{\infty} N_l^2 t^{2l}$$

$$(12.2\text{-}24)$$

其中利用了勒让德多项式的正交性关系式(12.2-21)。式(12.2-24)左边的积分为

$$\int_{-1}^{1} \frac{\mathrm{d}x}{1 + t^2 - 2tx} = -\frac{1}{2t} \ln(1 + t^2 - 2tx) \Big|_{x=-1}^{x=1}$$

$$= \frac{1}{t} \big[\ln(1+t) - \ln(1-t) \big] \qquad (t < 1)$$

$$= \frac{1}{t} \left[\sum_{l=1}^{\infty} \frac{(-1)^{l-1}}{l} t^l - \sum_{l=1}^{\infty} \frac{(-1)}{l} t^l \right]$$

$$= \sum_{l=0}^{\infty} \frac{2}{2l+1} t^{2l}$$

$$(12.2\text{-}25)$$

这样,将式(12.2-25)代入式(12.2-24),并比较两边 t^{2l} 的系数,即可以得到勒让德多项式的模为

$$N_l^2 = \frac{2}{2l+1}$$

$$(12.2\text{-}26)$$

这样可以把勒让德多项式的正交性关系式写成

$$\int_{-1}^{1} P_k(x) P_l(x) \mathrm{d}x = \frac{2}{2l+1} \delta_{l,k}$$

$$(12.2\text{-}27)$$

例 1　计算积分 $\int_0^1 P_l(x) \mathrm{d}x$,其中 l 为偶数。

解:利用勒让德多项式的递推公式(12.2-19)

$$P_l(x) = \frac{1}{(2l+1)} \big[P'_{l+1}(x) - P'_{l-1}(x) \big]$$

则有

$$\int_0^1 P_l(x)\,\mathrm{d}x = \frac{1}{(2l+1)}\int_0^1 \left[P'_{l+1}(x) - P'_{l-1}(x)\right]\mathrm{d}x$$

$$= \frac{1}{(2l+1)}\left[P_{l+1}(1) - P_{l-1}(1)\right] - \frac{1}{(2l+1)}\left[P_{l+1}(0) - P_{l-1}(0)\right]$$

注意到:无论 l 是奇数还是偶数,均有 $P_l(1) = 1$;另一方面,由于 l 为偶数,则 $l+1$ 和 $l-1$ 均为奇数,因此有 $P_{l+1}(0) = 0$ 和 $P_{l-1}(0) = 0$。这样,有

$$\int_0^1 P_l(x)\,\mathrm{d}x = 0$$

例 2　计算积分 $\displaystyle\int_{-1}^1 xP_k(x)P_l(x)\,\mathrm{d}x$。

解:利用递推关系式(12.2-15),即

$$xP_l(x) = \frac{1}{(2l+1)}\left[(l+1)P_{l+1}(x) + lP_{l-1}(x)\right]$$

则有

$$\int_{-1}^1 xP_k(x)P_l(x)\,\mathrm{d}x = \frac{1}{2l+1}\int_{-1}^1 P_k(x)\left[(l+1)P_{l+1}(x) + lP_{l-1}(x)\right]\mathrm{d}x$$

$$= \frac{l+1}{2l+1}\int_{-1}^1 P_k(x)P_{l+1}(x)\,\mathrm{d}x + \frac{l}{2l+1}\int_{-1}^1 P_k(x)P_{l-1}(x)\,\mathrm{d}x$$

$$= \frac{l+1}{2l+1}\cdot\frac{2}{2k+1}\delta_{k,l+1} + \frac{l}{2l+1}\cdot\frac{2}{2k+1}\delta_{k,l-1}$$

可见:当 $k = l-1$ 时,有

$$\int_{-1}^1 xP_k(x)P_l(x)\,\mathrm{d}x = \frac{l}{2l+1}\cdot\frac{2}{2l-1} = \frac{2l}{4l^2-1}$$

当 $k = l+1$ 时,有

$$\int_{-1}^1 xP_k(x)P_l(x)\,\mathrm{d}x = \frac{l+1}{2l+1}\cdot\frac{2}{2l+3} = \frac{2(l+1)}{(2l+1)(2l+3)}$$

而对于其他情况,该积分的值均为零。

(3) 勒让德多项式的完备性

勒让德多项式 $P_l(x)$ 不但是正交的,而且还是完备的,即位于区间 $[-1, 1]$ 内的函数 $f(x)$ 可以以 $P_l(x)$ 作为基函数,进行广义傅里叶级数展开

$$f(x) = \sum_{l=0}^\infty c_l P_l(x) \tag{12.2-28}$$

其中 c_l 为展开系数。将上式两边同乘以 $P_k(x)$,并对 x 在区间 $[-1, 1]$ 上积分,以及利用勒让德多项式的正交性关系式(12.2-27),可以得到

$$c_l = \frac{2l+1}{2}\int_{-1}^1 f(x)P_l(x)\,\mathrm{d}x \tag{12.2-29}$$

例 3　以勒让德多项式为基函数,在区间 $[-1, 1]$ 上把函数 $f(x) = 2x^3$

$+3x+4$ 展开成广义傅里叶级数。

解：本题不必应用一般的展开公式(12.2-28)。由于 $f(x)$ 是 x 的三次多项式，因此可以令

$$2x^3 + 3x + 4 = c_0 P_0(x) + c_1 P_1(x) + c_2 P_2(x) + c_3 P_3(x)$$

将勒让德多项式的前四项的表示式分别代入上式，则可以得到

$$2x^3 + 3x + 4 = \left(c_0 - \frac{1}{2}c_2\right) + \left(c_1 - \frac{3}{2}c_3\right)x + \frac{3}{2}c_2 x^2 + \frac{5}{2}c_3 x^3$$

比较两边同次幂的系数，则可以得到

$$c_3 = \frac{4}{5}, \quad c_2 = 0, \quad c_1 = \frac{21}{5}, \quad c_0 = 4$$

所以有

$$2x^3 + 3x + 4 = 4P_0(x) + \frac{21}{5}P_1(x) + \frac{4}{5}P_3(x)$$

§12.3　勒让德多项式的应用举例

勒让德多项式在电磁学、热学、量子力学等领域中有着重要的应用，尤其是借助于勒让德多项式，可以研究拉普拉斯方程的定解问题。

由第八章的讨论可以知道，在轴对称性条件下，拉普拉斯方程在球坐标系中的一般解为 ［见式(8.4-20)］

$$u(r,\theta) = \sum_{l=0}^{\infty} \left(A_l r^l + B_l \frac{1}{r^{l+1}}\right) P_l(\cos\theta) \tag{12.3-1}$$

其中 A_l 及 B_l 为待定系数，应由实际问题中的具体边界条件来确定。下面举例进行说明。

例 1　一个半径为 $r = a$ 的导体球壳，球面上的电势分布为 $u(a,\theta) = u_0 \cos^2\theta$，分别求球壳内外任一点的电势分布。

解：由于边界条件与角度 φ 无关，显然该问题具有对称性，因此电势空间分布的一般形式应由式(12.3-1)给出，但在球壳内外，其具体形式是不同的。

(1) 在球壳内 $(r < a)$，考虑到电势在球心处 $(r = 0)$ 应有限，因此要求系数 $B_l = 0$，则电势分布为

$$u(r,\theta) = \sum_{l=0}^{\infty} A_l r^l P_l(\cos\theta) \tag{12.3-2}$$

为了确定系数 A_l，把上式代入边界条件，有

$$u_0 \cos^2\theta = \sum_{l=0}^{\infty} A_l a^l P_l(\cos\theta) \tag{12.3-3}$$

即

$$u_0 x^2 = \sum_{l=0}^{\infty} A_l a^l P_l(x) \tag{12.3-4}$$

利用 $P_0(x) = 1$ 及 $P_2(x) = \dfrac{1}{2}(3x^2 - 1)$,则有

$$x^2 = \frac{1}{3}[1 + 2P_2(x)] = \frac{1}{3}P_0(x) + \frac{2}{3}P_2(x)$$

把上式代入式(12.3-4),有

$$\left[\frac{1}{3}P_0(x) + \frac{2}{3}P_2(x)\right]u_0 = \sum_{l=0}^{\infty} A_l a^l P_l(x)$$

比较该式两边同阶 $P_l(x)$ 的系数,可以得到

$$A_0 = \frac{u_0}{3}, \quad A_2 = \frac{2u_0}{3a^2}, \quad A_l = 0 \ (l \neq 0,2)$$

这样球壳内部电势的分布为

$$u(r,\theta) = \frac{u_0}{3}\left[1 + 2\left(\frac{r}{a}\right)^2 P_2(\cos\theta)\right] \tag{12.3-5}$$

(2) 在球壳外 $(r > a)$,考虑到电势在无穷远处 $(r \to \infty)$ 应有限,因此要求系数 $A_l = 0$,则电势分布为

$$u(r,\theta) = \sum_{l=0}^{\infty} B_l r^{-l-1} P_l(\cos\theta) \tag{12.3-6}$$

同样,由边界条件可以确定出系数 B_l 为

$$B_0 = \frac{u_0}{3}a, \quad B_2 = \frac{2u_0}{3}a^3, \quad B_l = 0 \ (l \neq 0,2)$$

这样球壳外部的电势分布为

$$u(r,\theta) = \frac{u_0}{3}\left[\frac{a}{r} + 2\left(\frac{a}{r}\right)^3 P_2(\cos\theta)\right] \tag{12.3-7}$$

当边界函数 $u(a,\theta) = f(\theta)$ 的形式比较复杂时,就不能由上面的简单方法来确定展开系数,这时需要利用勒让德多项式的正交性来确定,见式(12.2-29)。如当 $r < a$ 时,展开系数 A_l 为

$$A_l = \frac{2l+1}{2a^l}\int_0^\pi f(\theta)P_l(\cos\theta)\sin\theta\mathrm{d}\theta \tag{12.3-8}$$

当 $r > a$ 时,展开系数 B_l 为

$$B_l = \frac{a^{l+1}(2l+1)}{2}\int_0^\pi f(\theta)P_l(\cos\theta)\sin\theta\mathrm{d}\theta \tag{12.3-9}$$

例2　在一个均匀分布的电场 $\boldsymbol{E}_0$ 中放置一个均匀介质小球。设球的半径为 a,介电常数为 ε。求介质球内外的电场分布。

解:介质球的球心为坐标系的原点,取电场 $\boldsymbol{E}_0$ 的方向为 z 轴的方向。显

然,该问题具有轴对称性。

当介质球放到均匀的电场中时,将在球面上产生极化现象,即在球面上出现束缚电荷。反过来,束缚电荷的出现又会改变球外的原有电场分布。但是,无论在球内还是在球外,电势 $u(r,\theta)$ 仍满足拉普拉斯方程

$$\nabla^2 u(r,\theta) = 0 \tag{12.3-10}$$

这样在球内外的电势分布为

$$u_{r<a}(r,\theta) = \sum_{l=0}^{\infty} A_l r^l P_l(\cos\theta) \quad (r < a) \tag{12.3-11}$$

$$u_{r>a}(r,\theta) = \sum_{l=0}^{\infty} (C_l r^l + D_l r^{-l-1}) P_l(\cos\theta) \quad (r > a) \tag{12.3-12}$$

其中系数 A_l, C_l 和 D_l 由边界条件确定。

在无穷远处 $(r \to \infty)$,介质球的存在对原来的均匀电场 $\boldsymbol{E}_0$ 没有影响。由于选取 $\boldsymbol{E}_0$ 的方向沿 z 轴方向,所以在无穷远处,电场的各分量为:$E_x = 0$,$E_y = 0$,$E_z = E_0$。这样,在无穷远处的边界条件为

$$\frac{\partial u_{r>a}(r,\theta)}{\partial z} = -E_0 \tag{12.3-13}$$

即

$$u_{r>a}(r,\theta)\big|_{r\to\infty} = -E_0 z = -E_0 r\cos\theta \tag{12.3-14}$$

把这个边界条件代入式(12.3-12),可以得到

$$\begin{cases} C_1 = -E_0 \\ C_l = 0 \quad (l \neq 1) \end{cases} \tag{12.3-15}$$

这样球外的电势分布则变为

$$u_{r>a}(r,\theta) = C_0 - E_0 r P_1(\cos\theta) + \sum_{l=0}^{\infty} D_l r^{-l-1} P_l(\cos\theta) \quad (r > a) \tag{12.3-16}$$

由丁电势在球面连续,则有

$$u_{r<a}(a,\theta) = u_{r>a}(a,\theta) \tag{12.3-17}$$

另一方面,在球面上电位移矢量 $\boldsymbol{D} = \varepsilon\varepsilon_0 \boldsymbol{E} = -\varepsilon\varepsilon_0 \nabla u$ 的法向分量也是连续的,即

$$\varepsilon \frac{\partial u_{r<a}(a,\theta)}{\partial r} = \frac{\partial u_{r>a}(a,\theta)}{\partial r} \tag{12.3-18}$$

将式(12.3-11)和式(12.3-16)分别代入式(12.3-17)和式(12.3-18),则得到

$$\begin{cases} \sum_{l=0}^{\infty} A_l a^l P_l(\cos\theta) = C_0 - E_0 a P_1(\cos\theta) + \sum_{l=0}^{\infty} \dfrac{D_l}{a^{l+1}} P_l(\cos\theta) \\ \varepsilon \sum_{l=1}^{\infty} l A_l a^{l-1} P_l(\cos\theta) = - E_0 P_1(\cos\theta) - \sum_{l=0}^{\infty} \dfrac{(l+1)D_l}{a^{l+2}} P_l(\cos\theta) \end{cases}$$

比较两边的系数,有

$$\begin{cases} A_0 = C_0 + \dfrac{D_0}{a} \\ 0 = -\dfrac{D_0}{a^2} \end{cases} (l=0)$$

$$\begin{cases} A_1 a = -E_0 a + \dfrac{D_1}{a^2} \\ \varepsilon A_1 = -E_0 - \dfrac{2D_1}{a^3} \end{cases} (l=1)$$

$$\begin{cases} A_l a^l = \dfrac{D_l}{a^{l+1}} \\ \varepsilon l A_l a^{l-1} = -\dfrac{(l+1)D_l}{a^{l+2}} \end{cases} (l \neq 0,1)$$

由此可以解得

$$\begin{cases} C_0 = A_0 \\ D_0 = 0 \end{cases} \qquad \begin{cases} A_1 = -\dfrac{3}{2+\varepsilon} E_0 \\ D_1 = \dfrac{\varepsilon-1}{\varepsilon+2} a^3 E_0 \end{cases} \qquad \begin{cases} A_l = 0 \\ D_l = 0 \end{cases} (l \neq 0,1)$$

将以上系数分别代入式(12.3-11)和式(12.3-16),则最终得到的球内外电势分布为

$$\begin{cases} u_{r<a}(r,\theta) = A_0 - \dfrac{3}{2+\varepsilon} E_0 r\cos\theta \\ u_{r>a}(r,\theta) = A_0 - E_0 r\cos\theta + \dfrac{\varepsilon-1}{2+\varepsilon} E_0 \left(\dfrac{a^3}{r^2}\right)\cos\theta \end{cases} \tag{12.3-19}$$

其中 A_0 是常数,与电势的零点选取有关。

根据式(12.3-19),又可以把球内的电势改写成

$$u_{r<a}(z) = A_0 - \dfrac{3}{2+\varepsilon} E_0 z$$

由此可见,球内的电场大小为

$$E_{r<a} = -\dfrac{\partial u_{r<a}}{\partial z} = \dfrac{3}{\varepsilon+2} E_0 \tag{12.3-20}$$

方向仍沿着 z 轴,而且是均匀的。也就是说,在球内电场仍是均匀分布的,只不过变弱了($\varepsilon > 1$)。

由式(12.3-19)还可以看到,在球外电场不再是均匀分布的,它由两部分组成,即原来的均匀场E_0和一个极化电场$E_p(r,\theta)$。

例3 设一个半径为a的均匀介质球,其介电常数为ε。在离球心为b $(b>a)$的地方放置一个电量为q的点电荷。求在介质球内外的电势分布。

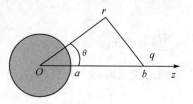

图 12-2

解:取介质球的球心为坐标原点,z轴通过点电荷所在的位置,见图12-2。显然该问题具有轴对称性,与角度φ无关。

电荷将在介质球表面产生极化电荷,从而在介质球的内外产生极化电场。除了在介质球的表面和点电荷所在的位置外,在介质球的内外其他地方均没有电荷存在,故电势满足拉普拉斯方程(具有轴对称性)

$$\nabla^2 u(r,\theta) = 0 \qquad (12.3\text{-}21)$$

在球的内部,考虑到球心处$(r \to 0)$的电势应有限,则电势分布为

$$u_{r<a}(r,\theta) = \sum_{l=0}^{\infty} A_l r^l P_l(\cos\theta) \quad (r<a) \qquad (12.3\text{-}22)$$

其中A_l为待定系数。在球的外部,电势由两部分组成,一部分是来自于球面极化电荷产生的电势$u_p(r,\theta)$,另一部分是由点电荷产生的电势$u_q(r,\theta)$,即

$$u_{r>a}(r,\theta) = u_p(r,\theta) + u_q(r,\theta) \quad (r>a) \qquad (12.3\text{-}23)$$

考虑到球面上极化电荷产生的电势在无穷远处$(r \to \infty)$应有限,则

$$u_p(r,\theta) = \sum_{l=0}^{\infty} D_l r^{-l-1} P_l(\cos\theta) \quad (r>a) \qquad (12.3\text{-}24)$$

其中D_l为待定系数。点电荷在球外产生的电势为

$$u_q(r,\theta) = \frac{q}{R} = \frac{q}{\sqrt{r^2 + b^2 - 2rb\cos\theta}} \quad (r>a) \qquad (12.3\text{-}25)$$

这里我们采用了静电单位。特别是对于$a<r<b$的情况,根据勒让德多项式的生成函数公式(12.2-14),则有

$$u_q(r,\theta) = \frac{q}{\sqrt{r^2 + b^2 - 2rb\cos\theta}} = \frac{q}{b} \sum_{l=0}^{\infty} \left(\frac{r}{b}\right)^l P_l(\cos\theta)$$

$$(12.3\text{-}26)$$

待定系数A_l和D_l可以由边界条件来确定。与前面的例子相同,在球面上电势和电位移矢量的法线分量都连续,即

$$u_{r<a}(a,\theta) = u_{r>a}(a,\theta) \qquad (12.3\text{-}27)$$

$$\varepsilon \frac{\partial u_{r<a}(r,\theta)}{\partial r}\bigg|_{r=a} = \frac{\partial u_{r>a}(r,\theta)}{\partial r}\bigg|_{r=a} \qquad (12.3\text{-}28)$$

将式(12.3-22) 和式(12.3-23) 分别代入上面的边界条件,则可以得到

$$\sum_{l=0}^{\infty} A_l a^l P_l(\cos\theta) = \frac{q}{b} \sum_{l=0}^{\infty} \left(\frac{a}{b}\right)^l P_l(\cos\theta) + \sum_{l=0}^{\infty} D_l a^{-l-1} P_l(\cos\theta)$$

$$\varepsilon \sum_{l=0}^{\infty} l A_l a^{l-1} P_l(\cos\theta) = \frac{q}{b} \sum_{l=0}^{\infty} l b^{-1} \left(\frac{a}{b}\right)^{l-1} P_l(\cos\theta) - \sum_{l=0}^{\infty} (l+1) D_l a^{-l-2} P_l(\cos\theta)$$

分别比较上面两个方程两边 $P_l(\cos\theta)$ 的系数,则可以得到

$$\begin{cases} a^l A_l = \dfrac{q}{b} \left(\dfrac{a}{b}\right)^l + D_l a^{-l-1} \\ \varepsilon l a^{l-1} A_l = \dfrac{lq}{b^2} \left(\dfrac{a}{b}\right)^{l-1} - (l+1) D_l a^{-l-2} \end{cases}$$

由此可以解出

$$\begin{cases} A_l = \dfrac{(2l+1)q}{[(\varepsilon+1)l+1]b^{l+1}} \\ D_l = -q(\varepsilon-1) \dfrac{l a^{2l+1}}{[(\varepsilon+1)l+1]b^{l+1}} \end{cases}$$

则球外内的电势分布为

$$u_{r<a}(r,\theta) = \frac{q}{b} \sum_{l=0}^{\infty} \frac{(2l+1)}{[(\varepsilon+1)l+1]} \left(\frac{r}{b}\right)^l P_l(\cos\theta) \quad (r < a) \tag{12.3-29}$$

$$u_{r>a}(r,\theta) = \frac{q}{\sqrt{r^2+b^2-2rb\cos\theta}}$$

$$- \frac{q(\varepsilon-1)}{a} \sum_{l=0}^{\infty} \frac{l}{[(\varepsilon+1)l+1]} \left(\frac{a^2}{br}\right)^{l+1} P_l(\cos\theta) \quad (r > a) \tag{12.3-30}$$

§12.4　连带勒让德函数

前面已经看到:在非轴对称性情况下,拉普拉斯方程或亥姆霍兹方程的解与方位角 φ 有关,即 $u(r,\theta,\varphi) = R(r)\Theta(\theta)\Phi(\varphi)$。这时函数 $\Theta(\theta)$ 满足如下连带勒让德方程

$$\frac{\mathrm{d}}{\mathrm{d}x}\left[(1-x^2)\frac{\mathrm{d}y}{\mathrm{d}x}\right] + \left(\lambda - \frac{m^2}{1-x^2}\right)y = 0 \tag{12.4-1}$$

其中 $x = \cos\theta, y(x) = \Theta(\theta), m \geqslant 0$。下面只讨论 $\lambda = l(l+1)$ 的情形,并求出连带勒让德方程在 $-1 \leqslant x \leqslant 1$ 的解。

1. 连带勒让德方程的解

原则上,可以仿照 §12.1节的方法在 $x=0$ 点的邻内域求解连带勒让德

方程的级数解，但这种方法较为繁琐。下面采用一种较为简便的方法来求解。令

$$y(x) = (1 - x^2)^{m/2} u(x) \qquad (12.4\text{-}2)$$

则有

$$y'(x) = (1 - x^2)^{\frac{m}{2}} u'(x) - mx (1 - x^2)^{\frac{m}{2}-1} u(x)$$

$$y''(x) = (1 - x^2)^{\frac{m}{2}} u''(x) - 2mx (1 - x^2)^{\frac{m}{2}-1} u'(x) - m (1 - x^2)^{\frac{m}{2}-1} u(x)$$
$$+ m(m - 2)x^2(1 - x^2)^{\frac{m}{2}-2} u(x)$$

分别把以上三个式子代入方程(12.4-1)，则可以得到

$$(1 - x^2) u''(x) - 2(m + 1)xu'(x) + [l(l + 1) - m(m + 1)]u(x) = 0$$
$$(12.4\text{-}3)$$

将以上方程两边对 x 求导，则有

$$(1 - x^2)(u')'' - 2(m + 2)x (u')' + [l(l + 1) - (m + 1)(m + 2)](u') = 0$$
$$(12.4\text{-}4)$$

可以看出，如果把方程(12.4-3)中的 m 变成 $m + 1$，把 u 变成 u'，则方程(12.4-3)就变成了方程(12.4-4)。另一方面，当 $m = 0$ 时方程(12.4-3)就是勒让德方程。因此推断出，方程(12.4-3)是由勒让德方程求导 m 次的结果，即方程(12.4-3)的解为

$$u(x) = \frac{\mathrm{d}^m P_l(x)}{\mathrm{d}x^m} \qquad (12.4\text{-}5)$$

这样连带勒让德方程(12.4-1)的解为

$$y(x) = (1 - x^2)^{\frac{m}{2}} \frac{\mathrm{d}^m P_l(x)}{\mathrm{d}x^m} \equiv P_l^m(x) \qquad (12.4\text{-}6)$$

其中 $P_l^m(x)$ 为 m 阶 l 次**连带勒让德函数**。

由于 $P_l(x)$ 是 l 次多项式，因此在式(12.4-6)中最多只能对 x 求导 l 次，否则结果为零。这样对于给定的 l 值，则要求 $m \leqslant l$，即

$$m = 0, 1, 2, 3, \cdots, l \qquad (12.4\text{-}7)$$

或对于固定的 m，要求

$$l = m, m + 1, m + 2, \cdots \qquad (12.4\text{-}8)$$

当 $m = 0$ 时，连带勒让德多项式即退化为勒让德多项式，即

$$P_l^0(x) = P_l(x) \qquad (12.4\text{-}9)$$

当 $m \geqslant 1, l = 1, 2$ 时，连带勒让德多项式的表示式为

$$P_1^1(x) = (1 - x^2)^{\frac{1}{2}} = \sin\theta$$

$$P_2^1(x) = (1 - x^2)^{\frac{1}{2}} (3x) = \frac{3}{2}\sin 2\theta$$

$$P_2^2(x) = (1 - x^2)(3) = 3\sin^2\theta$$

对于其他情况，可以由式(12.4-6)得到连带勒让德多项式的具体形式。

2. 连带勒让德多项式的微分表示式

根据式(12.4-6)及勒让德多项式 $P_l(x)$ 的微分表示式(12.2-1)，则立刻可以得到连带勒让德函数的微分表示式

$$P_l^m(x) = \frac{(1-x^2)^{\frac{m}{2}}}{2^l l!} \frac{\mathrm{d}^{l+m}}{\mathrm{d}x^{l+m}} (x^2-1)^l \qquad (12.4\text{-}10)$$

由于连带勒让德方程(12.4-1)只与 m^2 有关，即把 m 变为 $-m$ 时，该方程的形式不变，由此可以推断 $P_l^{-m}(x)$ 也是连带勒让德方程的一个解。根据式(12.4-10)，$P_l^{-m}(x)$ 的表示式应该为

$$P_l^{-m}(x) = \frac{(1-x^2)^{-\frac{m}{2}}}{2^l l!} \frac{\mathrm{d}^{l-m}}{\mathrm{d}x^{l-m}} (x^2-1)^l \qquad (12.4\text{-}11)$$

不过可以证明，$P_l^m(x)$ 和 $P_l^{-m}(x)$ 是连带勒让德方程两个相关的解，它们相除为一个常数因子

$$\frac{P_l^m(x)}{P_l^{-m}(x)} = (-1)^m \frac{(l+m)!}{(l-m)!} \qquad (12.4\text{-}12)$$

这里不进行证明。

3. 连带勒让德函数的性质

(1) 正交性：

作为施图姆 - 刘维尔方程本征值问题的特例，对于同一阶 m 而不同次 l 的连带勒让德函数在区间 $(-1,1)$ 应该是正交的，即

$$\int_{-1}^{1} P_l^m(x) P_k^m(x) \mathrm{d}x = 0 \qquad (l \neq k) \qquad (12.4\text{-}13)$$

或

$$\int_{0}^{\pi} P_l^m(\cos\theta) P_k^m(\cos\theta) \sin\theta \mathrm{d}\theta = 0 \qquad (l \neq k) \qquad (12.4\text{-}14)$$

(2) 模：

按照本征函数的模的一般定义，见式(8.5-13)，连带勒让德多项式 $P_l^m(x)$ 的模 N_l^m 为

$$(N_l^m)^2 = \int_{-1}^{1} \left[P_l^m(x) \right]^2 \mathrm{d}x \qquad (12.4\text{-}15)$$

把连带勒让德函数的微分表示式(12.4-11)代入上式，经过繁琐的分部积分后，可以得到

$$(N_l^m)^2 = \frac{2(l+m)!}{(2l+1)(l-m)!}$$

即

$$N_l^m = \sqrt{\frac{2(l+m)!}{(2l+1)(l-m)!}} \qquad (12.4\text{-}16)$$

这里不做详细推导。

（3）完备性：

作为施图姆-刘维尔本征值问题的特例，可以把定义在区间$[-1,1]$上的函数$f(x)$展开成如下广义傅里叶级数

$$f(x) = \sum_{l=0}^{\infty} c_l P_l^m(x) \tag{12.4-17}$$

其中展开系数为

$$c_l = \frac{2l+1}{2} \frac{(l-m)!}{(l+m)!} \int_{-1}^{1} f(x) P_l^m(x) \tag{12.4-18}$$

类似地，可以把定义在区间$[0,\pi]$上的函数$f(\theta)$展开成如下广义傅里叶级数

$$f(\theta) = \sum_{l=0}^{\infty} c_l P_l^m(\cos\theta) \tag{12.4-19}$$

其中展开系数为

$$c_l = \frac{2l+1}{2} \frac{(l-m)!}{(l+m)!} \int_{0}^{\pi} f(\theta) P_l^m(\cos\theta) \sin\theta \mathrm{d}\theta \tag{12.4-20}$$

§12.5 球函数

1. 球函数的定义

由前面的讨论可知，经过分离变量后，可以把球函数$Y(\theta,\varphi) = \Theta(\theta)\Phi(\varphi)$所满足的方程

$$\frac{1}{\sin\theta}\frac{\partial}{\partial\theta}\left(\sin\theta\frac{\partial Y}{\partial\theta}\right) + \frac{1}{\sin^2\theta}\frac{\partial^2 Y}{\partial\varphi^2} + \lambda Y = 0 \tag{12.5-1}$$

转化成如下两个方程

$$\Phi''(\varphi) + m^2\Phi(\varphi) = 0 \tag{12.5-2}$$

及

$$\sin\theta\frac{\mathrm{d}}{\mathrm{d}\theta}\left(\sin\theta\frac{\mathrm{d}\Theta}{\mathrm{d}\theta}\right) + (\lambda\sin^2\theta - m^2)\Theta = 0 \tag{12.5-3}$$

其中m及λ为常数。对于式(12.5-2)，利用周期性边界条件$\Phi(\varphi) = \Phi(\varphi + 2\pi)$，可以得到其实数形式的解为

$$\Phi(\varphi) = A\cos m\varphi + B\sin m\varphi \quad (m = 0,1,2,3,\cdots,l) \tag{12.5-4}$$

或复数形式的解

$$\Phi(\varphi) = Ce^{im\varphi} \quad (m = 0,\pm 1,\pm 2,\pm 3,\cdots,\pm l) \tag{12.5-5}$$

其中A,B及C均为常数。而式(12.5-3)为连带勒让德方程，它的本征解及本征值分别为

$$\Theta(\theta) = DP_l^m(\cos\theta) \quad (l = 0, 1, 2, 3, \cdots) \tag{12.5-6}$$

$$\lambda = l(l+1) \tag{12.5-7}$$

其中 D 是常数。

这样，我们可定义两种形式的球函数，即实数形式的球函数和复数形式的球函数。根据式(12.5-4)和式(12.5-6)，实数形式的球函数为

$$Y_l^m(\theta,\varphi) = P_l^m(\cos\theta) \begin{Bmatrix} \cos m\varphi \\ \sin m\varphi \end{Bmatrix} \tag{12.5-8}$$

其中 $m = 0, 1, 2, 3, \cdots, l; l = 0, 1, 2, 3, \cdots$，记号 $\{\ \}$ 表示列举的函数式是线性独立的，可以任取其一。根据式(12.5-5)和式(12.5-6)，复数形式的球函数为

$$Y_l^m(\theta,\varphi) = P_l^{|m|}(\cos\theta) e^{im\varphi} \tag{12.5-9}$$

其中 $m = 0, \pm1, \pm2, \pm3, \cdots, \pm l, l = 0, 1, 2, 3, \cdots$。由于这里 m 的值既可以是正整数，也可以是负整数，则对于给定的 m 值，有两个相应的连带勒让德函数 $P_l^m(\cos\theta)$ 和 $P_l^{-m}(\cos\theta)$。但前面已经指出，这两个连带勒让德函数是线性相关的，它们的比为一个常数，所以在式(12.5-9)中我们选取连带勒让德函数为 $P_l^{|m|}(\cos\theta)$。此外，还可以看到，对于给定的 l 值，共有 $2l+1$ 个线性无关的球函数。

2. 球函数的性质

(1) 正交性

利用连带勒让德函数的正交性及三角函数的正交性，可以证明：对于 $l \neq k$ 及 $m \neq n$，两个实数形式的球函数 $Y_l^m(\theta,\varphi)$ 和 $Y_k^n(\theta,\varphi)$ 在球面 S 上(即 $0 \leqslant \theta \leqslant \pi, 0 \leqslant \varphi \leqslant 2\pi$) 正交，即

$$\iint_S Y_l^m(\theta,\varphi) Y_k^n(\theta,\varphi) \sin\theta d\theta d\varphi$$

$$= \int_0^\pi P_l^m(\cos\theta) P_k^n(\cos\theta) \sin\theta d\theta \int_0^{2\pi} \begin{Bmatrix} \cos m\varphi \\ \sin m\varphi \end{Bmatrix} \begin{Bmatrix} \cos n\varphi \\ \sin n\varphi \end{Bmatrix} d\varphi \tag{12.5-10}$$

$$= 0$$

对于复数形式的球函数式(12.5-9)，同样有如下正交关系

$$\iint_S Y_l^m(\theta,\varphi) \, (Y_k^n(\theta,\varphi))^* \sin\theta d\theta d\varphi$$

$$= \int_0^\pi P_l^{|m|}(\cos\theta) P_k^{|n|}(\cos\theta) \sin\theta d\theta \int_0^{2\pi} e^{im\varphi} e^{-in\varphi} d\varphi \tag{12.5-11}$$

$$= 0 \quad (m \neq n, l \neq k)$$

(2) 模

对于实数形式的球函数，其模 N_l^m 的平方为

$$(N_l^m)^2 = \iint_S Y_l^m(\theta,\varphi) Y_l^m(\theta,\varphi) \sin\theta \mathrm{d}\theta \mathrm{d}\varphi$$

$$= \int_0^\pi \left[P_l^m(\cos\theta) \right]^2 \sin\theta \mathrm{d}\theta \int_0^{?\pi} \begin{Bmatrix} \cos^2 m\varphi \\ \sin^2 m\varphi \end{Bmatrix} \mathrm{d}\varphi$$

利用如下已知的积分结果

$$\int_0^{2\pi} \cos^2 m\varphi \mathrm{d}\varphi = \pi\delta_m \ (m = 0,1,\,2,\,3,\cdots)$$

$$\int_0^{2\pi} \sin^2 m\varphi \mathrm{d}\varphi = \pi \ (m = 1,\,2,\,3,\cdots)$$

$$\int_{-1}^1 \left[P_l^m(x) \right]^2 \mathrm{d}x = \frac{2(l+m)!}{(2l+1)(l-m)!}$$

则可以得到实数形式的球函数的模为

$$N_l^m = \sqrt{\frac{2\pi\delta_m(l+m)!}{(2l+1)(l-m)!}} \qquad (12.5\text{-}12)$$

其中

$$\delta_m = \begin{cases} 2 \ (m = 0) \\ 1 \ (m \neq 0) \end{cases}$$

对于复数形式的球函数,它的模平方为

$$(N_l^m)^2 = \iint_S Y_l^m(\theta,\varphi) \left[Y_l^m(\theta,\varphi) \right]^* \sin\theta \mathrm{d}\theta \mathrm{d}\varphi$$

$$= \int_0^\pi \left[P_l^{|m|}(\cos\theta) \right]^2 \sin\theta \mathrm{d}\theta \int_0^{2\pi} \mathrm{e}^{\mathrm{i}m\varphi} (\mathrm{e}^{\mathrm{i}m\varphi})^* \mathrm{d}\varphi$$

$$= 2\pi \int_0^\pi \left[P_l^{|m|}(\cos\theta) \right]^2 \sin\theta \mathrm{d}\theta$$

$$= 2\pi \frac{2(l+|m|)!}{(2l+1)(l-|m|)!}$$

即

$$N_l^m = \sqrt{\frac{4\pi(l+|m|)!}{(2l+1)(l-|m|)!}} \qquad (12.5\text{-}13)$$

(3) 完备性

若用实数形式的球函数作为基函数,可以把球面 S 上(即 $0 \leqslant \theta \leqslant \pi, 0 \leqslant \varphi \leqslant 2\pi$)的函数 $f(\theta,\varphi)$ 展开成如下广义傅里叶级数

$$f(\theta,\varphi) = \sum_{l=0}^\infty \sum_{m=0}^l \left[A_l^m \cos m\varphi + B_l^m \sin m\varphi \right] P_l^m(\cos\theta) \quad (12.5\text{-}14)$$

其中展开系数为

$$A_l^m = \frac{2l+1}{2\pi\delta_m} \frac{(l-m)!}{(l+m)!} \int_0^\pi \int_0^{2\pi} f(\theta,\varphi) P_l^m(\cos\theta) \cos m\varphi \sin\theta \mathrm{d}\theta \mathrm{d}\varphi$$

$$(12.5\text{-}15)$$

$$B_l^m = \frac{2l+1}{2\pi} \frac{(l-m)!}{(l+m)!} \int_0^\pi \int_0^{2\pi} f(\theta,\varphi) P_l^m(\cos\theta) \sin m\varphi \sin\theta \mathrm{d}\theta \mathrm{d}\varphi$$

$$(12.5\text{-}16)$$

若用复数形式的球函数作为基函数,则可以将函数 $f(\theta,\varphi)$ 展开成为

$$f(\theta,\varphi) = \sum_{l=0}^\infty \sum_{m=-l}^l C_l^m P_l^{|m|}(\cos\theta) \mathrm{e}^{\mathrm{i}m\varphi} \qquad (12.5\text{-}17)$$

其中展开系数为

$$C_l^m = \frac{2l+1}{4\pi} \frac{(l-|m|)!}{(l+|m|)!} \int_0^{2\pi} \int_0^\pi f(\theta,\varphi) P_l^{|m|}(\cos\theta) \mathrm{e}^{-\mathrm{i}m\varphi} \sin\theta \mathrm{d}\theta \mathrm{d}\varphi$$

$$(12.5\text{-}18)$$

(4) 归一化的球函数

物理学中常采用归一化的球函数,其定义为

$$Y_{lm}(\theta,\varphi) = \frac{1}{N_l^m} Y_l^m(\theta,\varphi) \qquad (12.5\text{-}19)$$

利用式(12.5-9)和式(12.5-13),可以得到归一化的复数形式的球函数为

$$Y_{lm}(\theta,\varphi) = \sqrt{\frac{(2l+1)(l-|m|)!}{4\pi(l+|m|)!}} P_l^{|m|}(\cos\theta) \mathrm{e}^{\mathrm{i}m\varphi} \quad (12.5\text{-}20)$$

显然,这种球函数满足如下正交归一关系

$$\iint_S Y_{lm}(\theta,\varphi) Y_{kn}^*(\theta,\varphi) \sin\theta \mathrm{d}\theta \mathrm{d}\varphi = \delta_{l,k}\delta_{n,m} \qquad (12.5\text{-}21)$$

这样,归一化的球函数式(12.5-19)的前几项为

$$Y_{00}(\theta,\varphi) = \frac{1}{\sqrt{4\pi}}, \ Y_{10}(\theta,\varphi) = \sqrt{\frac{3}{4\pi}}\cos\theta, \ Y_{11}(\theta,\varphi) = \sqrt{\frac{3}{8\pi}}\sin\theta\,\mathrm{e}^{\mathrm{i}\varphi},$$

$$Y_{20}(\theta,\varphi) = \sqrt{\frac{5}{16\pi}}(3\cos^2\theta - 1), \ Y_{21}(\theta,\varphi) = \sqrt{\frac{15}{8\pi}}\cos\theta\sin\theta\,\mathrm{e}^{\mathrm{i}\varphi},$$

$$Y_{22}(\theta,\varphi) = \sqrt{\frac{15}{32\pi}}\sin^2\theta\,\mathrm{e}^{\mathrm{i}2\varphi}$$

$$(12.5\text{-}22)$$

§12.6   非轴对称情况下拉普拉斯方程的定解问题

根据第八章和本章的讨论,可以知道:在非轴对称情况下,拉普拉斯方程在球坐标系中的一般解为

$$u(r,\theta,\varphi) = \sum_{l=0}^\infty \sum_{m=0}^l \left(A_l r^l + \frac{B_l}{r^{l+1}}\right)(C_m\cos m\varphi + D_m\sin m\varphi)P_l^m(\cos\theta)$$

$$(12.6\text{-}1)$$

其中系数 A_l, B_l, C_m 及 D_m 由边界条件确定。原则上讲,一旦知道边界条件 $u|_{r=a} = f(\theta, \varphi)$ 的具体形式,就可以利用球函数的正交性确定出这些展开系数,见式(12.5-15)和式(12.5-16)。如果函数 $f(\theta, \varphi)$ 的形式比较简单,则没有必要利用球函数的正交性来确定展开系数,而是把 $f(\theta, \varphi)$ "凑成"球函数的前几项之和,并把边界条件代入式(12.6-1),通过比较两边的系数,就可以确定出展开系数。下面举例进行说明。

例 1　假设在半径为 a 的球形区域内没有电荷分布,而在球面上的电势为 $u_0(3\sin^2\theta\cos^2\varphi - 1)$,其中 u_0 为常数。求球内的电势分布。

解:根据题意,可以知道,对应的拉普拉斯方程的定解问题为

$$\begin{cases} \nabla^2 u(r,\theta,\varphi) = 0 & (r < a) \\ u|_{r=a} = u_0(3\sin^2\theta\cos^2\varphi - 1) \end{cases} \quad (12.6\text{-}2)$$

考虑在球心处 $(r = 0)$ 的解应有限,因此它的一般解应为

$$u(r,\theta,\varphi) = \sum_{l=0}^{\infty}\sum_{m=0}^{l} r^l (C_l^m\cos m\varphi + D_l^m\sin m\varphi) P_l^m(\cos\theta) \quad (12.6\text{-}3)$$

下面由边界条件确定展开系数 C_l^m 及 D_l^m。

首先利用 $\cos^2\varphi = \dfrac{1}{2}(1 + \cos 2\varphi)$,则有

$$3\sin^2\theta\cos^2\varphi - 1 = \frac{3}{2}\sin^2\theta(1 + \cos 2\varphi) - 1 = \left(\frac{3}{2}\sin^2\theta - 1\right) + \frac{3}{2}\sin^2\theta\cos 2\varphi$$

$$= -\frac{1}{2}(3\cos^2\theta - 1) + \frac{3}{2}\sin^2\theta\cos 2\varphi$$

然后,再利用 $P_2^0(\cos\theta) = P_2(\cos\theta) = \dfrac{1}{2}(3\cos^2\theta - 1)$, $P_2^2(\cos\theta) = 3\sin^2\theta$,则最后有

$$3\sin^2\theta\cos^2\varphi - 1 = -P_2^0(\cos\theta) + \frac{1}{2}P_2^2(\cos\theta)\cos 2\varphi$$

这样,可以把边界条件表示为广义傅里叶级数的形式

$$u|_{r=a} = u_0\left[-P_2^0(\cos\theta) + \frac{1}{2}P_2^2(\cos\theta)\cos 2\varphi\right] \quad (12.6\text{-}4)$$

把式(12.6-4)代入式(12.6-3),并比较两边的系数,则可以得到

$$\begin{cases} C_2^0 = -u_0/a^2 \\ C_2^2 = \dfrac{1}{2a^2}u_0 \\ C_l^m = 0 \ (l \neq 2, \ m \neq 0, 2) \\ D_l^m = 0 \end{cases}$$

因此方程(12.6-2)的解为

$$u(r,\theta,\varphi) = u_0 \left(\frac{r}{a}\right)^2 \left[-P_2^0(\cos\theta) + \frac{1}{2}P_2^2(\cos\theta)\cos2\varphi\right] \quad (12.6\text{-}5)$$

例2 假设在半径为 a 的球形区域外没有电荷分布,而在球面上的电势为 $4u_0\sin^2\theta\left(\cos\varphi\sin\varphi + \frac{1}{2}\right)$,其中 u_0 为常数。求球外的电势分布。

解:这也是一个求解电势 $u(r,\theta,\varphi)$ 的静电学问题,对应的定解问题为

$$\begin{cases} \nabla^2 u(r,\theta,\varphi) = 0 & (r > a) \\ u\big|_{r=a} = 4u_0\sin^2\theta\left(\cos\varphi\sin\varphi + \frac{1}{2}\right) \end{cases} \quad (12.6\text{-}6)$$

考虑到在无穷远处 $(r \to \infty)$ 电势应有限,则方程(12.6-6)的一般解为

$$u(r,\theta,\varphi) = \sum_{l=0}^{\infty}\sum_{m=0}^{l} \frac{1}{r^{l+1}}(C_l^m\cos m\varphi + D_l^m\sin m\varphi)P_l^m(\cos\theta) \quad (12.6\text{-}7)$$

下面由边界条件确定展开系数 C_l^m 及 D_l^m。

利用 $P_0^0(\cos\theta) = 1, P_2^0(\cos\theta) = \frac{1}{2}(3\cos^2\theta - 1)$ 及 $P_2^2(\cos\theta) = 3\sin^2\theta$,则有

$$4\sin^2\theta\left(\cos\varphi\sin\varphi + \frac{1}{2}\right) = 2\sin^2\theta + 2\sin^2\theta\sin2\varphi$$

$$= \frac{2}{3} - \frac{4}{3}\left(\frac{3}{2}\cos^2\theta - 1\right) + 2\sin^2\theta\sin2\varphi$$

$$= \frac{4}{3}P_0^0(\cos\theta) - \frac{4}{3}P_2^0(\cos\theta) + \frac{2}{3}P_2^2(\cos\theta)\sin2\varphi$$

这样,可以把边界条件表示为广义傅里叶级数的形式

$$u\big|_{r=a} = u_0\left[\frac{4}{3}P_0^0(\cos\theta) - \frac{4}{3}P_2^0(\cos\theta) + \frac{2}{3}P_2^2(\cos\theta)\sin2\varphi\right]$$

$$(12.6\text{-}8)$$

将式(12.6-8)代入式(12.6-7),并比较两边的系数,可以得到

$$\begin{cases} C_0^0 = 4au_0/3 \\ C_2^0 = -4a^3u_0/3 \\ D_2^2 = 2a^3u_0/3 \\ C_l^m = 0 \ (l \neq 2, 0; \ m \neq 0) \\ D_l^m = 0 \ (l \neq 2, \ m \neq 2) \end{cases}$$

因此方程(12.6-6)的解为

$$u(r,\theta,\varphi) = \frac{2u_0}{3}\left[2\left(\frac{a}{r}\right)P_0^0(\cos\theta) - 2\left(\frac{a}{r}\right)^3 P_2^0(\cos\theta) + \left(\frac{a}{r}\right)^3 P_2^2(\cos\theta)\sin2\varphi\right]$$

$$(12.6\text{-}9)$$

习　题

1. 证明 $\displaystyle\int_{-1}^{1} P_l(x)\mathrm{d}x = 0$，$l = 1,2,3,\cdots$

2. 证明 $\displaystyle\int_{-1}^{1} (1-x^2)\left[P'_l(x)\right]^2\mathrm{d}x = \dfrac{2l(l+1)}{2l+1}$，$l = 0,1,2,\cdots$

3. 以勒让德函数为基，将函数 $f(x) = x^4 + 2x^3 + 1$ 在区间 $[-1,1]$ 展开为广义傅里叶级数。

4. 一空心球区域，内外半径分别为 r_1 和 r_2，内球面上有恒定电势 u_0，外球面上电势为 $u_1\cos^2\theta$，其中 u_0 和 u_1 为常数。求内外球面之间空心球区域中的电势分布。

5. 半径为 r_0 的半球的球面保持一定的温度 u_0，而半球的底部分别保持为：(1) 零度；(2) 绝热。求半球内部的稳态温度分布。

6. 把函数 $f(\theta,\varphi) = (1 + 3\cos\theta)\sin\theta\cos\varphi$ 用球函数展开。

7. 分别在球内 $(r < r_0)$ 和球外 $(r > r_0)$ 求解如下拉普拉斯方程的定解问题

$$\begin{cases} \nabla^2 u(r,\theta,\varphi) = 0 \\ u\Big|_{r=r_0} = 4\,\sin^2\theta\left(\cos\varphi\sin\varphi + \dfrac{1}{2}\right) \end{cases}$$

8. 在内外半径分别为 r_1 和 r_2 的空心球区域内 $(r_1 < r < r_2)$，求解如下拉普拉斯方程的定解问题

$$\begin{cases} \nabla^2 u(r,\theta,\varphi) = 0 \\ u\big|_{r=r_1} = u_1\cos\theta \\ u\big|_{r=r_2} = u_2\sin\theta\cos\theta\sin\varphi \end{cases}$$

其中 u_1 和 u_2 为常数。

9. 在半径为 r_0 的球形区域内 $(r < r_0)$，求解如下泊松方程的定解问题

$$\begin{cases} \nabla^2 u(r,\theta,\varphi) = A\cos\theta \\ u\big|_{r=r_0} = 0 \end{cases}$$

其中 A 为常数（提示：将该方程的解按照拉普拉斯方程的本征解进行展开）。

第十三章　　柱函数

在第八章中,我们对拉普拉斯方程在柱坐标系中分离变量时,曾得到 m 阶贝塞尔方程

$$\frac{\mathrm{d}^2 R}{\mathrm{d}x^2} + \frac{1}{x}\frac{\mathrm{d}R}{\mathrm{d}x} + \left(1 - \frac{m^2}{x^2}\right)R = 0 \quad (x = \sqrt{\mu}\,r)$$

其中 $m = 0,1,2,\cdots$。此外,亥姆霍兹方程在平面极坐标系下进行分离变量时,也能得到贝塞尔方程,见方程(8.2-35)。本章将首先讨论贝塞尔方程的级数解法、贝塞尔函数及其性质,然后在此基础上进一步讨论虚宗量贝塞尔函数和球贝塞尔函数。

§13.1　　贝塞尔方程的级数解

可以把贝塞尔方程写成如下一般形式

$$\frac{\mathrm{d}^2 y}{\mathrm{d}x^2} + \frac{1}{x}\frac{\mathrm{d}y}{\mathrm{d}x} + \left(1 - \frac{\nu^2}{x^2}\right)y = 0 \tag{13.1-1}$$

其中 ν 可以是整数,也可以是半整数。可以看到,$x = 0$ 是该方程的一个奇点。

下面将方程(13.1-1)的解 $y(x)$ 在 $x = 0$ 的邻域内($|x| > 0$)进行级数展开,即

$$y(x) = \sum_{k=0}^{\infty} c_k x^{k+\rho} \tag{13.1-2}$$

其中 ρ 为待定常数,c_k 为展开系数,且要求 $c_0 \neq 0$。对式(13.1-2)两边求导,则有

$$y'(x) = \sum_{k=0}^{\infty} c_k (k+\rho) x^{k+\rho-1} \tag{13.1-3}$$

$$y''(x) = \sum_{k=0}^{\infty} c_k (k+\rho)(k+\rho-1) x^{k+\rho-2} \tag{13.1-4}$$

将方程(13.1-1)两边同乘以 x^2,并分别把式(13.1-2) ～ 式(13.1-4)代入,则可以得到

$$\sum_{k=0}^{\infty} c_k(k+\rho)(k+\rho-1)x^k + \sum_{k=0}^{\infty} c_k(k+\rho)x^k + \sum_{k=0}^{\infty} c_k x^{k+2} - \sum_{k=0}^{\infty} c_k \nu^2 x^k = 0$$

(13.1-5)

比较上式中 x 的同次幂的系数,有

$$\begin{cases} (\rho^2 - \nu^2)c_0 = 0 & (c_0 \neq 0) \\ [(\rho+1)^2 - \nu^2]c_1 = 0 \\ [(\rho+k)^2 - \nu^2]c_k + c_{k-2} = 0 & (k \geqslant 2) \end{cases}$$

(13.1-6)

可见,由于要求 $c_0 \neq 0$,则有

$$\rho = \pm \nu$$

(13.1-7)

下面分两种情况进行讨论:

(1)当 $\rho = \nu$ 时,则有

$$\begin{cases} c_1 = 0 \\ c_k = -\dfrac{1}{(\nu+k)^2 - \nu^2}c_{k-2} & (k \geqslant 2) \end{cases}$$

(13.1-8)

根据上面的关系,可以看到所有奇次幂的系数均为零,只有偶次幂的系数不为零,即

$$\begin{cases} c_{2k+1} = 0 & (k \geqslant 0) \\ c_{2k} = -\dfrac{1}{2^2 k(k+\nu)}c_{2k-2} & (k \geqslant 1) \end{cases}$$

(13.1-9)

由此可递推出

$$c_2 = \frac{(-1)}{2^2(1+\nu)}c_0$$

$$c_4 = \frac{(-1)}{2^2 2(2+\nu)}c_2 = \frac{(-1)^2}{2^4 2!(1+\nu)(2+\nu)}c_0$$

$$c_6 = \frac{(-1)}{2^2 3(3+\nu)}c_4 = \frac{(-1)^3}{2^6 3!(1+\nu)(2+\nu)(3+\nu)}c_0$$

$$\cdots$$

$$c_{2k} = \frac{(-1)^k}{2^{2k} k!(1+\nu)(2+\nu)(3+\nu)\cdots(k+\nu)}c_0$$

其中 c_0 为常数。利用高等数学中的 Γ 函数的定义

$$\Gamma(\nu) = \int_0^\infty \mathrm{e}^{-t} t^{\nu-1} \mathrm{d}t \quad (\nu > 0)$$

(13.1-10)

及其递推关系式

$$\Gamma(k+\nu+1) = (k+\nu)\Gamma(k+\nu)$$

(13.1-11)

则可以把系数 c_{2k} 表示为

$$c_{2k} = (-1)^k \frac{\Gamma(\nu+1)}{2^{2k} k! \Gamma(k+\nu+1)}c_0$$

(13.1-12)

可见只要知道了零次幂的系数 c_0，那么所有偶次项的系数 c_{2k} 就可以确定下来。通常取

$$c_0 = \frac{1}{2^{\nu} \Gamma(\nu+1)} \tag{13.1-13}$$

将式(13.1-13)代入式(13.1-12)，则有

$$c_{2k} = \frac{(-1)^k}{2^{2k+\nu} k! \Gamma(k+\nu+1)} \tag{13.1-14}$$

利用 $c_{2k+1}=0$，并将式(13.1-14)代入式(13.1-2)，则可以得到方程(13.1-1)的一个特解为

$$y_1(x) = J_\nu(x)$$
$$\equiv \sum_{k=0}^{\infty} \frac{(-1)^k}{k! \Gamma(k+\nu+1)} \left(\frac{x}{2}\right)^{\nu+2k} \tag{13.1-15}$$

称 $J_\nu(x)$ 为 ν 阶**贝塞尔函数**。

(2) 当 $\rho=-\nu$ 时，类似地，可以得到方程(13.1-1)的另外一个特解为

$$y_2(x) = J_{-\nu}(x)$$
$$\equiv \sum_{k=0}^{\infty} \frac{(-1)^k}{k! \Gamma(k-\nu+1)} \left(\frac{x}{2}\right)^{-\nu+2k} \tag{13.1-16}$$

当 ν 不是整数时，可以证明 $J_\nu(x)$ 与 $J_{-\nu}(x)$ 是线性无关的。这是因为当 $x \to 0$ 时，$J_\nu(0)$ 的值有限，而 $J_{-\nu}(0) \to \infty$，则 $J_\nu(x)/J_{-\nu}(x)$ 的比值不可能是一个常数。例如，当 $\nu=1/2$ 时，有

$$J_{1/2}(x) = \sum_{k=0}^{\infty} \frac{(-1)^k}{k! \Gamma(k+1/2+1)} \left(\frac{x}{2}\right)^{1/2+2k}$$

利用 Γ 函数的递推关系及 $\Gamma(1/2)=\sqrt{\pi}$，有

$$\Gamma(k+1+1/2) = \frac{(2k+1)!}{2^{2k+1} k!} \sqrt{\pi} \tag{13.1-17}$$

则可以把 $J_{1/2}(x)$ 表示为

$$J_{1/2}(x) = \sqrt{\frac{2}{\pi x}} \sum_{k=0}^{\infty} \frac{(-1)^k}{(2k+1)!} x^{2k+1} = \sqrt{\frac{2}{\pi x}} \sin x \tag{13.1-18}$$

当 $\nu=-1/2$ 时，利用

$$\Gamma(k-1/2+1) = \frac{(2k)!}{2^{2k} k!} \sqrt{\pi}$$

则有

$$J_{-1/2}(x) = \sqrt{\frac{2}{\pi x}} \sum_{k=0}^{\infty} \frac{(-1)^k}{(2k)!} x^{2k} = \sqrt{\frac{2}{\pi x}} \cos x \tag{13.1-19}$$

可见 $J_{1/2}(x)$ 与 $J_{-1/2}(x)$ 线性无关。

这样当 ν 不是整数时，贝塞尔方程(13.1-1)的通解为

$$y(x) = c_1 J_\nu(x) + c_2 J_{-\nu}(x) \qquad (13.1\text{-}20)$$

其中 c_1 及 c_2 为常数。不过,通常也把贝塞尔方程的通解表示为

$$y(x) = c_1 J_\nu(x) + c_2 N_\nu(x) \qquad (13.1\text{-}21)$$

其中

$$N_\nu(x) = \frac{J_\nu(x)\cos\nu\pi - J_{-\nu}(x)}{\sin\nu\pi} \qquad (13.1\text{-}22)$$

为**诺伊曼函数**。显然,当 ν 不是整数时,$N_\nu(x)$ 与 $J_\nu(x)$ 也是线性无关的。

当 $\nu = m$ 为正整数时,根据式(13.1-15)及 Γ 函数的性质

$$\Gamma(k + m + 1) = (k + m)!$$

则有

$$J_m(x) = \sum_{k=0}^{\infty} \frac{(-1)^k}{k!(k+m)!} \left(\frac{x}{2}\right)^{m+2k} \qquad (13.1\text{-}23)$$

当 $\nu = -m$ 为负整数时,类似地可以得到

$$J_{-m}(x) = \sum_{k=0}^{\infty} \frac{(-1)^k}{k!\,\Gamma(k-m+1)} \left(\frac{x}{2}\right)^{-m+2k} \qquad (13.1\text{-}24)$$

可以证明,这时 $J_m(x)$ 与 $J_{-m}(x)$ 是线性相关的,也就是说 $J_m(x)$ 与 $J_{-m}(x)$ 是方程(13.1-1)的两个线性相关的解。根据 Γ 函数的定义式,可知:当式(13.1-24)中的 $k - m \leqslant 0$ 时,$\Gamma(k-m+1) \to \infty$,即 $1/\Gamma(k-m+1) \to 0$,因此有

$$J_{-m}(x) = \sum_{k=m}^{\infty} \frac{(-1)^k}{k!\,\Gamma(k-m+1)} \left(\frac{x}{2}\right)^{-m+2k}$$

令 $l = k - m$,则有

$$J_{-m}(x) = \sum_{l=0}^{\infty} \frac{(-1)^{l+m}}{(l+m)!\,l!} \left(\frac{x}{2}\right)^{m+2l}$$

可见有

$$J_{-m}(x) - (-1)^m J_m(x) \qquad (13.1\text{-}25)$$

即 $J_m(x)$ 与 $J_{-m}(x)$ 是线性相关的。

由式(13.1-23),还可以看到 $J_m(x)$ 有如下特征:

$$J_m(-x) = (-1)^m J_m(x) \qquad (13.1\text{-}26)$$

$$\begin{cases} J_0(0) = 1 \\ J_m(0) = 0 \quad (m \geqslant 1) \end{cases} \qquad (13.1\text{-}27)$$

为了对贝塞尔函数有一个更直观地了解,图 13-1 显示了 $J_0(x)$,$J_1(x)$ 及 $J_2(x)$ 的变化曲线。由图可以看出:当 x 为实数时,贝塞尔函数 $J_m(x)$ 是一个振荡衰减的函数,且有无穷多个零点 $x_i^{(m)}(i = 1,2,3,\cdots)$。称 $x_i^{(m)}$ 为 m 阶贝塞尔函数 $J_m(x)$ 的第 i 个零点。

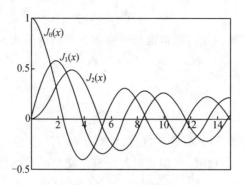

图 13-1

显然,当 $\nu = m$ 为整数时,式(13.1-22) 的右端为一个不定式,但它的极限存在

$$N_m(x) = \lim_{\nu \to m} N_\nu(x)$$

$$= \frac{1}{\pi} \left[\frac{\partial J_\nu(x)}{\partial \nu} - (-1)^\nu \frac{\partial J_{-\nu}(x)}{\partial \nu} \right]_{\nu \to m} \qquad (13.1\text{-}28)$$

而且是贝塞尔方程的一个解,与 $J_m(x)$ 线性无关(这里不做证明)。当 $x \to 0$ 时,诺伊曼函数具有奇异性

$$N_0(x) \approx \frac{2}{\pi} \ln\left(\frac{x}{2} \right) \qquad (13.1\text{-}29)$$

$$N_m(x) \approx -\frac{(m-1)!}{\pi} \left(\frac{x}{2} \right)^{-m} \quad (m > 0) \qquad (13.1\text{-}30)$$

这样,当 $\nu = m$ 为整数时,贝塞尔方程(13.1-1) 的通解为

$$y(x) = c_1 J_m(x) + c_2 N_m(x) \qquad (13.1\text{-}31)$$

其中 c_1 及 c_2 为常数。

通常,又可以把贝塞尔函数 $J_\nu(x)$ 和诺伊曼函数 $N_\nu(x)$ 进行如下线性组合

$$\begin{cases} H_\nu^{(1)}(x) = J_\nu(x) + iN_\nu(x) \\ H_\nu^{(2)}(x) = J_\nu(x) - iN_\nu(x) \end{cases} \qquad (13.1\text{-}32)$$

并称其为第一种和第二种**汉克函数**。显然,它们也是线性无关的。与诺伊曼函数一样,汉克函数在 $x = 0$ 也具有奇异性。当 $\nu = m$ 及 $x \to 0$ 时,有

$$H_0^{(1)}(x) \approx i\frac{2}{\pi} \ln\left(\frac{x}{2} \right), \quad H_m^{(1)}(x) \approx -i\frac{(m-1)!}{\pi} \left(\frac{x}{2} \right)^{-m} \quad (m > 0)$$

$$\qquad (13.1\text{-}33)$$

$$H_0^{(2)}(x) \approx -i\frac{2}{\pi} \ln\left(\frac{x}{2} \right), \quad H_m^{(2)}(x) \approx i\frac{(m-1)!}{\pi} \left(\frac{x}{2} \right)^{-m} \quad (m > 0)$$

$$\qquad (13.1\text{-}34)$$

这样,也可以把贝塞尔方程(13.1-1)的通解表示为

$$y(x) = c_1 H_\nu^{(1)}(x) + c_2 H_\nu^{(2)}(x) \tag{13.1-35}$$

通常称贝塞尔函数、诺伊曼函数和汉克函数分别为第一类、第二类和第三类柱函数。

§13.2 贝塞尔函数的基本性质

本节将讨论贝塞尔函数的一些基本性质,如它的生成函数、积分表示式、递推公式、渐近表示式等。在利用贝塞尔函数解决一些实际问题中,要经常用到这些基本的性质。

1. 贝塞尔函数的生成函数

如果一个函数的级数展开式的系数是贝塞尔函数,则该函数为贝塞尔函数的生成函数或母函数。在第三章中,已经证明函数 $f(x,t) = \exp\left[\dfrac{x}{2}(t - t^{-1})\right]$ 是整数阶贝塞尔函数的生成函数(见§3.4节),即

$$\exp\left[\frac{x}{2}(t - t^{-1})\right] = \sum_{m=-\infty}^{\infty} J_m(x) t^m \tag{13.2-1}$$

其中 x 为实变量,t 为复变量,且 $0 < |t| < \infty$。

如果令 $t = \mathrm{i}e^{\mathrm{i}\theta}$,则有

$$
\begin{aligned}
e^{\mathrm{i}x\cos\theta} &= \sum_{m=-\infty}^{\infty} J_m(x)\,(\mathrm{i}e^{\mathrm{i}\theta})^m \\
&= J_0(x) + \sum_{m=1}^{\infty} \left[J_m(x)\,(\mathrm{i}e^{\mathrm{i}\theta})^m + J_{-m}(x)\,(\mathrm{i}e^{\mathrm{i}\theta})^{-m} \right] \\
&= J_0(x) + 2\sum_{m=1}^{\infty} \mathrm{i}^m J_m(x)\cos m\theta
\end{aligned}
$$

$$\tag{13.2-2}$$

这就是平面波函数按照贝塞尔函数的展开式。

如果令 $t = e^{\mathrm{i}\theta}$,则有

$$
\begin{aligned}
e^{\mathrm{i}x\sin\theta} &= \sum_{m=-\infty}^{\infty} J_m(x)\,(e^{\mathrm{i}\theta})^m \\
&= \sum_{m=-\infty}^{\infty} J_m(x)\left[\cos m\theta + \mathrm{i}\sin m\theta \right]
\end{aligned}
\tag{13.2-3}
$$

比较上式两边的实部和虚部,可以得到

$$\cos(x\sin\theta) = \sum_{m=-\infty}^{\infty} J_m(x)\cos m\theta \tag{13.2-4}$$

$$\sin(x\sin\theta) = \sum_{m=-\infty}^{\infty} J_m(x)\sin m\theta \qquad (13.2\text{-}5)$$

如果在式(13.2-4)和式(13.2-5)中令 $\theta = \pi/2$，则可以得到

$$\cos x = J_0(x) + 2\sum_{m=1}^{\infty}(-1)^m J_{2m}(x) \qquad (13.2\text{-}6)$$

$$\sin x = 2\sum_{m=0}^{\infty}(-1)^m J_{2m+1}(x) \qquad (13.2\text{-}7)$$

根据式(13.2-1)，有

$$\sum_{m=-\infty}^{\infty} J_m(x+y)t^m = \exp\left[\frac{x+y}{2}(t-t^{-1})\right]$$

$$= \exp\left[\frac{x}{2}(t-t^{-1})\right]\exp\left[\frac{y}{2}(t-t^{-1})\right]$$

$$= \sum_{k=-\infty}^{\infty} J_k(x)t^k \sum_{l=-\infty}^{\infty} J_l(y)t^l$$

比较两边 t 的同次幂的系数，则可以得到如下**加法公式**

$$J_m(x+y) = \sum_{k=-\infty}^{\infty} J_k(x)J_{m-k}(y) \qquad (13.2\text{-}8)$$

如果在式(13.2-8)中令 $y=-x$ 及 $m=0$，并利用 $J_m(0)=\delta_{m,0}$ 及 $J_{-k}(-x)$ $=J_k(x)$，则可以得到如下求和公式

$$\sum_{k=-\infty}^{\infty} J_k^2(x) = 1 \qquad (13.2\text{-}9)$$

2. 贝塞尔函数的积分表示式

在 §3.4 节中，根据洛朗级数的展开式，曾得到整数阶贝塞尔函数的积分表示式为

$$J_m(x) = \frac{1}{2\pi}\int_0^{2\pi} e^{i(x\sin\theta - m\theta)} d\theta \qquad (13.2\text{-}10)$$

见式(3.4-11)，其中 $m = 0, \pm 1, \pm 2, \pm 3, \cdots$。由于上式的被积函数是一个周期函数，因此可以把积分区间变为 $[-\pi, \pi]$，即

$$J_m(x) = \frac{1}{2\pi}\int_{-\pi}^{\pi} e^{i(x\sin\theta - m\theta)} d\theta \qquad (13.2\text{-}11)$$

令 θ 变为 $\frac{\pi}{2} - \theta$，则可以把上式变为

$$J_m(x) = \frac{(-i)^m}{2\pi}\int_{-\pi}^{\pi} e^{i(x\cos\theta + m\theta)} d\theta \qquad (13.2\text{-}12)$$

如果再把式(13.2-12)中的 x 变为 $-x$，并利用 $J_m(-x)=(-1)^m J_m(x)$，则又可以得到

$$J_m(x) = \frac{i^m}{2\pi} \int_{-\pi}^{\pi} e^{i(-x\cos\theta + m\theta)} d\theta \tag{13.2-13}$$

由于 $\sin(x\sin\theta - m\theta)$ 和 $\cos(x\sin\theta - m\theta)$ 分别是奇函数和偶函数,则又可以把式(13.2-11)变为

$$J_m(x) = \frac{1}{\pi} \int_0^{\pi} \cos(x\sin\theta - m\theta) d\theta \tag{13.2-14}$$

这就是 m 阶贝塞尔函数的实数形式的积分表示式。由这个积分还可以看出贝塞尔函数的绝对值是小于 1 的,即

$$|J_m(x)| \leqslant 1 \tag{13.2-15}$$

这与式(13.2-9)是一致的。

3. 贝塞尔函数的递推关系

根据贝塞尔函数的级数表示式(13.1-15),可以得到

$$\frac{d}{dx}[x^\nu J_\nu(x)] = \frac{d}{dx}\left[\sum_{k=0}^{\infty} \frac{(-1)^k 2^\nu}{k!\Gamma(k+\nu+1)}\left(\frac{x}{2}\right)^{2(\nu+k)}\right]$$

$$= x^\nu \sum_{k=0}^{\infty} \frac{(-1)^k}{k!\Gamma(k+\nu)}\left(\frac{x}{2}\right)^{2k+\nu-1}$$

即

$$\frac{d}{dx}[x^\nu J_\nu(x)] = x^\nu J_{\nu-1}(x) \tag{13.2-16}$$

类似地,可以得到

$$\frac{d}{dx}[x^{-\nu} J_\nu(x)] = -x^{-\nu} J_{\nu+1}(x) \tag{13.2-17}$$

如果在式(13.2-17)中取 $\nu = 0$,则可以得到

$$J_0'(x) = -J_1(x) \tag{13.2-18}$$

如果把式(13.2-16)和式(13.2-17)的左边展开,则得到

$$\nu J_\nu(x) + x J_\nu'(x) = x J_{\nu-1}(x) \tag{13.2-19}$$

$$-\nu J_\nu(x) + x J_\nu'(x) = -x J_{\nu+1}(x) \tag{13.2-20}$$

将式(13.2-19)和式(13.2-20)相减,则有

$$J_{\nu-1}(x) + J_{\nu+1}(x) = \frac{2\nu}{x} J_\nu(x) \tag{13.2-21}$$

将式(13.2-19)和式(13.2-20)相加,则有

$$J_{\nu-1}(x) - J_{\nu+1}(x) = 2J_\nu'(x) \tag{13.2-22}$$

式(13.2-21)和式(13.2-22)是贝塞尔函数的两个重要的基本递推关系。

当 $\nu = n$ 为整数时,根据贝塞尔函数的生成函数关系式[见式(13.2-1)],也可以得到上面的递推关系。

利用递推关系式(13.2-16)和(13.2-17),可以得到如下含贝塞尔函数

的不定积分

$$\int x^m J_{m-1}(x)\mathrm{d}x = x^m J_m(x) + c \tag{13.2-23}$$

$$\int x^{-m} J_{m+1}(x)\mathrm{d}x = -x^{-m} J_m(x) + c \tag{13.2-24}$$

例如,取 $m = 0$ 时,由式(13.2-24)可以得到

$$\int J_1(x)\mathrm{d}x = -J_0(x) + c$$

可以看出,上面得到的递推关系式都是贝塞尔函数的线性关系式。由于诺伊曼函数 $N_\nu(x)$ 是正、负阶贝塞尔函数的线性组合,因此上面得到的递推关系也适用于 $N_\nu(x)$。此外,根据式(13.1-32),汉克函数是贝塞尔函数和诺伊曼函数的线性组合,因此汉克函数也满足上面得到的递推关系式。这样,如果令 $Z_\nu(x)$ 表示 ν 阶的第一、第二及第三类柱函数,则有

$$\frac{\mathrm{d}}{\mathrm{d}x}\big[x^\nu Z_\nu(x)\big] = x^\nu Z_{\nu-1}(x) \tag{13.2-25}$$

$$\frac{\mathrm{d}}{\mathrm{d}x}\big[x^{-\nu} Z_\nu(x)\big] = -x^{-\nu} Z_{\nu+1}(x) \tag{13.2-26}$$

或

$$Z_{\nu-1}(x) + Z_{\nu+1}(x) = \frac{2\nu}{x} Z_\nu(x) \tag{13.2-27}$$

$$Z_{\nu-1}(x) - Z_{\nu+1}(x) = 2Z'_\nu(x) \tag{13.2-28}$$

4. 贝塞尔函数的渐近表示式

当 x 很大时,按照一般的级数形式来计算柱函数是很不方便的。下面确定出方程(13.1-1)在 $x \to \infty$ 时的渐近解。令 $y(x) = g(x)/\sqrt{x}$,则有

$$y' = g'/x^{1/2} - g/(2x^{3/2})$$

$$y'' = g''/x^{1/2} - g'/x^{3/2} + 3g/(4x^{5/2})$$

将以上两式代入方程(13.1-1),则可以得到

$$g''(x) + \left(1 + \frac{1 - 4\nu^2}{4x^2}\right)g(x) = 0 \tag{13.2-29}$$

当 $x \to \infty$ 时,$\dfrac{1 - 4\nu^2}{x^2} \ll 1$,故方程(13.2-29)的渐近解为 $g(x) \sim \cos(x + \theta)$,即

$$y(x) \approx \frac{1}{\sqrt{x}}\cos(x + \theta) \tag{13.2-30}$$

其中 θ 是相角。

这样,由式(13.2-30)可以得到贝塞尔函数在 $x \to \infty$ 时的行为是

$$J_\nu(x) \approx \frac{A_\nu}{\sqrt{x}}\cos(x+\theta_\nu) \tag{13.2-31}$$

其中 A_ν 与 θ_ν 是两个与 ν 相关的常数。将式(13.2-31)两边对 x 微分，并保留低阶小量，则可以得到

$$\begin{aligned}J'_\nu(x) &\approx -\frac{A_\nu}{\sqrt{x}}\sin(x+\theta_\nu)-\frac{1}{2x}\frac{A_\nu}{\sqrt{x}}\cos(x+\theta_\nu)\\ &\approx -\frac{A_\nu}{\sqrt{x}}\sin(x+\theta_\nu)\end{aligned} \tag{13.2-32}$$

由贝塞尔函数的递推公式(13.2-17)，可以得到

$$-\frac{\nu}{x}J_\nu(x)+J'_\nu(x)=-J_{\nu+1}(x)$$

将 $J_\nu(x)$ 和 $J'_\nu(x)$ 的渐近式代入上式，有

$$A_\nu\sin(x+\theta_\nu)\approx A_{\nu+1}\cos(x+\theta_{\nu+1})$$

显然有如下递推关系

$$A_{\nu+1}=A_\nu,\theta_{\nu+1}=\theta_\nu-\frac{\pi}{2} \tag{13.2-33}$$

由此可以得到

$$A_\nu=A_0,\theta_\nu=\theta_0-\frac{\nu\pi}{2} \tag{13.2-34}$$

另一方面，根据前面的讨论可知，当 $\nu=1/2$ 时，有

$$J_{1/2}(x)=\sqrt{\frac{2}{\pi x}}\sin x=\sqrt{\frac{2}{\pi x}}\cos\left(x-\frac{\pi}{2}\right)$$

将上式与式(13.2-31)比较，有

$$A_{1/2}=\sqrt{\frac{2}{\pi}},\theta_{1/2}=-\frac{\pi}{2} \tag{13.2-35}$$

则利用式(13.2-34)，可以得到

$$A_0=A_{1/2}=\sqrt{\frac{2}{\pi}},\theta_0=\theta_{1/2}+\frac{\pi}{4}=-\frac{\pi}{4} \tag{13.2-36}$$

这样，最后得到贝塞尔函数 $J_\nu(x)$ 的渐近式为

$$J_\nu(x)\approx\sqrt{\frac{2}{\pi x}}\cos(x-\nu\pi/2-\pi/4) \tag{13.2-37}$$

类似地，还可以得到诺伊曼函数和汉克函数的渐近式为

$$N_\nu(x)\approx\sqrt{\frac{2}{\pi x}}\sin(x-\nu\pi/2-\pi/4) \tag{13.2-38}$$

$$H_\nu^{(1)}(x)\approx\sqrt{\frac{2}{\pi x}}e^{i(x-\nu\pi/2-\pi/4)} \tag{13.2-39}$$

$$H_\nu^{(2)}(x) \approx \sqrt{\frac{2}{\pi x}} \, \mathrm{e}^{-\mathrm{i}(x - \nu\pi/2 - \pi/4)} \qquad (13.2\text{-}40)$$

在一些数学物理教科书中,通常是采用最陡下降法给出贝塞尔函数的渐近形式,但推导过程非常繁琐,而本书介绍的推导方法则相对简单得多。

§13.3　贝塞尔方程的本征值问题

在 §8.5 节中我们曾看到,作为施图姆-刘维尔方程的本征值特例,贝塞尔方程的本征函数,即贝塞尔函数也应具有正交性和归一性。本节将对贝塞尔方程的本征值问题进行较为详细的讨论。

1. 贝塞尔方程的本征值

由前面的讨论可知,m 阶贝塞尔方程

$$\frac{1}{r}\frac{\mathrm{d}}{\mathrm{d}r}\left(r\frac{\mathrm{d}R}{\mathrm{d}r}\right) + \left(\mu - \frac{m^2}{r^2}\right)R = 0 \qquad (m \geqslant 0) \qquad (13.3\text{-}1)$$

在半径为 a 的圆柱内的本征解为

$$R(r) = J_m(\sqrt{\mu}\,r) \qquad (r < a) \qquad (13.3\text{-}2)$$

其中 μ 为本征值,由柱侧面的齐次边界条件来确定。在一般情况下,柱侧面的齐次边界条件是

$$\left[\alpha R'(r) + \beta R(r)\right]\big|_{r=a} = 0 \qquad (13.3\text{-}3)$$

或

$$\alpha\sqrt{\mu}\,J_m'(\sqrt{\mu}\,a) + \beta J_m(\sqrt{\mu}\,a) = 0 \qquad (13.3\text{-}4)$$

其中常数 α 和 β 不同时全为零。下面分三种情况进行讨论。

(1) 对于第一类齐次边界条件,即 $\alpha = 0$,这时有

$$J_m(\sqrt{\mu}\,a) = 0 \qquad (13.3\text{-}5)$$

根据 m 阶贝塞尔函数 $J_m(x)$ 的第 i 个零点 $x_i^{(m)}$,即 $J_m(x_i^{(m)}) = 0$,则可以确定出本征值为

$$\mu_i^{(m)} = \left(\frac{x_i^{(m)}}{a}\right)^2 \qquad (13.3\text{-}6)$$

对于贝塞尔函数的零点 $x_i^{(m)}$,可以从专门的贝塞尔函数表中查到。

(2) 对于第二类齐次边界条件,即 $\beta = 0$,则有

$$J_m'(\sqrt{\mu}\,a) = 0 \qquad (13.3\text{-}7)$$

这样一旦知道了 $J_m'(x)$ 的第 i 个零点 $x_i^{(m)}$,就可以确定出贝塞尔函数的本征值

$$\mu_i^{(m)} = \left(\frac{x_i^{(m)}}{a}\right)^2 \qquad (13.3\text{-}8)$$

对于 $m=0$ 的情况,由于 $J_0'(x)=-J_1(x)$,这时 $\mu_i^{(0)}$ 可以由第一类齐次边界条件给出。对于 $m\neq0$ 的情况,利用贝塞尔函数的递推关系式(13.2-22)

$$J_m'(x)=\frac{1}{2}\big[J_{m-1}(x)-J_{m+1}(x)\big]$$

可以从曲线 $J_{m-1}(x)$ 与 $J_{m+1}(x)$ 的交叉点给出 $J_m'(x)$ 的零点。

(3)对于第三类齐次边界条件,即 α 和 β 均不为零时,利用贝塞尔函数的递推关系 $J_m'(x)=\dfrac{m}{x}J_m(x)-J_{m+1}(x)$,可以把式(13.3-4)改写为

$$J_m(\sqrt{\mu}a)=\frac{a\sqrt{\mu}}{h+m}J_{m+1}(\sqrt{\mu}a) \tag{13.3-9}$$

其中 $h=\dfrac{\beta}{\alpha}a$。通过求解方程(13.3-9)的根 $x_i^{(m)}$,即可以确定出第三类齐次边界条件下贝塞尔方程的本征值

$$\mu_i^{(m)}=\left(\frac{x_i^{(m)}}{a}\right)^2 \tag{13.3-10}$$

2. 贝塞尔函数的正交性

作为施图姆-刘维尔本征值问题的特例,对于不同本征值的同阶贝塞尔函数在区间 $0\leqslant r\leqslant a$ 是正交的,即

$$\int_0^a J_m(\sqrt{\mu_i}r)J_m(\sqrt{\mu_j}r)r\mathrm{d}r=0 \qquad(i\neq j) \tag{13.3-11}$$

其中权重因子为 r。注意:该正交性关系是在柱侧面($r=a$)为齐次边界条件下成立的。

3. 贝塞尔函数的模

m 阶贝塞尔函数 $J_m(\sqrt{\mu_i^{(m)}}r)$ 的模 $N_i^{(m)}$ 可以由下式计算

$$\big[N_i^{(m)}\big]^2=\int_0^a\Big[J_m\big(\sqrt{\mu_i^{(m)}}r\big)\Big]^2r\mathrm{d}r \tag{13.3-12}$$

为了便于计算,记 $R_i(r)=J_m(\sqrt{\mu_i^{(m)}}r)$。根据贝塞尔方程(13.3 1),可以得到

$$rR_i'\frac{\mathrm{d}}{\mathrm{d}r}(rR_i')+(\mu_i^{(m)}r^2-m^2)R_iR_i'=0$$

将上式对 r 积分,则可以得到

$$\frac{1}{2}(r^2R_i')^2\big|_0^a+\int_0^a(\mu_i^{(m)}r^2-m^2)R_iR_i'\mathrm{d}r=0$$

再对上式左边第二项进行分部积分,得

$$\frac{1}{2}\big[aR_i'(a)\big]^2+\frac{1}{2}(\mu_i^{(m)}r^2-m^2)R_i^2(r)\big|_0^a-\int_0^a\mu_i^{(m)}R_i^2r\mathrm{d}r=0$$

由于当 $m\neq0$ 时,有 $R_i(0)=J_m(0)=0$,故不论 m 是否为零,上式左边第二

项在积分下限的取值都等于零,这样有

$$
\begin{aligned}
(N_i^{(m)})^2 &= \int_0^a R_i^2(r)r\mathrm{d}r \\
&= \frac{1}{2\mu_i^{(m)}}\left\{\left[aR_i'(a)\right]^2 + (\mu_i^{(m)}a^2 - m^2)R_i^2(a)\right\} \\
&= \frac{1}{2\mu_i^{(m)}}\left\{\left[a\sqrt{\mu_i^{(m)}}J_m'\left(\sqrt{\mu_i^{(m)}}a\right)\right]^2 + (\mu_i^{(m)}a^2 - m^2)J_m^2\left(\sqrt{\mu_i^{(m)}}a\right)\right\} \\
&= \frac{a^2}{2}\left\{\left[J_m'\left(\sqrt{\mu_i^{(m)}}a\right)\right]^2 + \left(1 - \frac{m^2}{\mu_i^{(m)}a^2}\right)J_m^2\left(\sqrt{\mu_i^{(m)}}a\right)\right\}
\end{aligned}
$$

$$(13.3\text{-}13)$$

可见:不同的边界条件,贝塞尔函数的模是不一样的。对于第一类齐次边界条件,即 $J_m\left(\sqrt{\mu_i^{(m)}}a\right) = 0$,则贝塞尔函数的模为

$$
(N_i^{(m)})^2 = \frac{a^2}{2}\left[J_m'\left(\sqrt{\mu_i^{(m)}}a\right)\right]^2 = \frac{a^2}{2}\left[J_{m+1}\left(\sqrt{\mu_i^{(m)}}a\right)\right]^2 \quad (13.3\text{-}14)
$$

其中利用了贝塞尔函数的递推关系式(13.2-20)。对于第二类齐次边界条件,即 $J_m'\left(\sqrt{\mu_i^{(m)}}a\right) = 0$,则贝塞尔函数的模为

$$
(N_i^{(m)})^2 = \frac{a^2}{2}\left(1 - \frac{m^2}{\mu_i^{(m)}a^2}\right)J_m^2\left(\sqrt{\mu_i^{(m)}}a\right) \quad (13.3\text{-}15)
$$

对于第三类齐次边界条件,即 $J_m'\left(\sqrt{\mu_i^{(m)}}a\right) = -\dfrac{\beta}{\alpha\sqrt{\mu_i^{(m)}}}J_m\left(\sqrt{\mu_i^{(m)}}a\right)$,则贝塞尔函数的模为

$$
(N_i^{(m)})^2 = \frac{a^2}{2}\left(1 + \frac{\beta^2}{\alpha^2\mu_i^{(m)}} - \frac{m^2}{a^2\mu_i^{(m)}}\right)J_m^2\left(\sqrt{\mu_i^{(m)}}a\right)^2 \quad (13.3\text{-}16)
$$

4. 贝塞尔函数的完备性

如果函数 $f(r)$ 在区间 $0 \leqslant r \leqslant a$ 内连续,则可以展开成如下广义傅里叶级数形式

$$
f(r) = \sum_{i=1}^{\infty} c_i J_m\left[\sqrt{\mu_i^{(m)}}\,r\right] \quad (13.3\text{-}17)
$$

其中展开系数为

$$
c_i = \frac{1}{\left[N_i^{(m)}\right]^2}\int_0^a f(r)J_m\left[\sqrt{\mu_i^{(m)}}\,r\right]r\mathrm{d}r \quad (13.3\text{-}18)
$$

§13.4　贝塞尔方程本征值问题的应用举例

贝塞尔函数在很多自然科学领域及工程技术中有着非常广泛的应用,如圆柱体的振动和热传导问题,以及电磁波在柱形光纤材料中的传输问题

等。只要涉及具有柱对称性的波动和输运问题，都会遇到贝塞尔函数。本节通过几个典型的例子，来讨论贝塞尔方程及贝塞尔函数在求解定解问题中的应用。

例 1 考虑一个半径为 a 的无限长圆柱，其初始温度为 u_0，表面温度维持在零度。求圆柱内部的温度分布。

解：圆柱内部瞬时温度场分布 u 满足如下热传导方程

$$\frac{\partial u}{\partial t} - \kappa \nabla^2 u = 0 \qquad (13.4\text{-}1)$$

对应的初始条件和边界条件分别为

$$u\big|_{t=0} = u_0 \qquad (13.4\text{-}2)$$

$$u\big|_{r=a} = 0 \qquad (13.4\text{-}3)$$

采用圆柱坐标系 (r, φ, z)，并取 z 轴的方向沿着柱的对称轴，显然温度场的空间分布 u 与方位角 φ 无关。另一方面，由于假设圆柱是无限长的，则温度场的空间分布 u 也与变量 z 无关，它只是径向变量 r 和时间变量 t 的函数，即 $u = u(r,t)$。这样，热传导方程 (13.4-1) 简化为

$$\frac{\partial u}{\partial t} - \kappa \frac{1}{r} \frac{\partial}{\partial r}\left(r \frac{\partial u}{\partial r}\right) = 0 \qquad (13.4\text{-}4)$$

令 $u(r,t) = R(r)T(t)$，可以对方程 (13.4-4) 进行分离变量，得到

$$\frac{1}{r} \frac{\mathrm{d}}{\mathrm{d}r}\left(r \frac{\mathrm{d}R}{\mathrm{d}r}\right) + \mu R = 0 \quad (0 \leqslant r < a) \qquad (13.4\text{-}5)$$

$$\frac{\mathrm{d}T}{\mathrm{d}t} + \kappa\mu T = 0 \quad (t > 0) \qquad (13.4\text{-}6)$$

其中 μ 是常数，即本征值。对边界条件 (13.4-3) 进行分离变量，有

$$R(a) = 0 \qquad (13.4\text{-}7)$$

方程 (13.4-5) 是零阶贝塞尔方程，在 $r = 0$ 有界的解是

$$R(r) = J_0(\sqrt{\mu}\, r) \qquad (13.4\text{-}8)$$

常数 μ 由边界条件 (13.4-7) 确定，即由零阶贝塞尔函数 $J_0(x)$ 的零点 x_i 来确定

$$\mu_i = \left(\frac{x_i^{(0)}}{a}\right)^2 (i = 1, 2, 3, \cdots) \qquad (13.4\text{-}9)$$

其中 $0 < x_1 < x_2 < \cdots$。这样，可以把式 (13.4-8) 改写成

$$R_i(r) = J_0\left(\frac{r}{a} x_i^{(0)}\right) \qquad (13.4\text{-}10)$$

把本征值 μ_i 代入方程 (13.4-6)，则可以得到它的解为

$$T_i(t) = c_i \mathrm{e}^{-\kappa\mu_i t} \qquad (13.4\text{-}11)$$

其中 c_i 为常数。

根据上面的结果,则满足方程(13.4-1)和齐次边界条件(13.4-3)的特解为

$$u_i(r,t) = c_i e^{-\kappa \mu_i t} J_0\left(\frac{r}{a}x_i^{(0)}\right) \tag{13.4-12}$$

为了得到满足初始条件(13.4-2)的解,需要对该特解进行叠加

$$u(r,t) = \sum_{i=1}^{\infty} c_i e^{-\kappa \mu_i t} J_0\left(\frac{r}{a}x_i^{(0)}\right) \tag{13.4-13}$$

常数 c_i 由初始条件来确定。由式(13.4-2),则有

$$u_0 = \sum_{i=1}^{\infty} c_i J_0\left(\frac{r}{a}x_i^{(0)}\right)$$

将上式两边同乘以 $rJ_0\left(\frac{r}{a}x_i^{(0)}\right)$,并从 $r=0$ 到 $r=a$ 进行积分,同时利用贝塞尔函数的正交性及模的表示式,可以得到

$$c_i = \frac{u_0 \displaystyle\int_0^a J_0(\sqrt{\mu_i}\,r) r \mathrm{d}r}{\dfrac{a^2}{2}\left[J_0'(x_i^{(0)})\right]^2} \tag{13.4-14}$$

其中利用了第一类齐次边界条件 $J_0(x_i^{(0)}) = 0$。

为了计算式(13.4-14)中的积分,令 $x = \sqrt{\mu_i}\,r$,并利用贝塞尔函数的递推关系式(13.2-16),则有

$$\int_0^a J_0(\sqrt{\mu_i}\,r) r \mathrm{d}r = \mu_i^{-1}\int_0^{x_i^{(0)}} J_0(x) x \mathrm{d}x$$

$$= \mu_i^{-1}\int_0^{x_i^{(0)}} \frac{\mathrm{d}}{\mathrm{d}x}\left[xJ_1(x)\right]\mathrm{d}x$$

$$= \frac{a}{\sqrt{\mu_i}} J_1(x_i^{(0)})$$

另一方面,利用 $J_0'(x) = -J_1(x)$,则可以把系数 c_i 写成

$$c_i = \frac{2u_0}{\sqrt{\mu_i}\, a J_1(x_i^{(0)})}$$

最后,可得方程(13.4-1)的最终解为

$$u(r,t) = 2u_0 \sum_{i=1}^{\infty} e^{-\kappa \mu_i t} \frac{J_0\left(\dfrac{r}{a}x_i^{(0)}\right)}{\sqrt{\mu_i}\, a J_1(x_i^{(0)})} \tag{13.4-15}$$

由于级数中含有指数衰减因子 $e^{-\kappa \mu_i t}$,只要时间 $t(>0)$ 不是太小,该级数将会很快收敛。

例2 考虑一个匀质圆柱,其半径为 a,高度为 h,侧面绝热,上下底面的温度分别保持为 $f_2(r)$ 及 $f_1(r)$。求圆柱内部的稳态温度分布。

解：采用柱坐标系，并取坐标的原点在圆柱下底面的中心，z 轴沿着圆柱的轴。圆柱内部的稳态温度分布 u 服从拉普拉斯方程

$$\nabla^2 u = 0 \tag{13.4-16}$$

对应的边界条件为

$$\frac{\partial u}{\partial r}\Big|_{r=a} = 0 \tag{13.4-17}$$

及

$$u\big|_{z=0} = f_1(r)$$
$$u\big|_{z=h} = f_2(r) \tag{13.4-18}$$

由于所考虑的问题具有轴对称性，因此温度场 u 的空间分布与方位角 φ 无关，只是径向变量 r 和轴向变量 z 的函数，即 $u = u(r, z)$。这样方程（13.4-16）简化为

$$\frac{1}{r}\frac{\partial}{\partial r}\left(r\frac{\partial u}{\partial r}\right) + \frac{\partial^2 u}{\partial z^2} = 0 \tag{13.4-19}$$

令 $u(r, z) = R(r)Z(z)$，可以对方程（13.4-19）进行分离变量，得到

$$\frac{1}{r}\frac{\mathrm{d}}{\mathrm{d}r}\left(r\frac{\mathrm{d}R}{\mathrm{d}r}\right) + \mu R = 0 \tag{13.4-20}$$

$$\frac{\mathrm{d}^2 Z}{\mathrm{d}z^2} - \mu Z = 0 \tag{13.4-21}$$

其中 μ 是常数。同时对边界条件（13.4-17）进行分离变量，有

$$R'(a) = 0 \tag{13.4-22}$$

当 $\mu > 0$ 时，方程（13.4-20）为零阶贝塞尔方程。考虑到在 $r = 0$ 处，该方程的解应有界，则有

$$R(r) = J_0(\sqrt{\mu} r) \tag{13.4-23}$$

常数 μ 由齐次边界条件（13.4-22）确定，即由零阶贝塞尔函数 $J_0'(x) = -J_1(x)$ 的零点 x_i 来确定

$$\mu_i = \left(\frac{x_i^{(1)}}{a}\right)^2 \quad (i = 1, 2, 3, \cdots) \tag{13.4-24}$$

这样可以把式（13.4-23）改写为

$$R_i(r) = J_0(\sqrt{\mu_i} r) \tag{13.4-25}$$

在这种情况下，方程（13.4-21）的解为

$$Z_i(z) = A_i e^{\sqrt{\mu_i} z} + B_i e^{-\sqrt{\mu_i} z} \tag{13.4-26}$$

其中 A_i 及 B_i 为常数。这样方程（13.4-16）的特解为

$$u_i(r, z) = (A_i e^{\sqrt{\mu_i} z} + B_i e^{-\sqrt{\mu_i} z}) J_0(\sqrt{\mu_i} r) \tag{13.4-27}$$

当 $\mu = 0$ 时，考虑到边界条件（13.4-22），则方程（13.4-16）的解应为常

数,即 $R(r) = $ 常数。可以将这个常数归结到 $Z(z)$ 的表示式中,因此,可以取 $R(r)$ 的形式为

$$R(r) = 1 \tag{13.4-28}$$

在这种情况下,方程(13.4-21)的解为

$$Z(z) = A_0 + B_0 z \tag{13.4-29}$$

其中 A_0 及 B_0 为常数。这样方程(13.4-16)的另一个特解为

$$u_0(r,z) = R(r)Z_0(z) = A_0 + B_0 z \tag{13.4-30}$$

对以上得到的特解进行叠加,方程(13.4-16)的通解为

$$u(r,z) = A_0 + B_0 z + \sum_{i=1}^{\infty} (A_i \mathrm{e}^{\sqrt{\mu_i}\, z} + B_i \mathrm{e}^{-\sqrt{\mu_i}\, z}) J_0(\sqrt{\mu_i}\, r)$$

$$\tag{13.4-31}$$

为了确定常数 A_0, B_0, A_i 及 B_i,把该通解代入边界条件(13.4-18),有

$$
\begin{cases}
f_1(r) = A_0 + \sum_{i=1}^{\infty} (A_i + B_i) J_0(\sqrt{\mu_i}\, r) \\
f_2(r) = A_0 + B_0 h + \sum_{i=1}^{\infty} (A_i \mathrm{e}^{\sqrt{\mu_i}\, h} + B_i \mathrm{e}^{-\sqrt{\mu_i}\, h}) J_0(\sqrt{\mu_i}\, r)
\end{cases}
$$

$$\tag{13.4-32}$$

将上面两式的两边分别乘以 r,并对 r 进行积分,同时利用贝塞尔函数的正交性,可以得到

$$
\begin{cases}
A_0 = \dfrac{2}{a^2} \displaystyle\int_0^a f_1(r) r \mathrm{d}r \\
A_0 + B_0 h = \dfrac{2}{a^2} \displaystyle\int_0^a f_2(r) r \mathrm{d}r
\end{cases}
\tag{13.4-33}
$$

再将式(13.4-32)两边同乘以 $r J_0(\sqrt{\mu_i}\, r)$,并对 r 进行积分,同时利用贝塞尔函数的正交性及模的公式,可以得到

$$
\begin{cases}
A_i + B_i = \dfrac{1}{N_i^2} \displaystyle\int_0^a f_1(r) J_0(\sqrt{\mu_i}\, r) r \mathrm{d}r \\
A_i \mathrm{e}^{\sqrt{\mu_i}\, h} + B_i \mathrm{e}^{-\sqrt{\mu_i}\, h} = \dfrac{1}{N_i^2} \displaystyle\int_0^a f_2(r) J_0(\sqrt{\mu_i}\, r) r \mathrm{d}r
\end{cases}
\tag{13.4-34}
$$

其中模 N_i^2 由式(13.3-13)给出

$$N_i^2 = \frac{a^2}{2} J_0^2(x_i^{(1)}) \tag{13.4-35}$$

这样根据式(13.4-33)和式(13.4-34),就可以确定出常数 A_0, B_0, A_i 及 B_i 的值,进而确定出方程(13.4-16)的通解。

例 3 考虑一个横截面为环状的无限长圆柱体,其内外半径分别为 a 和

b。当该圆柱做径向振动时,假设其内表面固定,外表面自由。在初始时刻,圆柱处于静止,但有一个初始速度,为 $f(r)$。求任意时刻该圆柱的振动过程及本征振动频率。

解:圆柱体的振动方程为

$$\frac{\partial^2 u}{\partial t^2} - c^2 \nabla^2 u = 0 \tag{13.4-36}$$

其中 c 为振动传播的速度。对应的边界条件是

$$\begin{cases} u\big|_{r=a} = 0 \\ \dfrac{\partial u}{\partial r}\big|_{r=b} = 0 \end{cases} \tag{13.4-37}$$

及初始条件为

$$\begin{cases} u\big|_{t=0} = 0 \\ u_t\big|_{t=0} = f(r) \end{cases} \tag{13.4-38}$$

在柱坐标系中,考虑到该问题具有轴对称性及圆柱的长度是无限的,则可以把方程(13.4-36) 简化为

$$\frac{\partial^2 u}{\partial^2 t} - c^2 \frac{1}{r}\frac{\partial}{\partial r}\left(r\frac{\partial u}{\partial r}\right) = 0 \tag{13.4-39}$$

设

$$u(r,t) = R(r)T(t) \tag{13.4-40}$$

则可以得到

$$\frac{1}{r}\frac{\mathrm{d}}{\mathrm{d}r}\left(r\frac{\mathrm{d}R}{\mathrm{d}r}\right) + \frac{\omega^2}{c^2}R = 0 \tag{13.4-41}$$

$$\frac{\mathrm{d}^2 T}{\mathrm{d}t^2} + \omega^2 T = 0 \tag{13.4-42}$$

其中 ω 为待定的本征振动圆频率。同时对边界条件(13.4-37)进行分离变量,有

$$\begin{cases} R(a) = 0 \\ R'(b) = 0 \end{cases} \tag{13.4-43}$$

方程(13.4-41)是一个零阶贝塞尔方程,它在区域 $a \leqslant r \leqslant b$ 内的一般解为

$$R(r) = AJ_0(kr) + BN_0(kr) \tag{13.4-44}$$

其中 $k = \omega/c$,A 和 B 为常数。利用边界条件(13.4-43),可以得到

$$\begin{cases} AJ_0(ka) + BN_0(ka) = 0 \\ AkJ'_0(kb) + BkN'_0(kb) = 0 \end{cases} \tag{13.4-45}$$

由于常数 A 和 B 不能同时为零,则有

$$J_0(ka)N'_0(kb) - N_0(ka)J'_0(kb) = 0$$

再利用 $J'_0(x) = -J_1(x)$ 及 $N'_0(x) = -N_1(x)$，又可以把上式改写为

$$J_0(ka)N_1(kb) - N_0(ka)J_1(kb) = 0 \qquad (13.4\text{-}46)$$

通过求解这个方程的根 k_i，就可以确定该问题的本征值及本征振动圆频率 $\omega_i = ck_i$。

由式(13.4-45)，可以得到

$$B_i = -A_i \frac{J_0(k_i a)}{N_0(k_i a)}$$

将其代入式(13.4-44)，有

$$R_i(r) = \frac{A_i}{N_0(k_i a)}[N_0(k_i a)J_0(k_i r) - J_0(k_i a)N_0(k_i r)] \quad (13.4\text{-}47)$$

把本征频率 ω_i 代入方程(13.4-42)，可以得到

$$T_i(t) = C_i \cos\omega_i t + D_i \sin\omega_i t \qquad (13.4\text{-}48)$$

这样振动方程(13.4-39)的一般解为

$$u(r,t) = \sum_i (C_i \cos\omega_i t + D_i \sin\omega_i t)[N_0(k_i a)J_0(k_i r) - J_0(k_i a)N_0(k_i r)]$$

$$(13.4\text{-}49)$$

其中已把式(13.4-47)中的常数 $A_i/N_0(k_i a)$ 合并到常数 C_i 和 D_i 中。

将式(13.4-49)代入初始条件(13.4-38)，则有

$$\sum_i C_i[N_0(k_i a)J_0(k_i r) - J_0(k_i a)N_0(k_i r)] = 0 \qquad (13.4\text{-}50)$$

$$\sum_i D_i\omega_i[N_0(k_i a)J_0(k_i r) - J_0(k_i a)N_0(k_i r)] = f(r) \qquad (13.4\text{-}51)$$

由式(13.4-50)，有 $C_i = 0$。注意到本征函数 $\tilde{R}_i(r) = N_0(k_i a)J_0(k_i r) - J_0(k_i a)N_0(k_i r)$ 在区域 $a \leqslant r \leqslant b$ 内是正交的，则由式(13.4-51)可以得到

$$D_i = \frac{1}{\omega_i N_i^2}\int_a^b f(r)\,\tilde{R}_i(r)r\mathrm{d}r \qquad (13.4\text{-}52)$$

其中 N_i^2 为本征函数 $\tilde{R}_i(r)$ 的模，即

$$N_i^2 = \int_a^b [\tilde{R}_i(r)]^2 r\mathrm{d}r \qquad (13.4\text{-}53)$$

这样，一旦知道函数 $f(r)$ 的具体形式，就可以计算出系数 D_i，进而可以确定出方程(13.4-39)的一般解。

§13.5　虚宗量贝塞尔函数

第八章在讨论拉普拉斯方程在柱坐标系中分离变量时，如果柱的侧面

具有非齐次边界条件,但其上下底为齐次边界条件,曾得到如下 m 阶虚宗量贝塞尔方程[见式(8.3-12)]

$$\frac{\mathrm{d}^2 y}{\mathrm{d}x^2} + \frac{1}{x}\frac{\mathrm{d}y}{\mathrm{d}x} - \left(1 + \frac{m^2}{x^2}\right)y = 0 \tag{13.5-1}$$

其中 x 是实变量。

很容易看出,如果令 $z = \mathrm{i}x$,可以把方程(13.5-1)变为自变量为 z 的贝塞尔方程。也就是说,虚宗量贝塞尔方程的解可以用实变量贝塞尔函数来表示。这样,方程(13.5-1)的解可以用 $J_m(\mathrm{i}x)$ 表示。为了保证方程(13.5-1)的解是实数,通常把它的解表示为

$$I_m(x) = \mathrm{i}^{-m} J_m(\mathrm{i}x) \tag{13.5-2}$$

将贝塞尔函数的级数表示式(13.1-23)代入,则可以得到

$$I_m(x) = \sum_{k=0}^{\infty} \frac{1}{k!(m+k)!}\left(\frac{x}{2}\right)^{m+2k} \tag{13.5-3}$$

$I_m(x)$ 就是 m 阶虚宗量贝塞尔函数,或第一类虚宗量贝塞尔函数。

利用 $J_{-m}(x) = (-1)^m J_m(x)$ 及式(13.5-2),不难证明有

$$I_{-m}(x) = I_m(x) \tag{13.5-4}$$

这说明 $I_{-m}(x)$ 与 $I_m(x)$ 是线性相关的。为了能构造出方程(13.5-1)的另外一个线性无关的解,引入一个新的函数

$$K_\nu(x) = \frac{\pi}{2\sin\nu\pi}[I_{-\nu}(x) - I_\nu(x)] \tag{13.5-5}$$

称这个函数为第二类虚宗量贝塞尔函数。利用式(13.5-2),将 $I_\nu(x)$ 和 $I_{-\nu}(x)$ 的表示式代入式(13.5-5),可以用虚宗量的第一种汉克函数 $H_\nu^{(1)}(\mathrm{i}x)$ 来表示第二类虚宗量贝塞尔函数 $K_\nu(x)$

$$K_\nu(x) = \frac{\pi\mathrm{i}}{2}\mathrm{e}^{\mathrm{i}\nu\pi/2} H_\nu^{(1)}(\mathrm{i}x) \tag{13.5-6}$$

当 $\nu \neq m$(整数)时,$K_\nu(x)$ 与 $I_\nu(x)$ 线性无关。此外,还可以看到

$$K_{-\nu}(x) = K_\nu(x) \tag{13.5-7}$$

当 $\nu \to m$ 时,可以证明,式(13.5-6)的极限 $K_m(x)$ 存在,且与 $I_m(x)$ 线性无关:

$$\begin{aligned} K_m(x) &= \lim_{\nu \to m} K_\nu(x) \\ &= \frac{\pi}{2}\mathrm{i}^{m+1}[J_m(\mathrm{i}x) + \mathrm{i}N_m(\mathrm{i}x)] \end{aligned} \tag{13.5-8}$$

由式(13.5-3),可以得到,当 $x = 0$ 时,有

$$I_0(0) = 1, \quad I_m(0) = 0 \quad (m \geqslant 1) \tag{13.5-9}$$

这说明虚宗量贝塞尔函数 $I_m(x)$ 在 $x = 0$ 点是有界的。而对于第二类虚宗量

贝塞尔函数 $K_m(x)$，在 $x = 0$ 附近，有

$$K_0(x) \sim -\ln\left(\frac{x}{2}\right), \quad K_m(x) \sim \frac{(m-1)!}{2}\left(\frac{x}{2}\right)^{-m} (m \geqslant 1)$$
(13.5-10)

这说明 $K_m(x)$ 在 $x = 0$ 点无界，这一点与 $I_m(x)$ 相反。

利用贝塞尔函数和汉克函数的渐近表示，见式（13.2-37）式和（13.2-39）式，则可以得到 $I_m(x)$ 和 $K_m(x)$ 在 $x \to \infty$ 时的渐近行为

$$I_m(x) = \frac{1}{\sqrt{2\pi x}}e^x$$
(13.5-11)

$$K_m(x) = \sqrt{\frac{\pi}{2x}}e^{-x}$$
(13.5-12)

可见，$K_m(x)$ 在 $x \to \infty$ 时是有界的，而 $I_m(x)$ 则是无界的。

根据柱函数的递推关系式（13.2-27）和（13.2-28），不难证明对于第一类和第二类虚宗量贝塞尔函数，存在如下递推关系

$$I_{m-1}(x) + I_{m+1}(x) = 2I'_m(x)$$
(13.5-13)

$$I_{m-1}(x) - I_{m+1}(x) = \frac{2m}{x}I_m(x)$$
(13.5-14)

$$K_{m-1}(x) + K_{m+1}(x) = -2K'_m(x)$$
(13.5-15)

$$K_{m-1}(x) - K_{m+1}(x) = -\frac{2m}{x}K_m(x)$$
(13.5-16)

利用 $I_{-m}(x) = I_m(x)$ 及 $K_{-m}(x) = K_m(x)$，并由式（13.5-13）和式（13.5-15），可以得到

$$I'_0(x) = I_1(x)$$
(13.5-17)

$$K'_0(x) = -K_1(x)$$
(13.5-18)

由于 $I_m(x)$ 和 $K_m(x)$ 是线性无关的，因此在一般情况下，虚宗量贝塞尔方程（13.5-1）的通解为

$$R(x) = c_1 I_m(x) + c_2 K_m(x)$$
(13.5-19)

其中 c_1 及 c_2 为常数。在求解泛定方程的定解问题时，需要考虑 $I_m(x)$ 和 $K_m(x)$ 在 $x = 0$ 和在 $x \to \infty$ 的行为来确定解的形式。

例 1 设一半径为 a，高为 h 的圆柱体，其上下两端的温度保持为零，侧面温度保持为恒温 u_0。求圆柱体内部的稳态温度分布。

解：由于考虑的是稳态温度分布，则柱内的温度分布函数 u 满足拉普拉斯方程

$$\nabla^2 u = 0$$
(13.5-20)

根据边界条件，可知该问题具有轴对称性，即温度 u 只是 r 和 z 的函数，与角

度 φ 无关,因此方程(13.5-20) 简化为

$$\frac{1}{r}\frac{\partial}{\partial r}\left(r\frac{\partial u}{\partial r}\right)+\frac{\partial^2 u}{\partial z^2}=0 \tag{13.5-21}$$

对应的边界条件为

$$u\big|_{r=a}=u_0 \tag{13.5-22}$$

$$\begin{cases}u\big|_{z=0}=0\\ u\big|_{z=h}=0\end{cases} \tag{13.5-23}$$

令 $u(r,z)=R(r)Z(z)$,对方程(13.5-21)和边界条件(13.5-23)进行分离变量,可以得到

$$\begin{cases}Z''(z)+\lambda Z(z)=0\\ Z(0)=0\\ Z(h)=0\end{cases} \tag{13.5-24}$$

$$\frac{1}{r}\frac{d}{dr}\left(r\frac{dR}{dr}\right)-\lambda R=0 \tag{13.5-25}$$

其中 λ 为待定的常数。

显然,由式(13.5-24)可以确定出本征值和本征函数:

$$\lambda_n=\left(\frac{n\pi}{h}\right)^2 \quad (n=1,2,3,\cdots) \tag{13.5-26}$$

$$Z_n(z)=\sin\left(\frac{n\pi}{h}z\right) \tag{13.5-27}$$

将本征值 λ_n 代入方程(13.5-25),则有

$$\frac{d^2R}{dr^2}+\frac{1}{r}\frac{dR}{dr}-k_n^2 R=0 \tag{13.5-28}$$

其中 $k_n=n\pi/h$。方程(13.5-28)即为零阶虚宗量贝塞尔方程,其解为零阶第一类虚宗量贝塞尔函数 $I_0(k_nr)$ 和第二类虚宗量贝塞尔函数 $K_0(k_nr)$ 的线性组合。但考虑到在 $r=0$ 处的解应有界,故其解只能是 $R_n(r)=I_0(k_nr)$,这样方程(13.5-21)的特解为

$$u_n(r,z)=I_0(k_nr)\sin(k_nz) \tag{13.5-29}$$

将上面得到的特解进行叠加,有

$$u(r,z)=\sum_{n=1}^{\infty}c_nI_0(k_nr)\sin(k_nz) \tag{13.5-30}$$

其中系数 c_n 由边界条件确定。将上式代入边界条件(13.5-22),有

$$u_0=\sum_{n=1}^{\infty}c_nI_0(k_na)\sin(k_nz)$$

利用正弦函数的正交性,可以得到

$$c_n = \frac{2}{hI_0(k_na)} \int_0^h u_0 \sin(k_nz)\,dz$$

$$= \frac{2u_0}{n\pi I_0(k_na)}[1-(-1)^n]$$

可见,只有当 n 为奇数 $2l+1$ 时,系数 c_n 才不为零。将 c_n 代入式(13.5-30),最后得到

$$u(r,z) = \sum_{n=1}^{\infty} \frac{2u_0}{n\pi I_0(k_na)}[1-(-1)^n]I_0(k_nr)\sin(k_nz)$$

$$= \frac{4u_0}{\pi} \sum_{l=0}^{\infty} \frac{\sin(k_{2l+1}z)}{(2l+1)} \frac{I_0(k_{2l+1}r)}{I_0(k_{2l+1}a)}$$

$$(13.5\text{-}31)$$

§13.6　球贝塞尔函数

第八章在讨论亥姆霍兹方程在球坐标系中分离变量时,曾得到球贝塞尔方程[见式(8.4-27)]

$$\frac{d}{dr}\left(r^2 \frac{dR}{dr}\right) + [r^2k^2 - l(l+1)]R = 0 \qquad (13.6\text{-}1)$$

其中 $l = 0,1,2,\cdots$。对于 $k \neq 0$,如果令

$$x = kr, R(r) = x^{-\frac{1}{2}}y(x) \qquad (13.6\text{-}2)$$

则可以得到半整数阶 $(l+1/2)$ 贝塞尔方程

$$\frac{d^2y}{dx^2} + \frac{1}{x}\frac{dy}{dx} + \left[1 - \frac{(l+1/2)^2}{x^2}\right]y = 0 \qquad (13.6\text{-}3)$$

该方程的解就是半整数阶贝塞尔函数,如 $J_{l+1/2}(x), J_{-(l+1/2)}(x), N_{l+1/2}(x)$, $H_{l+1/2}^{(1)}(x)$ 及 $H_{l+1/2}^{(2)}(x)$。不过在物理学中,通常采用如下形式的解:

球贝塞尔函数: $\qquad j_l(x) = \sqrt{\frac{\pi}{2x}}J_{l+1/2}(x) \qquad (13.6\text{-}4)$

$$j_{-l}(x) = \sqrt{\frac{\pi}{2x}}J_{-l+1/2}(x) \qquad (13.6\text{-}5)$$

球诺伊曼函数: $\qquad n_l(x) = \sqrt{\frac{\pi}{2x}}N_{l+1/2}(x) \qquad (13.6\text{-}6)$

球汉克函数: $\qquad h_l^{(1)}(x) = \sqrt{\frac{\pi}{2x}}H_{l+1/2}^{(1)}(x) \qquad (13.6\text{-}7)$

$$h_l^{(2)}(x) = \sqrt{\frac{\pi}{2x}}H_{l+1/2}^{(2)}(x) \qquad (13.6\text{-}8)$$

若用 $z_l(x)$ 表示上面的 $j_l(x), j_{-l}(x), n_l(x), h_l^{(1)}(x)$ 及 $h_l^{(2)}(x)$ 中的任一

个,则可以从柱函数的递推关系式 [见式(13.2-27)],得到如下递推关系:

$$z_{l-1}(x) + z_{l+1}(x) = \frac{2l+1}{x} z_l(x) \tag{13.6-9}$$

这样,由 $z_{l-1}(x)$ 和 $z_l(x)$ 即可推算出 $z_{l+1}(x)$。

根据式(13.1-18)和式(13.1-19)给出的 $J_{1/2}(x)$ 和 $J_{-1/2}(x)$ 的表示式,可以得到

$$j_0(x) = \frac{\sin x}{x} \tag{13.6-10}$$

$$j_{-1}(x) = \frac{\cos x}{x} \tag{13.6-11}$$

利用式(13.6-9),进一步可以得到

$$j_1(x) = \frac{1}{x^2}(\sin x - x\cos x)$$

$$j_2(x) = \frac{1}{x^3}\big[3(\sin x - x\cos x) - x^2\sin x\big]$$

...

可以看到,当 l 为整数时,球贝塞尔函数 $j_l(x)$ 可以用初等函数来表示。

根据诺伊曼函数的定义式[见式(13.1-22)],则有

$$N_{l+1/2}(x) = \frac{J_{l+1/2}(x)\cos(l+1/2)\pi - J_{-(l+1/2)}(x)}{\sin(l+1/2)\pi} \tag{13.6-12}$$

$$= (-1)^{l+1} J_{-(l+1/2)}(x)$$

再根据球诺伊曼函数的定义式(13.6-6),可以将球诺伊曼函数 $n_l(x)$ 用球贝塞尔函数 $j_{-l}(x)$ 来表示

$$n_l(x) = (-1)^{l+1} j_{-l-1}(x) \tag{13.6-13}$$

取 $l=0$ 及 $l=-1$,可以得到 $n_0(x) = -j_{-1}(x)$ 及 $n_{-1}(x) = j_0(x)$。根据式(13.6-10)及式(13.6-11),则有

$$n_0(x) = -\frac{\cos x}{x} \tag{13.6-14}$$

$$n_{-1}(x) = \frac{\sin x}{x} \tag{13.6-15}$$

利用式(13.6-9),进一步可以得到

$$n_1(x) = -\frac{1}{x^2}(\cos x + x\sin x)$$

$$n_2(x) = -\frac{1}{x^3}\big[3(\cos x + x\sin x) - x^2\cos x\big]$$

...

同样当 l 为整数时,球诺伊曼函数也可以用初等函数来表示。

由汉克函数的定义式［见式(13.1-32)］及球汉克函数的定义式［见式(13.6-7)及式(13.6-8)］,则可以得到

$$h_l^{(1)}(x) = j_l(x) + \mathrm{i} n_l(x) \tag{13.6-16}$$

$$h_l^{(2)}(x) = j_l(x) - \mathrm{i} n_l(x) \tag{13.6-17}$$

再利用前面得到的 $j_l(x)$ 和 $n_l(x)$ 的表示式,可以得到

$$h_0^{(1)}(x) = -\frac{\mathrm{i}}{x}\mathrm{e}^{\mathrm{i}x}, \quad h_0^{(2)}(x) = \frac{\mathrm{i}}{x}\mathrm{e}^{-\mathrm{i}x}$$

$$h_1^{(1)}(x) = \left(-\frac{\mathrm{i}}{x^2} - \frac{1}{x}\right)\mathrm{e}^{\mathrm{i}x}, \quad h_1^{(2)}(x) = \left(\frac{\mathrm{i}}{x^2} - \frac{1}{x}\right)\mathrm{e}^{-\mathrm{i}x}$$

$$h_2^{(1)}(x) = \left(-\frac{3\mathrm{i}}{x^3} - \frac{3}{x^2} + \frac{\mathrm{i}}{x}\right)\mathrm{e}^{\mathrm{i}x}, \quad h_2^{(2)}(x) = \left(\frac{3\mathrm{i}}{x^3} - \frac{3}{x^2} - \frac{\mathrm{i}}{x}\right)\mathrm{e}^{-\mathrm{i}x}$$

$$\tag{13.6-18}$$

根据球贝塞尔函数及球诺伊曼函数的定义式(13.6-4)和(13.6-6),以及贝塞尔函数的级数表示式(13.1-15),很容易看到:当 $x \to 0$ 时,有

$$j_0(0) = 1, \quad j_l(0) = 0 \ (l \neq 0) \tag{13.6-19}$$

及

$$n_l(0) \to \infty \tag{13.6-20}$$

另一方面,当 $x \to \infty$ 时,根据贝塞尔函数和诺伊曼的渐近表示式(13.2-37)和(13.2-38),可以得到

$$j_l(x) \sim \frac{1}{x}\cos\left(x - \frac{l+1}{2}\pi\right) \tag{13.6-21}$$

$$n_l(x) \sim \frac{1}{x}\sin\left(x - \frac{l+1}{2}\pi\right) \tag{13.6-22}$$

这样,借助于球贝塞尔函数和球诺伊曼函数的渐近表示式,可以进一步得到球汉克函数的渐近表示式

$$h_l^{(1)}(x) \sim (-\mathrm{i})^{l+1} \frac{\mathrm{e}^{\mathrm{i}x}}{x} \tag{13.6-23}$$

$$h_l^{(2)}(x) \sim \mathrm{i}^{l+1} \frac{\mathrm{e}^{-\mathrm{i}x}}{x} \tag{13.6-24}$$

根据第八章的讨论可知,球贝塞尔方程是施图姆-刘维尔方程的一个特例,因此对于不同本征值 k_i 和 $k_j (\mathrm{i} \neq j)$ 的球贝塞尔函数在区间 $0 \leqslant r \leqslant a$ 内应是正交的,即

$$\int_0^a j_l(k_i r) j_l(k_j r) r^2 \,\mathrm{d}r = 0 \ (\mathrm{i} \neq j) \tag{13.6-25}$$

其中权重因子为 r^2。另一方面,由于本征函数 $j_l(k_i r)$ 是完备的,因此在该区间上的函数 $f(r)$ 可以以 $j_l(k_i r)$ 作为基函数进行展开

$$f(r) = \sum_{i=1}^{\infty} c_i j_l(k_i r) \qquad (13.6\text{-}26)$$

其中展开系数为

$$c_i = \frac{1}{(N_i^{(l)})^2} \int_0^a f(r) j_l(k_i r) r^2 \,\mathrm{d}r \qquad (13.6\text{-}27)$$

$N_i^{(l)}$ 是本征函数 $j_l(k_i r)$ 的模

$$(N_i^{(l)})^2 = \int_0^a \big[j_l(k_i r) \big]^2 r^2 \,\mathrm{d}r = \frac{\pi}{2k_i} \int_0^a \big[J_{l+1/2}(k_i r) \big]^2 r \,\mathrm{d}r \qquad (13.6\text{-}28)$$

例 1　一个匀质的小球，其半径为 r_0。初始时刻球的温度为 $f(r,\theta)$，表面温度维持在零度。求小球内部的温度分布。

解：取球坐标系，坐标原点选在球心处，对应的定解问题是

$$\begin{cases} \dfrac{\partial u}{\partial t} - a^2 \, \nabla^2 u = 0 \\[2mm] u\big|_{r=r_0} = 0 \\[2mm] u\big|_{t=0} = f(r,\theta) \end{cases} \qquad (13.6\text{-}29)$$

考虑到问题的对称性，温度场与方位角 φ 无关，即 $u = u(r,\theta,t)$。同时，考虑到在球心处的温度场应有限。这样对泛定方程分离变量 $u(r,\theta,t) = R(r)\Theta(\theta)T(t)$，可以得到方程的特解为

$$u_l(r,\theta,t) = j_l(kr) P_l(\cos\theta) \mathrm{e}^{-k^2 a^2 t}$$

其中本征值 k 由齐次边界条件确定，即

$$j_l(kr_0) = 0$$

由 l 阶球贝塞尔函数的零点 x_i，即可以确定出

$$k_i = \frac{x_i}{r_0} \ (i = 1, 2, 3, \cdots) \qquad (13.6\text{-}30)$$

对不同本征值的特解进行叠加，则泛定方程的通解为

$$u(r,\theta,t) = \sum_{l=0}^{\infty} \sum_{i=1}^{\infty} A_{li} j_l(k_i r) P_l(\cos\theta) \mathrm{e}^{-k_i^2 a^2 t} \qquad (13.6\text{-}31)$$

其中系数 A_{li} 由初始条件确定，即

$$\sum_{l=0}^{\infty} \sum_{i=1}^{\infty} A_{li} j_l(k_i r) P_l(\cos\theta) = f(r,\theta)$$

根据勒让德函数的正交性及球贝塞尔函数的正交性，可以得到

$$A_{li} = \frac{2l+1}{2\,(N_i^{(l)})^2} \int_0^{\pi} P_l(\cos\theta) \sin\theta \,\mathrm{d}\theta \int_0^{r_0} f(r,\theta) j_l(k_i r) r^2 \,\mathrm{d}r \qquad (13.6\text{-}32)$$

其中 $N_i^{(l)}$ 是球贝塞尔函数的模。这样，一旦知道了函数 $f(r,\theta)$ 的具体形式，就可以计算出展开系数 A_{li}，进而确定出温度场分布。

习 题

1. 一半径为 ρ_0 的圆形薄膜，边缘固定，其初始振动为旋转抛物面 $u|_{t=0} = u_0(1 - \rho^2/\rho_0^2)$，初始速度为零。求解薄膜的振动情况。

2. 一个半径为 ρ_0、高为 h 的圆柱体，其内部没有电荷分布，下底和侧面保持为零，而上底的电位分布为 $u|_{z=h} = u_0[1 - (r/\rho_0)^2]$。求圆柱体内部的电势分布。

3. 一个半径为 ρ_0、高为 h 的圆柱体，其下底温度分布为 $u|_{z=0} = u_0 r^2/\rho_0^2$，上底温度保持恒定 $u|_{z=h} = u_0$，侧面绝热。求圆柱体内部的稳态温度分布。

4. 一个半径为 ρ_0、高为 h 的圆柱体，其上底有均匀分布的强度为 q_0 的热流流入，下底则有同样的热流流出，侧面温度保持为零。求圆柱体内部的稳态温度分布。

5. 一个匀质圆柱体，半径为 ρ_0，高为 h，其上下底固定，侧面自由，初始位移为零，初始速度为 $u_0 r^2/\rho_0^2$。求圆柱体内部的振动情况。

6. 一个匀质圆柱体，半径为 ρ_0，高为 h，其上底保持温度为 u_2，下底温度保持为 u_1，侧面温度分布为 $f(z) = u_2(2z-h)/h^2 + u_1(h-z)/h$。求圆柱体内部的稳态温度分布。

7. 一个匀质圆柱体，半径为 ρ_0，高为 h，其上底绝热，下底温度保持为 u_0，侧面有均匀分布的强度为 q_0 的热流流入。求圆柱体外部的稳态温度分布。

8. 一个匀质球，半径为 r_0，初始温度为 $u_0 r\cos\theta$，把球面温度保持为零而使它冷却。求解球内的温度分布。

第十四章　　量子力学中的特殊函数

在第十二章和第十三章中我们分别介绍了球函数和柱函数这两类特殊函数,它们是描述一些经典物理现象(如物体的振动、热传导及电磁波的传播等)的重要数学工具。实际上,特殊函数在近代物理学中也扮演了重要的角色。例如,在量子力学中,在描述氢原子的状态时,除了用到前面介绍的连带勒让德函数和球函数外,还要涉及广义拉盖尔函数。甚至在研究粒子(如电子)散射时,还要用到球贝塞尔函数。

本章根据简谐振子和氢原子所满足的薛定谔方程,分别推导出厄密方程和广义拉盖尔方程,并重点讨论这两个方程的级数解以及厄密函数和广义拉盖尔函数的一些性质,为进一步学习量子力学的有关内容打下基础。

§14.1　　薛定谔方程

在量子力学描述中,认为微观粒子具有波粒二象性,并可以用一个几率波函数 $\psi(r,t)$ 来描述微观粒子的状态。在任意时刻 t 在空间 r 处单位体积内发现一个粒子的几率为 $|\psi(r,t)|^2$。在全空间内,发现该粒子的概率应为 1,即

$$\iiint |\psi(r,t)|^2 dr - 1 \tag{14.1-1}$$

该式是波函数的归一化条件。

波函数 $\psi(r,t)$ 满足薛定谔方程

$$i\hbar \frac{\partial \psi}{\partial t} = \hat{H}\psi \tag{14.1-2}$$

其中 $\hbar = \dfrac{h}{2\pi}$(h 是普朗克常数),

$$\hat{H} = -\frac{\hbar^2}{2\mu}\nabla^2 + V(r) \tag{14.1-3}$$

为粒子的哈密顿算子,μ 是微观粒子的质量,$V(r)$ 是微观粒子所处的势场。

由于方程(14.1-2)是一个线性齐次方程,因此可以采用分离变量法求

解。令

$$\psi(\boldsymbol{r},t) = u(\boldsymbol{r})T(t) \tag{14.1-4}$$

并代入方程(14.1-2),可以得到如下两个方程

$$\hat{H}u(\boldsymbol{r}) = Eu(\boldsymbol{r}) \tag{14.1-5}$$

$$T'(t) = -\frac{\mathrm{i}E}{\hbar}T(t) \tag{14.1-6}$$

其中 E 为本征值。式(14.1-5)为定态薛定谔本征方程或本征方程,它表明 $u(\boldsymbol{r})$ 函数是哈密顿算子 $\hat{H}$ 的本征函数。方程(14.1-6)的解为

$$T(t) = c_1\exp(-\mathrm{i}Et/\hbar) \tag{14.1-7}$$

其中 c_1 为常数。这样任意时刻的波函数为

$$\psi(\boldsymbol{r},t) = u(\boldsymbol{r})c_1\exp(-\mathrm{i}Et/\hbar) \tag{14.1-8}$$

对于自由粒子,即没有势场 $V(\boldsymbol{r})$ 存在时,方程(14.1-5)变为

$$-\frac{\hbar^2}{2\mu}\nabla^2 u(\boldsymbol{r}) = Eu(\boldsymbol{r}) \tag{14.1-9}$$

其解为

$$u(\boldsymbol{r}) = c_2\mathrm{e}^{\mathrm{i}\boldsymbol{k}\cdot\boldsymbol{r}} \tag{14.1-10}$$

其中 c_2 为常数,$E = \dfrac{\hbar^2 k^2}{2\mu}$。将式(14.1-10)代入式(14.1-8),可以得到 t 时刻自由粒子的波函数为

$$\psi(\boldsymbol{r},t) = A\mathrm{e}^{\mathrm{i}(\boldsymbol{k}\cdot\boldsymbol{r}-\omega t)} \tag{14.1-11}$$

其中 $\omega = E/\hbar$, $A = c_1 c_2$。式(14.1-11)是一个典型的平面波的表示式。

当粒子的运动处于束缚状态下,哈密顿算子 $\hat{H}$ 的本征值为一系列的离散值,本征函数也为一系列的离散函数,即

$$\hat{H}u_n = E_n u_n(n = 0,1,2,3,\cdots) \tag{14.1-12}$$

由于薛定谔方程是线性的,应服从叠加原理,因此 t 时刻束缚态粒子的波函数为

$$\psi(\boldsymbol{r},t) = \sum_n c_n u_n(\boldsymbol{r})\mathrm{e}^{-\mathrm{i}\omega_n t} \tag{14.1-13}$$

其中 $\omega_n = E_n/\hbar$, c_n 为叠加系数。

假设在初始时刻 $t = 0$ 粒子的波函数为

$$\psi(\boldsymbol{r},0) = f(\boldsymbol{r}) \tag{14.1-14}$$

将其代入式(14.1-13),则有

$$\sum_n c_n u_n(\boldsymbol{r}) = f(\boldsymbol{r}) \tag{14.1-15}$$

可以证明,哈密顿算子是厄密算子,它的本征函数满足正交归一性条件,即

$$\int u_n(\boldsymbol{r}) u_m^*(\boldsymbol{r}) \mathrm{d}\boldsymbol{r} = \delta_{n,m} \tag{14.1-16}$$

将式(14.1-15)两边同乘以 $u_m^*(\boldsymbol{r})$，并对 $\boldsymbol{r}$ 进行积分,同时利用式(14.1-16),则可以得到展开系数为

$$c_n = \int f(\boldsymbol{r}) u_n^*(\boldsymbol{r}) \mathrm{d}\boldsymbol{r} \tag{14.1-17}$$

将式(14.1-13)代入波函数归一化条件(14.1-1),并利用式(14.1-16),则可以得到

$$\sum_n |c_n|^2 = 1 \tag{14.1-18}$$

本征值 E_n 及本征函数 u_n 的形式取决于哈密顿算子的形式,即取决于势场 $V(\boldsymbol{r})$ 的形式。在下面两节,我们分别以简谐振子和氢原子为例,来介绍如何求解方程(14.1-12)以及确定出本征值和本征函数。尤其是我们将看到,对于这两种势场,本征函数将与一些特殊函数有关。

§14.2　简谐振子的波函数与厄密函数

在经典力学中,一个质量为 μ 的弹簧振子,在弹性力 $f = -kx$ 的作用下,将做简谐振动

$$x(t) = A\sin(\omega t + \delta) \tag{14.2-1}$$

其中 $\omega = \sqrt{k/\mu}$ 为振子的角频率,k 为弹性系数,A 和 δ 分别是振幅和相位。简谐振子的势能为

$$V(x) = -\int F(x)\mathrm{d}x = \frac{1}{2}kx^2 = \frac{1}{2}\mu\omega^2 x^2 \tag{14.2-2}$$

这里我们取参考势能为零。可见简谐振子的势能 $V(x)$ 是一个抛物型的势阱,见图 14-1。谐振子的运动要受到该势阱的约束,其最大位移为 $|x_{\max}| = A$。

对于氢原子,原子核外只有一个电子,而且电子在内部库仑力的作用下绕原子核运动。作为一种简化描述,可以近似地认为电子绕氢原子核的运动类似于一个简谐振子的运动。氢原子核外面的电子运动要受到相互作用势的约束。

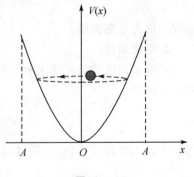

图 14-1

1. 厄密方程

在量子力学描述中，简谐振子的运动状态具有波粒二象性，其波函数 $u(x)$ 服从的本征方程为

$$\left[-\frac{\hbar^2}{2\mu}\frac{\mathrm{d}^2}{\mathrm{d}x^2} + \frac{1}{2}\mu\omega^2 x^2\right]u(x) = Eu(x) \tag{14.2-3}$$

其中 E 为简谐振子的本征能量。方程(14.2-3)左边括号中的第二项即为简谐振子的势能，见式(14.2-2)。

为了便于求解方程(14.2-3)，引入如下无量纲参数和变量

$$\lambda = \frac{2E}{\hbar\omega}\ , \alpha = \sqrt{\frac{\mu\omega}{\hbar}}, \zeta = \alpha x \tag{14.2-4}$$

这样可以把方程(14.2-3)约化为

$$\frac{\mathrm{d}^2 u}{\mathrm{d}\zeta^2} + (\lambda - \zeta^2)u = 0 \tag{14.2-5}$$

这是一个变系数的二阶常微分方程。当 $\zeta \to \pm\infty$ 时，有 $\lambda << \zeta^2$，则方程(14.2-5)简化为

$$\frac{\mathrm{d}^2 u}{\mathrm{d}\zeta^2} - \zeta^2 u = 0 \tag{14.2-6}$$

显然它的解为 $u(\zeta) \to c_1 \mathrm{e}^{\zeta^2/2} + c_2 \mathrm{e}^{-\zeta^2/2}$，但考虑到当 $\zeta \to \pm\infty$ 时，$u(\zeta)$ 应有限，故 $c_1 = 0$，即

$$u(\zeta)\big|_{\zeta\to\pm\infty} \sim \mathrm{e}^{-\zeta^2/2} \tag{14.2-7}$$

考虑到上面的渐近解，可以令

$$u(\zeta) = y(\zeta)\mathrm{e}^{-\zeta^2/2} \tag{14.2-8}$$

则方程(14.2-5)变为

$$\frac{\mathrm{d}^2 y}{\mathrm{d}\zeta^2} - 2\zeta\frac{\mathrm{d}y}{\mathrm{d}\zeta} + (\lambda - 1)y = 0 \tag{14.2-9}$$

该方程称为**厄密方程**。

2. 厄密函数

下面采用级数展开法求解方程(14.2-9)，即将该方程的解在 $\zeta = 0$ 处展开成幂级数

$$y(\zeta) = \sum_{k=0}^{\infty} c_k \zeta^k \tag{14.2-10}$$

将上式代入方程(14.2-9)，则可以得到

$$\sum_{k=0}^{\infty}(k+2)(k+1)c_{k+2}\zeta^k = \sum_{k=0}^{\infty}[2k-(\lambda-1)]c_k\zeta^k$$

要使上式两边相等，只有 ζ^k 前面的系数相等，即

$$(k+2)(k+1)c_{k+2} = [(2k-(\lambda-1)]c_k$$

即可以得到如下递推关系

$$c_{k+2} = \frac{2k-(\lambda-1)}{(k+2)(k+1)}c_k \quad (k=0,1,2,3,\cdots) \quad (14.2\text{-}11)$$

由此可以看到，如果给定了 c_0 和 c_1，就可以分别确定出所有偶次幂的系数 c_{2k} 和所有奇次幂的系数 c_{2k+1}，其中 c_0 和 c_1 是独立选取的。由此可以给出方程 (14.2-9) 的两个线性无关的解：

$$y_0(\zeta) = \sum_{k=0}^{\infty} c_{2k}\zeta^{2k} \quad (14.2\text{-}12)$$

$$y_1(\zeta) = \sum_{k=0}^{\infty} c_{2k+1}\zeta^{2k+1} \quad (14.2\text{-}13)$$

这样方程(14.2-9)的通解为

$$y(\zeta) = y_0(\zeta) + y_1(\zeta) \quad (14.2\text{-}14)$$

我们进一步讨论上述级数在 $\zeta \to \pm\infty$ 处的收敛行为。对于有限的 λ 值，当 $k \to \infty$ 时，由递推关系式(14.2-11)可以得到

$$\frac{c_{k+2}}{c_k} = \frac{2k-(\lambda-1)}{(k+2)(k+1)} = \frac{\dfrac{2}{k}-\dfrac{\lambda-1}{k^2}}{\left(1+\dfrac{1}{k}\right)\left(1+\dfrac{2}{k}\right)} \to \frac{2}{k} \quad (14.2\text{-}15)$$

另一方面，对于指数函数 e^{ζ^2}，如果把它按照幂级数展开，则有

$$e^{\zeta^2} = 1 + \frac{\zeta^2}{1!} + \frac{\zeta^4}{2!} + \cdots + \frac{\zeta^k}{\left(\dfrac{k}{2}\right)!} + \frac{\zeta^{k+2}}{\left(\dfrac{k}{2}+1\right)!} + \cdots \quad (k\text{ 为偶数})$$

$$(14.2\text{-}16)$$

它的两个相邻系数的比值为

$$\frac{c_{k+2}}{c_k} = \frac{\left(\dfrac{k}{2}\right)!}{\left(\dfrac{k}{2}+1\right)!} = \frac{1}{\left(\dfrac{k}{2}+1\right)} \to \frac{2}{k} \quad (14.2\text{-}17)$$

可见幂级数(14.2-10)与指数函数 e^{ζ^2} 的幂级数展开具有相同的收敛性，而且当 $\zeta \to \pm\infty$ 时，它们的性质都取决于 k 较大的高次幂项。因此，幂级数(14.2-10)与函数 e^{ζ^2} 在 $\zeta \to \pm\infty$ 时具有相同的行为，即

$$y(\zeta) \to e^{\zeta^2} \quad (\zeta \to \pm\infty) \quad (14.2\text{-}18)$$

这样厄密方程(14.2-9)的解在 $\zeta \to \pm\infty$ 时无界，即

$$u(\zeta) = e^{-\zeta^2/2}y(\zeta) \to e^{-\zeta^2/2}\cdot e^{\zeta^2} = e^{\zeta^2/2} \to \infty$$

这不满足波函数的标准条件。为了确保波函数 $u(\zeta)$ 在 $\zeta \to \pm\infty$ 时有限，需要对幂级数展开式(14.2-10)进行截断，使之变成一个有界的多项式。

由递推关系式(14.2-11)可以看到，如果取常数 λ（与本征值 E）为

$$\lambda - 1 = 2n \ (n = 0, 1, 2, 3, \cdots) \tag{14.2-19}$$

则当 $k = n$ 时，有 $c_{n+2} = 0$。这样就可以把幂级数展开进行截断，使之变成一个多项式。由此，可以把式(14.2-11)改写为

$$c_k = \frac{(k+2)(k+1)}{2k - 2n} c_{k+2} \ (k = 0, 1, 2, 3, \cdots, n-2) \tag{14.2-20}$$

如果 c_n 被确定，利用这个递推关系，则可以依次确定出系数 c_{n-2}，c_{n-4}，$\cdots$ 的值。通常规定常数 c_n 的值为

$$c_n = 2^n \tag{14.2-21}$$

这样有

$$c_{n-2} = -\frac{n(n-1)}{4} c_n = -\frac{n(n-1)}{4} 2^n = \frac{(-1)^1 n!}{1!(n-2\cdot 1)!} 2^{n-2\cdot 1}$$

$$c_{n-4} = -\frac{(n-2)(n-3)}{8} c_{n-2} = \frac{(n-2)(n-3)}{8} \cdot \frac{n!}{(n-2)!} 2^{n-2}$$

$$= \frac{(-1)^2 n!}{2!(n-2\cdot 2)} 2^{n-2\cdot 2}$$

$$\cdots$$

依次类推，可以得到一般项为

$$c_{n-2m} = \frac{(-1)^m n!}{m!(n-2m)!} 2^{n-2m} \quad \left(m = 0, 1, 2, 3, \cdots, \frac{n}{2} \right) \tag{14.2-22}$$

将式(14.2-22)代入式(14.2-10)，则得到方程(14.2-9)的有界解为

$$y(\zeta) \equiv H_n(\zeta) = \sum_{m=0}^{M} \frac{(-1)^m n!}{m!(n-2m)!} (2\zeta)^{n-2m} \tag{14.2-23}$$

通常称 $H_n(\zeta)$ 为**厄密函数或多项式**。在(14.2-23)式中，M 是求和指标的最大值。由于它必须是整数，因此取

$$M = \begin{cases} n/2 & (n = 0, 2, 4, \cdots) \\ (n-1)/2 & (n = 1, 3, 5, \cdots) \end{cases} \tag{14.2-24}$$

由式(14.2-23)，可以得到厄密多项式的前4项为

$$H_0(\zeta) = 1 \qquad H_1(\zeta) = 2\zeta$$
$$H_2(\zeta) = 4\zeta^2 - 2 \quad H_3(\zeta) = 8\zeta^3 - 12\zeta \tag{14.2-25}$$

根据以上结果，我们可以得到一维量子谐振子的本征能量为

$$E_n = \frac{\hbar\omega}{2}\lambda_n = \left(n + \frac{1}{2} \right)\hbar\omega \qquad (n = 0, 1, 2, 3, \cdots) \tag{14.2-26}$$

对应的本征波函数为

$$u_n(x) = A_n H_n(\alpha x) e^{-\alpha^2 x^2/2} \qquad (n = 0, 1, 2, 3, \cdots) \tag{14.2-27}$$

其中 A_n 为归一化常数。可见，在量子力学描述中谐振子的能量是不连续的，只能取一系列的离散值，即能量是量子化的。基态($n = 0$)的能量为 $E_0 = $

$\dfrac{1}{2}\hbar\omega$，不为零。

3. 厄密多项式的递推关系

利用式(14.2-23)，对厄密多项式进行求导，则有

$$\frac{\mathrm{d}H_n(\zeta)}{\mathrm{d}\zeta} = \sum_{m=0}^{M} \frac{(-1)^m n!}{m!(n-2m)!} 2(n-2m)(2\zeta)^{n-2m-1}$$

$$= 2\sum_{m=0}^{M} \frac{(-1)^m n!}{m!(n-2m-1)!} (2\zeta)^{n-2m-1}$$

$$= 2n\sum_{m=0}^{M} \frac{(-1)^m (n-1)!}{m![(n-1)-2m]!} (2\zeta)^{(n-1)-2m}$$

$$= 2nH_{n-1}$$

因此有

$$\frac{\mathrm{d}H_n(\zeta)}{\mathrm{d}\zeta} = 2nH_{n-1}(\zeta) \qquad (14.2\text{-}28)$$

依次对上式求导 $n-1$，则有

$$\frac{\mathrm{d}^2 H_n(\zeta)}{\mathrm{d}\zeta^2} = 2^2 n(n-1) H_{n-2}(\zeta) \qquad (14.2\text{-}29)$$

$$\frac{\mathrm{d}^3 H_n(\zeta)}{\mathrm{d}\zeta^3} = 2^3 n(n-1)(n-2) H_{n-3}(\zeta) \qquad (14.2\text{-}30)$$

$$\cdots$$

$$\frac{\mathrm{d}^n H_n(\zeta)}{\mathrm{d}\zeta^n} = 2^n n! H_0(\zeta) = 2^n n! \qquad (14.2\text{-}31)$$

将 $\lambda_n = 2n+1$ 代入方程(14.2-9)，可以得到厄密多项式 $H_n(\zeta)$ 满足的方程为

$$\frac{\mathrm{d}^2 H_n(\zeta)}{\mathrm{d}\zeta^2} - 2\zeta \frac{\mathrm{d}H_n(\zeta)}{\mathrm{d}\zeta} + 2nH_n(\zeta) = 0 \quad (n=0,1,2,3,\cdots)$$

$$(14.2\text{-}32)$$

分别将式(14.2-28)和式(14.2-29)代入方程(14.2-32)，则得到如下递推关系

$$2(n-1)H_{n-2}(\zeta) - 2\zeta H_{n-1}(\zeta) + H_n(\zeta) = 0 \qquad (14.2\text{-}33)$$

如果用 n 来替代 $n-1$，则又可以把该递推关系改写成

$$2nH_{n-1}(\zeta) - 2\zeta H_n(\zeta) + H_{n+1}(\zeta) = 0 \qquad (14.2\text{-}34)$$

4. 厄密多项式的正交性和模

如果将方程(14.2-32)两边同乘以 $\mathrm{e}^{-\zeta^2}$，则可以把它变成施图姆-刘维尔方程

$$\frac{\mathrm{d}}{\mathrm{d}\zeta}\left(\mathrm{e}^{-\zeta^2}\frac{\mathrm{d}H_n}{\mathrm{d}\zeta}\right) + 2n\mathrm{e}^{-\zeta^2} H_n = 0 \qquad (14.2\text{-}35)$$

其中权重为 $\rho(\zeta) = e^{-\zeta^2}$。根据 §8.5 节的讨论可知，施图姆-刘维尔方程的本征解具有正交性，因此厄密多项式 $H_n(\zeta)$ 应服从如下正交性关系

$$\int_{-\infty}^{\infty} H_n(\zeta) H_m(\zeta) e^{-\zeta^2} \, \mathrm{d}\zeta = 0 \quad (n \neq m) \tag{14.2-36}$$

下面确定厄密多项式的微分表达式。引入函数

$$U(\zeta) = e^{-\zeta^2} \tag{14.2-37}$$

则可以得到

$$U^{(1)}(\zeta) = \frac{\mathrm{d}U}{\mathrm{d}\zeta} = -2\zeta U$$

$$U^{(2)}(\zeta) = \frac{\mathrm{d}^2 U}{\mathrm{d}\zeta^2} = -2\left(\zeta \frac{\mathrm{d}U}{\mathrm{d}\zeta} + U\right)$$

$$U^{(3)}(\zeta) = \frac{\mathrm{d}^3 U}{\mathrm{d}\zeta^3} = -2\left(\zeta \frac{\mathrm{d}^2 U}{\mathrm{d}\zeta^2} + 2\frac{\mathrm{d}U}{\mathrm{d}\zeta}\right) \tag{14.2-38}$$

$$\cdots$$

$$U^{(n+1)}(\zeta) = \frac{\mathrm{d}^{n+1} U}{\mathrm{d}\zeta^{n+1}} = -2\left(\zeta \frac{\mathrm{d}^n U}{\mathrm{d}\zeta^n} + n\frac{\mathrm{d}^{n-1} U}{\mathrm{d}\zeta^{n-1}}\right)$$

根据上面的递推关系，可以得到

$$\frac{\mathrm{d}^2 U^{(n)}}{\mathrm{d}\zeta^2} + 2\zeta \frac{\mathrm{d}U^{(n)}}{\mathrm{d}\zeta} + 2(n+1)U^{(n)} = 0 \tag{14.2-39}$$

再令

$$W_n(\zeta) = (-1)^n e^{\zeta^2} U^{(n)}(\zeta) \tag{14.2-40}$$

把它代入方程(14.2-39)，则可以得到函数 $W_n(\zeta)$ 所满足的方程

$$\frac{\mathrm{d}^2 W_n(\zeta)}{\mathrm{d}\zeta^2} - 2\zeta \frac{\mathrm{d}W_n(\zeta)}{\mathrm{d}\zeta} + 2nW_n(\zeta) = 0 \tag{14.2-41}$$

可以看出，方程(14.2-41)正是厄密方程(14.2-32)，因此有 $W_n(\zeta) = H_n(\zeta)$。这样由式(14.2-37)式和式(14.2-40)，可以得到厄密多项式的微分表示式为

$$H_n(\zeta) = (-1)^n e^{\zeta^2} \frac{\mathrm{d}^n}{\mathrm{d}\zeta^n}(e^{-\zeta^2}) \tag{14.2-42}$$

利用厄密多项式的微分表示式，可以计算出厄密多项式的模，即

$$N_n^2 = \int_{-\infty}^{\infty} H_n^2(\zeta) e^{-\zeta^2} \, \mathrm{d}\zeta \tag{14.2-43}$$

将厄密多项式的微分表示式(14.2-42)代入，并进行分部积分，则可以得到

$$N_n^2 = (-1)^n \int_{-\infty}^{\infty} H_n(\zeta) \frac{\mathrm{d}^n}{\mathrm{d}\zeta^n}(e^{-\zeta^2}) \, \mathrm{d}\zeta$$

$$= (-1)^n \left\{ \left[H_n(\zeta) \frac{\mathrm{d}^{n-1}}{\mathrm{d}\zeta^{n-1}}(e^{-\zeta^2}) \right]_{-\infty}^{\infty} - \int_{-\infty}^{\infty} \frac{\mathrm{d}^{n-1}}{\mathrm{d}\zeta^{n-1}}(e^{-\zeta^2}) \frac{\mathrm{d}H_n(\zeta)}{\mathrm{d}\zeta} \mathrm{d}\zeta \right\}$$

考虑到 $H_n(\zeta)$ 是一个多项式,同时 $e^{-\zeta^2}$ 对 ζ 求导 $n-1$ 次后仍正比于 $e^{-\zeta^2}$,因此上式右边括号内第 个项的值为零。这样有

$$N_n^2 = (-1)^{n+1} \int_{-\infty}^{\infty} \frac{d^{n-1}}{d\zeta^{n-1}}(e^{-\zeta^2}) \frac{dH_n(\zeta)}{d\zeta} d\zeta$$

对上式右边再依次分部积分 $n-1$ 次,则有

$$N_n^2 = (-1)^{2n} \int_{-\infty}^{\infty} \frac{dH_n^n(\zeta)}{d\zeta^n} e^{-\zeta^2} d\zeta$$

利用式(14.2-31)的结果,最后可以得到厄密多项式的模为

$$N_n^2 = 2^n n! \int_{-\infty}^{\infty} e^{-\zeta^2} d\zeta = 2^n n! \sqrt{\pi} \qquad (14.2\text{-}44)$$

借助于厄密多项式的模,我们可以确定出谐振子本征波函数(14.2-27)中的归一化因子 A_n。根据波函数的归一化条件

$$\int_{-\infty}^{\infty} u_n(x) u_n^*(x) dx = 1 \qquad (14.2\text{-}45)$$

并利用式(14.2-27),则有

$$\frac{|A_n|^2}{\alpha} \int_{-\infty}^{\infty} H_n^2(\zeta) e^{-\zeta^2} d\zeta = \frac{|A_n|^2}{\alpha} N_n^2 = 1$$

将式(14.2-44)代入,则得到归一化系数为

$$|A_n| = \frac{\sqrt{\alpha}}{\sqrt{2^n n! \sqrt{\pi}}} \qquad (14.2\text{-}46)$$

这样归一化的谐振子的本征函数为

$$u_n(x) = \frac{\sqrt{\alpha}}{\sqrt{2^n n! \sqrt{\pi}}} H_n(\alpha x) e^{-\alpha^2 x^2/2} \qquad (n = 0,1,2,3,\cdots)$$

$$(14.2\text{-}47)$$

利用式(14.2-25),可以得到前 4 个归一化的本征函数为

$$\begin{cases} u_0(x) = \dfrac{\sqrt{\alpha}}{\pi^{1/4}} e^{-\alpha^2 x^2/2} \\[2mm] u_1(x) = \dfrac{\sqrt{2\alpha^3}}{\pi^{1/4}} x e^{-\alpha^2 x^2/2} \\[2mm] u_2(x) = \dfrac{\sqrt{\alpha/2}}{\pi^{1/4}} (2\alpha^2 x^2 - 1) e^{-\alpha^2 x^2/2} \\[2mm] u_3(x) = \dfrac{\sqrt{\alpha^3/3}}{\pi^{1/4}} x(2\alpha^2 x^2 - 3) e^{-\alpha^2 x^2/2} \end{cases} \qquad (14.2\text{-}48)$$

由于厄密方程是施图姆-刘维尔方程的特例,因此厄密多项式也具有完备性,即对于任意在区间 $(-\infty, \infty)$ 内连续的函数 $f(\zeta)$,可以用厄密多项式展开成广义傅里叶级数

$$f(\zeta) = \sum_{n=0}^{\infty} c_n H_n(\zeta) \qquad (14.2\text{-}49)$$

利用厄密多项式的正交性和模的表示式,可以得到展开系数为

$$c_n = \frac{1}{2^n n! \sqrt{\pi}} \int_{-\infty}^{\infty} f(\zeta) H_n(\zeta) e^{-\zeta^2} d\zeta \qquad (14.2\text{-}50)$$

§14.3   氢原子的波函数与广义拉盖尔函数

对于有心力场,即相互作用势仅是距离为 r 的函数时,哈密顿算子为

$$\hat{H} = -\frac{\hbar^2}{2\mu} \nabla^2 + V(r) \qquad (14.3\text{-}1)$$

这时定态薛定谔方程(14.1-5)为

$$\left[-\frac{\hbar^2}{2\mu} \nabla^2 + V(r) \right] u(\mathbf{r}) = E u(\mathbf{r}) \qquad (14.3\text{-}2)$$

对于有心力场,可以采用球坐标系来求解方程(14.3-2)。利用球坐标系中的拉普拉斯算子,可以把方程(14.3-2)写成

$$-\frac{\hbar^2}{2\mu} \left[\frac{1}{r^2} \frac{\partial}{\partial r} \left(r^2 \frac{\partial u}{\partial r} \right) + \frac{1}{r^2 \sin\theta} \frac{\partial}{\partial \theta} \left(\sin\theta \frac{\partial u}{\partial \theta} \right) + \frac{1}{r^2 \sin^2\theta} \frac{\partial^2 u}{\partial \varphi^2} \right] + V(r) u = E u$$

$$(14.3\text{-}3)$$

类似于第八章的讨论,我们采用分离变量法求解方程(14.3-2)。令

$$u(r, \theta, \varphi) = R(r) Y(\theta, \varphi) \qquad (14.3\text{-}4)$$

可以得到径向函数 $R(r)$ 和球函数 $Y(\theta, \varphi)$ 所满足的方程分别为

$$\frac{d}{dr} \left(r^2 \frac{dR}{dr} \right) + \left\{ \frac{2\mu r^2}{\hbar^2} [E - V(r)] - \lambda \right\} R = 0 \qquad (14.3\text{-}5)$$

$$\frac{1}{\sin\theta} \frac{\partial}{\partial \theta} \left(\sin\theta \frac{\partial Y}{\partial \theta} \right) + \frac{1}{\sin^2\theta} \frac{\partial^2 Y}{\partial \varphi^2} + \lambda Y = 0 \qquad (14.3\text{-}6)$$

其中 λ 为待定常数。再进一步对方程(14.3-6)进行分离变量,$Y(\theta, \varphi) = \Theta(\theta)\Phi(\varphi)$,可以得到函数 $\Theta(\theta)$ 和 $\Phi(\varphi)$ 所满足的方程,其中前者所满足的方程为连带勒让德方程,见第八章。由第十二章的讨论可知,仅当 $\lambda = l(l+1)$ ($l = 0, 1, 2, \cdots$) 时,勒让德方程或连带勒让德方程在 $\theta = 0$ 和 $\theta = \pi$ 处才存在有界解。方程(14.3-6)的解可以用归一化的球函数

$$Y_{lm}(\theta, \varphi) = \sqrt{\frac{(2l+1)(l-|m|)!}{4\pi(l+|m|)!}} \, P_l^{|m|}(\cos\theta) e^{im\varphi} \qquad (14.3\text{-}7)$$

来表示,其中 $m = 0, \pm 1, \pm 2, \pm 3, \cdots, \pm l, l = 0, 1, 2, 3, \cdots$,见 §12.5 节。将 $\lambda = l(l+1)$ 代入方程(14.3-5),则有

$$\frac{d}{dr} \left(r^2 \frac{dR}{dr} \right) + \left\{ \frac{2\mu r^2}{\hbar^2} [E - V(r)] - l(l+1) \right\} R = 0 \qquad (14.3\text{-}8)$$

可见方程(14.3-8)的解依赖于势场 $V(r)$ 的形式。下面我们分两种情况进行讨论。

1. 自由粒子的径向波函数

当粒子远离势场中心时,可以近似地认为 $V(r) = 0$,这时可以认为粒子是自由的。在这种情况下,方程(14.3-8)变为

$$\frac{\mathrm{d}}{\mathrm{d}r}\left(r^2\frac{\mathrm{d}R}{\mathrm{d}r}\right) + \left[k^2r^2 - l(l+1)\right]R = 0 \qquad (14.3\text{-}9)$$

其中 $k^2 = \dfrac{2\mu E}{\hbar^2}$。方程(14.3-9)为球贝塞尔方程,见式(8.4-29),它的本征解为

$$R(r) = j_l(kr) \qquad (14.3\text{-}10)$$

其中 $j_l(kr)$ 是球贝塞尔函数,见 §13.6 节。

对于这种自由粒子,定态薛定谔方程的一般解为

$$u(r,\theta,\varphi) = \sum_{m=-l}^{l}\sum_{l=0}^{\infty}c_{lm}j_l(kr)Y_l^{|m|}(\theta,\varphi) \qquad (14.3\text{-}11)$$

其中 c_{lm} 为叠加系数。如果所考虑的问题具有轴对称性(如粒子散射),则波函数与方位角 φ 无关,这时式(14.3-11)退化为

$$u(r,\theta) = \sum_{l=0}^{\infty}c_l j_l(kr)P_l(\cos\theta) \qquad (14.3\text{-}12)$$

在 §14.1 节中,我们已经得到自由粒子的波函数为 $u(r) = c_2\mathrm{e}^{\mathrm{i}k\cdot r}$,见式(14.1-10)。因此有

$$\mathrm{e}^{ikr\cos\theta} = \sum_{l=0}^{\infty}c_l j_l(kr)P_l(\cos\theta) \qquad (14.3\text{-}13)$$

这就是平面波按球面波展开的公式,可以证明叠加系数为 $c_l = (2l+1)\mathrm{i}^l$。

2. 广义拉盖尔方程

对于氢原子,原子核外面只有一个电子,而且电子与原子核之间的相互作为势为库仑势

$$V(r) = -\frac{\mathrm{e}^2}{r} \quad (\text{高斯单位制}) \qquad (14.3\text{-}14)$$

这里我们已假定原子核不动,其中心为坐标原点,r 为电子到原子核中心的距离。对于一些类氢离子,如 He^+,Li^{2+} 及 Be^{3+} 等,由于它们的原子核外也只有一个电子,因此它们的势能也可以用库仑势来描述

$$V(r) = -\frac{Z\mathrm{e}^2}{r} \qquad (14.3\text{-}15)$$

其中 Z 为原子核的价数。这样对氢原子和类氢离子,方程(14.3-8)则变为

$$\frac{d}{dr}\left(r^2\frac{dR}{dr}\right) + \left[\frac{2\mu r^2}{\hbar^2}\left(E + \frac{Ze^2}{r}\right) - l(l+1)\right]R = 0 \qquad (14.3\text{-}16)$$

这里 μ 是电子的质量。为了便于求解,引入函数 $\chi(r)$

$$R(r) = \frac{\chi(r)}{r} \qquad (14.3\text{-}17)$$

则可以把方程(14.3-16)改写为

$$\frac{d^2\chi}{dr^2} + \left[\frac{2\mu}{\hbar^2}\left(E + \frac{Ze^2}{r}\right) - \frac{l(l+1)}{r^2}\right]\chi = 0 \qquad (14.3\text{-}18)$$

由于库仑力的作用,电子在原子核外面做轨道运动时要受到约束。电子被束缚时的运动状态为"束缚态",其特点是本征能量小于零,即 $E < 0$。在如下讨论中,我们只考虑束缚态的情况。为了便于求解,引入无量纲的参数

$$\alpha = \sqrt{-\frac{8\mu E}{\hbar^2}}, \quad \beta = \frac{2\mu Ze^2}{\alpha\hbar^2} = \frac{Ze^2}{\hbar}\sqrt{\frac{\mu}{-2E}} \qquad (14.3\text{-}19)$$

和无量纲的变量

$$x = \alpha r \qquad (14.3\text{-}20)$$

这样方程(14.3-18)就变为

$$\frac{d^2\chi}{dx^2} + \left[\frac{\beta}{x} - \frac{1}{4} - \frac{l(l+1)}{x^2}\right]\chi = 0 \qquad (14.3\text{-}21)$$

在没有求解方程(14.3-21)之前,让我们首先分析一下在 $x \to \infty$ 和 $x \to 0$ 的情况下其解的行为。对于 $x \to \infty$ 的情况,方程(14.3-21)左边括号中的第一项和第三项均为小量,因此有

$$\frac{d^2\chi}{dx^2} - \frac{1}{4}\chi = 0 \qquad (14.3\text{-}22)$$

很显然该方程在 $x \to \infty$ 时的有界解为 $\chi(x) = Ae^{-x/2}$,其中 A 为常数。而在 $x \to 0$ 时,方程(14.3-21)左边括号中的第一项和第二项均为小量,因此有

$$\frac{d^2\chi}{dx^2} - \frac{l(l+1)}{x^2}\chi = 0 \qquad (14.3\text{-}23)$$

它在 $x \to 0$ 时的有界解为 $\chi(x) = Bx^{l+1}$,其中 B 为常数。

基于以上分析,在一般情况下,可以令方程(14.3-21)的解为

$$\chi(x) = y(x)e^{-x/2}x^{l+1} \qquad (14.3\text{-}24)$$

则有

$$\chi' = y'e^{-x/2}x^{l+1} - \frac{1}{2}ye^{-x/2}x^{l+1} + (l+1)ye^{-x/2}x^l$$

$$(14.3\text{-}25)$$

$$\chi'' = y'' \mathrm{e}^{-x/2} x^{l+1} + \left[\frac{2(l+1)}{r} - 1\right] y' \mathrm{e}^{-x/2} x^{l+1} + \left[\frac{1}{4} - \frac{(l+1)}{x} + \frac{l(l+1)}{x^2}\right] y \mathrm{e}^{-x/2} x^{l+1}$$

$$(14.3\text{-}26)$$

将式(14.3-24)及式(14.3-26)代入方程(14.3-21),可以得到如下关于 $y(x)$ 的方程

$$xy'' + (s+1-x)y' + ny = 0 \qquad (14.3\text{-}27)$$

其中

$$s = 2l+1, \quad n = \beta - (l+1) \qquad (14.3\text{-}28)$$

方程(14.3-27)为标准的 n 阶**广义拉盖尔方程**。

3. 广义拉盖尔多项式

由于广义拉盖尔方程(14.3-27)是一个变系数的二阶常微分方程,而且 $x=0$ 是它的一个常点,因此我们可以把它的解在 $x=0$ 及其领域上展开成如下形式的幂级数

$$y(x) = \sum_{k=0}^{\infty} c_k x^k \qquad (14.3\text{-}29)$$

将式(14.3-29)代入方程(14.3-27),可以得到

$$\sum_{k=0}^{\infty} c_{k+1}\left[(k+1)(k+s+1)\right] x^k = \sum_{k=0}^{\infty} c_k(k-n) x^k$$

要使上式两边相等,只有 x^k 前面的系数相等,即

$$c_{k+1} = \frac{k-n}{(k+1)(k+s+1)} c_k \quad (k=0,1,2,\cdots) \qquad (14.3\text{-}30)$$

可见一旦给定了零次幂的系数 c_0,由这个递推关系式就可以确定出 k 次幂的系数 c_k。但是我们注意到,该级数的收敛半径为无穷大,即

$$\lim_{k\to\infty} \frac{c_k}{c_{k+1}} = \lim_{k\to\infty} \frac{(k+1)(k+s+1)}{k-n} \to \infty$$

因此,当 $x \to \infty$ 时,级数式(14.3-29)不收敛。

为了使级数式(14.3-29)在 $x \to \infty$ 时收敛,必须对该级数进行截断,使之变为一个多项式。由式(14.3-30)可以看到,如果取常数 n 为整数($n=0,1,2,3,\cdots$),就可以把该级数进行截断,即当 $k > n$ 时,有 $c_k = 0$,即

$$c_{k+1} = \frac{k-n}{(k+1)(k+s+1)} c_k \quad (k=0,1,2,\cdots,n-1,n)$$

$$(14.3\text{-}31)$$

由此可以得到

$$\begin{cases} c_1 = (-1)\dfrac{n}{1!(s+1)}c_0 \\[2mm] c_2 = \dfrac{1-n}{2(s+2)}c_1 = (-1)^2\dfrac{n(n-1)}{2!(s+1)(s+2)}c_0 \\[2mm] \cdots \\[2mm] c_n = (-1)^n\dfrac{n(n-1)\cdots2\cdot1}{n!(s+1)(s+2)\cdots(s+n)}c_0 = \dfrac{(-1)^nc_0}{(s+1)(s+2)\cdots(s+n)} \end{cases}$$

$$(14.3\text{-}32)$$

在如下讨论中,取常数 c_0 的值为

$$c_0 = (s+1)(s+2)\cdots(s+n) \qquad (14.3\text{-}33)$$

将式(14.3-32)和式(14.3-33)代入级数式(14.3-29)中,并把求和顺序倒过来写(即从 $k=n$ 开始),则有

$$y(x) = (-1)^n\left[x^n - \frac{n}{1!}(s+n)x^{n-1} + \frac{n(n-1)}{2!}(s+n)(s+n-1)x^{n-2} + \cdots\right]$$

$$\equiv L_n^s(x)$$

$$(14.3\text{-}34)$$

其中 $L_n^s(x)$ 为 n 阶**广义拉盖尔多项式**或**广义拉盖尔函数**。

如果在式(14.3-34)中取 $s=0$,则有

$$L_n^0(x) = (-1)^n\left[x^n - \frac{n^2}{1!}x^{n-1} + \frac{n^2(n-1)^2}{2!}x^{n-2} - \cdots\right]$$

$$\equiv L_n(x)$$

$$(14.3\text{-}35)$$

其中 $L_n(x)$ 为拉盖尔多项式,它的前几项为

$$L_0(x) = 1$$
$$L_1(x) = -x+1$$
$$L_2(x) = x^2 - 4x + 2 \qquad\qquad (14.3\text{-}36)$$
$$L_3(x) = -x^3 + 9x^2 - 18x + 6$$
$$L_4(x) = x^4 - 16x^3 + 72x^2 - 96x + 24$$

将式(14.3-19)与式(14.3-28)联立,可以得到氢原子及类氢原子的本征能量为

$$E_{n_t} = -\frac{\mu Z^2 e^4}{2\hbar^2 n_t^2} \qquad (14.3\text{-}37)$$

其中

$$n_t = \beta = l+1+n \quad (n_t = 1,2,3,\cdots) \qquad (14.3\text{-}38)$$

为主量子数。可见氢原子及类氢原子的本征能量是离散的,且小于零。根据式(14.3-19),这时可以把参数 α 写成

$$\alpha = \frac{2Z}{an_t} \tag{14.3-39}$$

其中 $a = \dfrac{\hbar^2}{\mu e^2} = 0.529 \times 10^{-8}$ cm 是玻尔半径。

将式(14.3-17)与式(14.3-24)联立,并利用式(14.3-34),可以得到氢原子及类氢离子的径向本征波函数为

$$R_{nl}(r) = \frac{\chi_{nl}(r)}{r} = A_{nl} e^{-\alpha r/2} (\alpha r)^l L_n^{2l+1}(\alpha r) \tag{14.3-40}$$

其中 A_{nl} 为归一化的常数。

4. 广义拉盖尔多项式的微分表示式

根据莱布尼兹公式,可以把广义拉盖尔多项式表示为如下微分形式

$$L_n^s(x) = e^x x^{-s} \frac{d^n}{dx^n}(e^{-x} x^{s+n}) \tag{14.3-41}$$

由此可以得到

$$\begin{cases} L_0^s(x) = 1 \\ L_1^1(x) = 2 - x \\ L_1^3(x) = 4 - x \\ L_2^1(x) = 6 - 6x + x^2 \end{cases} \tag{14.3-42}$$

如果在式(14.3-41)中取 $s = 0$,则可以得到拉盖尔多项式的微分表示式为

$$L_n(x) = e^x \frac{d^n}{dx^n}(e^{-x} x^n) \tag{14.3-43}$$

可以看到,相对于级数表示式(14.3-34),广义拉盖尔的微分表示式相对简洁得多。在下面证明广义拉盖尔多项式的正交性关系时,将用到该微分表示式。

5. 广义拉盖尔多项式的生成函数

引入函数

$$G_s(x, z) = \frac{e^{-xz/(1-z)}}{(1-z)^{s+1}} \tag{14.3-44}$$

其中 $|z| < 1$。由于函数 $G_s(x, z)$ 在 $|z| < 1$ 的区域内解析,因此可以将它在该区域内展开成泰勒级数

$$G_s(x, z) = \sum_{n=0}^{\infty} a_n(x) z^n \tag{14.3-45}$$

$a_n(x)$ 为展开系数。根据泰勒展开定理,有

$$a_n(x) = \frac{1}{2\pi i} \oint_c \frac{e^{-x\zeta/(1-\zeta)}}{(1-\zeta)^{s+1}} \frac{d\zeta}{\zeta^{n+1}} \tag{14.3-46}$$

其中 c 为包含 $z = 0$ 点的任意一条闭合曲线。

作变量代替

$$w = \frac{x}{1-\zeta} = \frac{x\zeta}{1-\zeta} + x \qquad (14.3-47)$$

在这个变换下,围道 c 变为包含 x 点的闭合曲线 c'。根据式(14.3-47),有

$$\frac{x\zeta}{1-\zeta} = w - x, \quad 1-\zeta = \frac{x}{w}, \quad \mathrm{d}\zeta = \frac{x}{w^2}\mathrm{d}w$$

这样可以把积分式(14.3-46)变为

$$a_n(x) = \frac{\mathrm{e}^x x^{-s}}{2\pi\mathrm{i}} \oint_{c'} \frac{\mathrm{e}^{-w} w^{n+s}}{(w-x)^{n+1}} \mathrm{d}w \qquad (14.3-48)$$

再根据柯西公式的推论,见式(2.3-4),则可以得到

$$a_n(x) = \frac{\mathrm{e}^x x^{-s}}{n!} \frac{\mathrm{d}^n}{\mathrm{d}x^n}(\mathrm{e}^{-x} x^{n+s}) = \frac{L_n^s(x)}{n!} \qquad (14.3-49)$$

可见展开系数可以用广义拉盖尔多项式 $L_n^s(x)$ 来表示,因此称函数 $G_s(x,z)$ 为广义拉盖尔多项式的**生成函数或母函数**。将式(14.3-49)代入式(14.3-45),最后可以得到广义拉盖尔多项式生成函数的关系式

$$\frac{\mathrm{e}^{-xz/(1-z)}}{(1-z)^{s+1}} = \sum_{n=0}^{\infty} \frac{L_n^s(x)}{n!} z^n \qquad (14.3-50)$$

当取 $s = 0$ 时,函数

$$G_0(x,z) = \frac{\mathrm{e}^{-xz/(1-z)}}{1-z} \qquad (14.3-51)$$

为拉盖尔多项式 $L_n(x)$ 的生成函数,且有如下关系式成立

$$\frac{\mathrm{e}^{-xz/(1-z)}}{1-z} = \sum_{n=0}^{\infty} \frac{L_n(x)}{n!} z^n \qquad (14.3-52)$$

6. 广义拉盖尔多项式的递推公式

利用式(14.3-50),可以得到广义拉盖尔多项式的一些递推公式。对式(14.3-50)两边关于 x 求导,有

$$-\frac{z\mathrm{e}^{-xz/(1-z)}}{(1-z)^{s+2}} = \sum_{n=0}^{\infty} \frac{1}{n!} \cdot \frac{\mathrm{d}L_n^s(x)}{\mathrm{d}x} z^n$$

再次利用式(14.3-50),则上式的左边可以表示为

$$-\sum_{n=0}^{\infty} \frac{L_n^{s+1}(x)}{n!} z^{n+1} = -\sum_{n=1}^{\infty} \frac{L_{n-1}^{s+1}(x)}{(n-1)!} z^n = -\sum_{n=1}^{\infty} \frac{nL_{n-1}^{s+1}(x)}{n!} z^n$$

这样有

$$-\sum_{n=1}^{\infty} \frac{nL_{n-1}^{s+1}(x)}{n!} z^n = \sum_{n=0}^{\infty} \frac{1}{n!} \cdot \frac{\mathrm{d}L_n^s(x)}{\mathrm{d}x} z^n \qquad (14.3-53)$$

比较式(14.3-53)两边 z^n 的系数,则得到如下递推公式

$$\frac{\mathrm{d}L_n^s(x)}{\mathrm{d}x} = -nL_{n-1}^{s+1}(x) \qquad (14.3-54)$$

对式(14.3-50)两边关于 z 求导,有

$$-\frac{x\mathrm{e}^{-xz/(1-z)}}{(1-z)^{s+3}}+\frac{(s+1)\mathrm{e}^{-xz/(1-z)}}{(1-z)^{s+2}}=\sum_{n=1}^{\infty}\frac{L_n^s(x)}{(n-1)!}z^{n-1} \quad (14.3\text{-}55)$$

再利用式(14.3-50),可以把式(14.3-55)左边的两项变为

$$-x\sum_{n=0}^{\infty}\frac{L_n^{s+2}(x)}{n!}z^n+(s+1)\sum_{n=0}^{\infty}\frac{L_n^{s+1}(x)}{n!}z^n$$

另一方面,可以把式(14.3-55)的右边变为

$$\sum_{n=0}^{\infty}\frac{L_{n+1}^s(x)}{n!}z^n$$

因此有

$$-x\sum_{n=0}^{\infty}\frac{L_n^{s+2}(x)}{n!}z^n+(s+1)\sum_{n=0}^{\infty}\frac{L_n^{s+1}(x)}{n!}z^n=\sum_{n=0}^{\infty}\frac{L_{n+1}^s(x)}{n!}z^n$$

比较上式两边 z^n 的系数,则可以得到另一个递推公式

$$xL_n^{s+2}(x)=(s+1)L_n^{s+1}(x)-L_{n+1}^s(x) \quad (14.3\text{-}56)$$

如果将式(14.3-50)两边乘以 $(1-z)$,则有

$$\frac{\mathrm{e}^{-xz/(1-z)}}{(1-z)^s}=\sum_{n=0}^{\infty}\frac{L_n^s(x)}{n!}(1-z)z^n$$

由此可以得到

$$\sum_{n=0}^{\infty}\frac{L_n^{s-1}(x)}{n!}z^n=\sum_{n=0}^{\infty}\frac{L_n^s(x)}{n!}z^n-\sum_{n=1}^{\infty}\frac{nL_{n-1}^s(x)}{n!}z^n$$

比较上式两边 z^n 的系数,则可以得到

$$L_n^{s-1}(x)=L_n^s(x)-nL_{n-1}^s(x) \quad (14.3\text{-}57)$$

在式(14.3-56)中,用 $s-2$ 取代 s,有

$$xL_n^s(x)=(s-1)L_n^{s-1}(x)-L_{n+1}^{s-2}(x) \quad (14.3\text{-}58)$$

在式(14.3-57)中,用 $s-1$ 取代 s,同时 n 取代 $n-1$,有

$$L_{n+1}^{s-2}(x)=L_{n+1}^{s-1}(x)-(n+1)L_n^{s-1}(x) \quad (14.3\text{-}59)$$

再将式(14.3-58)与式(14.3-59)联立,消去 $L_{n+1}^{s-2}(x)$,则可以得到

$$xL_n^s(x)=(s+n)L_n^{s-1}(x)-L_{n+1}^{s-1}(x) \quad (14.3\text{-}60)$$

借助于以上递推公式,可以简化一些含有广义拉盖尔多项式的积分计算。

7. 广义拉盖尔多项式的正交性和模

对于两个不同阶的广义拉盖尔多项式 $L_n^s(x)$ 和 $L_m^s(x)$,可以证明它们在区间 $(0,\infty)$ 内正交,即

$$\int_0^{\infty}\mathrm{e}^{-x}x^sL_m^s(x)L_n^s(x)\mathrm{d}x=0 \quad (n\neq m) \quad (14.3\text{-}61)$$

其中 $\mathrm{e}^{-x}x^s$ 为权重函数。证明如下。

为确定起见,可以设 $m\leqslant n$。利用广义拉盖尔多项式的微分表达式(14.

3-41),则有

$$I = \int_0^\infty \mathrm{e}^{-x} x^s L_m^s(x) L_n^s(x) \mathrm{d}x$$

$$= \int_0^\infty L_m^s(x) \frac{\mathrm{d}^n}{\mathrm{d}x^n} (\mathrm{e}^{-x} x^{s+n}) \mathrm{d}x$$

对上式进行分部积分 m 次,并注意积分出来的项在积分上下限的取值均为零,因此得到

$$I = (-1)^m \int_0^\infty \frac{\mathrm{d}^m L_m^s(x)}{\mathrm{d}x^m} \cdot \frac{\mathrm{d}^{n-m}}{\mathrm{d}x^{n-m}} (\mathrm{e}^{-x} x^{s+n}) \mathrm{d}x$$

由于 $m \leqslant n$,可以对上式再积分一次,有

$$I = (-1)^{m+1} \int_0^\infty \frac{\mathrm{d}^{m+1} L_m^s(x)}{\mathrm{d}x^{m+1}} \cdot \frac{\mathrm{d}^{n-m-1}}{\mathrm{d}x^{n-m-1}} (\mathrm{e}^{-x} x^{s+n}) \mathrm{d}x$$

因为 $L_m^s(x)$ 中最高次幂的项为 x^m,见式(14.3-34),因此有 $\dfrac{\mathrm{d}^{m+1} L_m^s(x)}{\mathrm{d}x^{m+1}} = 0$,

因此得到 $I = 0$,即式(14.3-61)成立。

广义拉盖尔多项式的模为

$$N_{ns}^2 = \int_0^\infty \mathrm{e}^{-x} x^s L_n^s(x) L_n^s(x) \mathrm{d}x$$

$$= \int_0^\infty L_n^s(x) \frac{\mathrm{d}^n}{\mathrm{d}x^n} (\mathrm{e}^{-x} x^{s+n}) \mathrm{d}x \tag{14.3-62}$$

对上式分部积分 n 次,有

$$N_{ns}^2 = (-1)^n \int_0^\infty \mathrm{e}^{-x} x^{s+n} \frac{\mathrm{d}^n L_n^s(x)}{\mathrm{d}x^n} \mathrm{d}x \tag{14.3-63}$$

由式(14.3-34)可以看出,有

$$\frac{\mathrm{d}^n L_n^s(x)}{\mathrm{d}x^n} = (-1)^n n! \tag{14.3-64}$$

将式(14.3-64)代入式(14.3-63),则有

$$N_{ns}^2 = n! \int_0^\infty \mathrm{e}^{-x} x^{s+n} \mathrm{d}x = n! \Gamma(s+n+1) \tag{14.3-65}$$

这样,我们可以把广义拉盖尔多项式的正交归一性条件写成

$$\int_0^\infty \mathrm{e}^{-x} x^s L_m^s(x) L_n^s(x) \mathrm{d}x = n! \Gamma(s+n+1) \delta_{nm} \tag{14.3-66}$$

广义拉盖尔多项式也具有完备性,即对于在区间 $(0, \infty)$ 内任意连续的函数 $f(x)$,可以用广义拉盖尔多项式展开成广义傅里叶级数

$$f(x) = \sum_{n=0}^\infty c_n L_n^s(x) \tag{14.3-67}$$

利用广义拉盖尔多项式的正交性和模的表示式,可以得到展开系数为

$$c_n = \frac{1}{n!\,\Gamma(s+n+1)} \int_{-\infty}^{\infty} f(x) L_n^s(x) \mathrm{e}^{-x} x^s \mathrm{d}x \qquad (14.3\text{-}68)$$

8. 归一化的氢原子径向波函数

借助于广义拉盖尔多项式的模 N_m^2，我们可以计算氢原子径向波函数 $R_{nl}(r)$ 中的归一化常数 A_{nl}，见式(14.3-40)。根据波函数的归一化条件

$$\int_0^{\infty} R_{nl}^2(r) r^2 \mathrm{d}r = 1 \qquad (14.3\text{-}69)$$

将式(14.3-40)代入，有

$$A_{nl}^2 \int_0^{\infty} \mathrm{e}^{-\alpha r} (\alpha r)^{2l} \left[L_n^{2l+1}(\alpha r) \right]^2 r^2 \mathrm{d}r = 1$$

借助无量纲的变量 $x = \alpha r$，可以把上式表示为

$$A_{nl}^2 \alpha^{-3} \int_0^{\infty} \mathrm{e}^{-x} x^{2l} \left[x L_n^{2l+1}(x) \right]^2 \mathrm{d}x = 1 \qquad (14.3\text{-}70)$$

利用递推公式(14.3-60)，有

$$x L_n^{2l+1}(x) = (2l+1+n) L_n^{2l}(x) - L_{n+1}^{2l}(x) \qquad (14.3\text{-}71)$$

将式(14.3-71)代入式(14.3-70)，并利用广义拉盖尔多项式的正交归一条件(14.3-66)，最后可以得到

$$A_{nl}^2 = \frac{\alpha^3}{2(n+l+1)(n+2l+1)!\,n!} \qquad (14.3\text{-}72)$$

这样归一化的氢原子径向波函数为

$$R_{nl}(r) = \frac{\alpha^{3/2} \mathrm{e}^{-\alpha r/2} (\alpha r)^l L_n^{2l+1}(\alpha r)}{\sqrt{2(n+l+1)(n+2l+1)!\,n!}} \qquad (14.3\text{-}73)$$

不过习惯上，人们通常用主量子数 n_t 来取代上式中的 n。利用式(14.3-38)和式(14.3-39)，则可以把式(14.3-73)表示为

$$R_{n_t l}(r) = \frac{1}{\sqrt{2n_t(n_t+l)!(n_t-l-1)!}} \left(\frac{2Z}{an_t}\right)^{3/2} \exp\left(-\frac{Z}{an_t}r\right) \left(\frac{2Z}{an_t}r\right)^l L_{n_t-l-1}^{2l+1}\left(\frac{2Z}{an_t}r\right)$$

$$(14.3\text{-}74)$$

利用式(14.3-42)，可以得到归一化的径向波函数 $R_{n_t l}(r)$ 的前几项为

$$R_{10}(r) = \left(\frac{Z}{a}\right)^{3/2} 2\exp\left(-\frac{Z}{a}r\right)$$

$$R_{20}(r) = \left(\frac{Z}{2a}\right)^{3/2} \left(2 - \frac{Z}{a}r\right) \exp\left(-\frac{Z}{2a}r\right)$$

$$R_{21}(r) = \frac{1}{\sqrt{3}} \left(\frac{Z}{2a}\right)^{3/2} \left(\frac{Z}{a}r\right) \exp\left(-\frac{Z}{2a}r\right)$$

$$R_{30}(r) = \left(\frac{Z}{3a}\right)^{3/2} \left[2 - \frac{4}{3}\frac{Z}{a}r + \frac{4}{27}\left(\frac{Z}{a}r\right)^2\right] \exp\left(-\frac{Z}{3a}r\right)$$

$$R_{31}(r) = \left(\frac{2Z}{a}\right)^{3/2}\left(\frac{2}{27\sqrt{3}} - \frac{Z}{81\sqrt{3}\,a}r\right)\frac{Z}{a}r\exp\left(-\frac{Z}{3a}r\right)$$

$$R_{32}(r) = \left(\frac{2Z}{a}\right)^{3/2}\frac{Z}{81\sqrt{15}}\left(\frac{Z}{a}r\right)^2\exp\left(-\frac{Z}{3a}r\right)$$

习题答案

第一章

1. $(1)r=1,\theta=-\dfrac{\pi}{3}+2\pi k$

   $(2)r=\mathrm{e}^{\left(\frac{\pi}{2}+2\pi k\right)},\theta=2\pi k$

   $(3)r=4,\theta=-\pi+8\pi k$

   $(4)r=2^{\frac{1}{4}},\theta=-\dfrac{\pi}{8}+\pi k$

   $(5)r=\mathrm{e}^{\frac{\pi}{2}+2\pi k},\theta=\arctan 0=2\pi k$

2. (1)

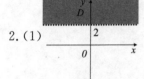

   (2)

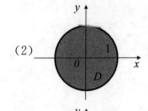

   (3)

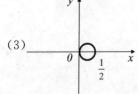

(4)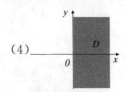

(5)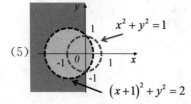

3. 略

4. (1) $f(z) = -\mathrm{i}\mathrm{e}^z + \mathrm{i}c$

  (2) $f(z) = z\mathrm{e}^z + \mathrm{i}c$

  (3) $f(z) = z^2(1 - \mathrm{i}\frac{1}{2}) + \mathrm{i}c$

  (4) $f(z) = -\dfrac{1}{z} + c$

第二章

1. (1) i; (2) 2i

2. (1) 2πi; (2) 0; (3) 2π

3. (1) 4πi; (2) $\pi(\mathrm{e}^{\mathrm{i}} - \mathrm{e}^{-\mathrm{i}})$

4. (1) 6πi; (2) π^3i

5. 略

6. 略

第三章

1. (1) $R = 1$; (2) $R = 0$; (3) $R = e$

2. $f(z) = \sum\limits_{n=0}^{\infty} \left(\sum\limits_{m=0}^{n} \dfrac{1}{m!} \right) z^n$, $|z| < 1$

3. (1) $f(z) = \sum\limits_{k=0}^{\infty} \left(1 - \dfrac{1}{2^{k+1}} \right) z^k$ $|z| < 1$

       $f(z) = -\dfrac{1}{2} \sum\limits_{k=0}^{\infty} \dfrac{z^k}{2^k} - \dfrac{1}{z} \sum\limits_{k=0}^{\infty} \dfrac{1}{z^k}$ $1 < |z| < 2$

$$f(z) = \sum_{k=0}^{\infty} (2^k - 1) \frac{1}{z^{k+1}} \quad 2 < |z| < \infty$$

(2) $\dfrac{z+1}{z^2(z-1)} = \dfrac{1}{z^2} - 2 \sum_{n=-2}^{\infty} z^n \quad 0 < |z| < 1$,

$\dfrac{z+1}{z^2(z-1)} = \dfrac{1}{z^2} + 2 \sum_{n=-\infty}^{-3} z^n \quad 1 < |z| < \infty$

(3) $\dfrac{e^z}{z(z^2+1)} = \sum_{k=0}^{\infty} \left(\sum_{m=0}^{[k/2]} \dfrac{(-1)^m}{(k-2m)!} \right) z^{k-1} \quad 0 < |z| < 1$

4. (1) $z=0$ 为函数的一阶极点; $z=\pm i$ 为函数的二阶极点

(2) $z=0$ 为函数的一阶极点

(3) $\pm e^{i(\frac{3}{4}\pi + k\pi)}$ 为函数的二阶极点,其中 $k=0, \pm 1, \pm 2 \cdots$

(4) $z=0$ 为函数的一阶极点

第四章

1. (1) 0; (2) $-\pi i$; (3) 0; (4) $2\pi i \sin 2$

2. (1) $\dfrac{2\sqrt{3}}{3} \pi$; (2) $\dfrac{2\pi}{(1-\varepsilon^2)^{3/2}}$; (3) $\sqrt{2} \pi$; (4) $\sqrt{2} \pi$

3. (1) $\dfrac{\pi}{3}$; (2) $\dfrac{\sqrt{2}}{4a} \pi$; (3) $\dfrac{\pi}{2a}$

4. (1) $\dfrac{\pi}{3} e^{-m} - \dfrac{\pi}{6} e^{-2m}$; (2) $\dfrac{\pi}{e}$; (3) $\dfrac{m\pi}{2a} e^{-ma}$; (4) $\dfrac{e^{-ma}(ma+1)\pi}{2a^3}$

第五章

1. $f(x) = \dfrac{3}{4} \cos x + \dfrac{1}{4} \cos 3x$

2. $f(x) = \sum_{n=1}^{\infty} -\dfrac{2l}{3n\pi} (-1)^n \sin \dfrac{n\pi x}{l}$

3. $f(t) = \dfrac{2A}{\pi} + \sum_{n=1}^{\infty} \dfrac{4A}{\pi} \dfrac{1}{4n^2 - 1} \cos(n\omega t)$

4. $f(t) = \sum_{n=-\infty}^{\infty} \dfrac{H}{\pi n} \sin\left(\dfrac{n\omega T_0}{2}\right) e^{-in\omega t}$

5. $F(\omega) = \dfrac{T e^{i\omega T}}{2\pi i \omega} + \dfrac{e^{i\omega T} - 1}{2\pi \omega^2}$

6. (1) $F(\omega) = \dfrac{1}{2\pi} \dfrac{1}{i\omega - \alpha} e^{-\alpha t} e^{i\alpha t} \Big|_0^{\infty} = \dfrac{1}{2\pi} \dfrac{1}{\alpha - i\omega}$

(2)$F(\omega)=\dfrac{1}{2}\delta(\omega)+\dfrac{\mathrm{i}}{2\pi\omega}$

7.(1)$F(k)=\dfrac{1}{2\sqrt{2\alpha\pi}}(\cos\dfrac{k^2}{4\alpha}+\sin\dfrac{k^2}{4\alpha})$

   (2)$F(k)=\dfrac{1}{2\sqrt{2\alpha\pi}}(\cos\dfrac{k^2}{4\alpha}-\sin\dfrac{k^2}{4\alpha})$

8.(1)$f(x)=$

$$\begin{cases}-\dfrac{1}{2\pi}\mathrm{i}\left[\left.\mathrm{Res}\left(\dfrac{\mathrm{e}^{\mathrm{i}kx}}{k^2-1}\right)\right|_{k=1}+\left.\mathrm{Res}\left(\dfrac{\mathrm{e}^{\mathrm{i}kx}}{k^2-1}\right)\right|_{k=-1}\right]=\dfrac{\sin x}{2},x>0\\-\dfrac{1}{2\pi}(-\pi\mathrm{i})\left[\left.\mathrm{Res}\left(\dfrac{\mathrm{e}^{\mathrm{i}kx}}{k^2-1}\right)\right|_{k=1}+\left.\mathrm{Res}\left(\dfrac{\mathrm{e}^{\mathrm{i}kx}}{k^2-1}\right)\right|_{k=-1}\right]=-\dfrac{\sin x}{2},x>0\end{cases}$$

(2)$f(x)=$

$$\begin{cases}-\dfrac{\mathrm{i}}{2\pi}\pi\mathrm{i}\left[\left.\mathrm{Res}\left(\dfrac{k}{k^2-1}\mathrm{e}^{\mathrm{i}kx}\right)\right|_{k=1}+\left.\mathrm{Res}\left(\dfrac{k}{k^2-1}\mathrm{e}^{\mathrm{i}kx}\right)\right|_{k=-1}\right]=\dfrac{\cos x}{2},x>0\\-\dfrac{\mathrm{i}}{2\pi}(-\pi\mathrm{i})\left[\left.\mathrm{Res}\left(\dfrac{k}{k^2-1}\mathrm{e}^{\mathrm{i}kx}\right)\right|_{k=1}+\left.\mathrm{Res}\left(\dfrac{k}{k^2-1}\mathrm{e}^{\mathrm{i}kx}\right)\right|_{k=-1}\right]=-\dfrac{\cos x}{2},x>0\end{cases}$$

第六章

1.(1)$\dfrac{1}{(p+\omega)^2}$;(2)$\dfrac{p^2-\omega^2}{(p^2+\omega^2)^2}$;(3)$\dfrac{\omega}{p(p^2+\omega^2)}$

2.(1)$6te^{-t}$;(2)$\dfrac{3}{2}(e^t+e^{-t})$;(3)$\dfrac{1}{2\omega}t\sin\omega t$

3.(1)$y(t)=1-e^{-t}$

  (2)$y(t)=e^{-2t}+e^t$

  (3)$y(t)=te^{-3t}*\sin\omega t+(1+2t)e^{-2t}y_0+te^{-2t}y_1$

  (4)$T(t)=\dfrac{1}{a\omega}f(t)*\sin(a\omega t)$

第七章

1.一端固定 $u(x,t)\big|_{x=0}=0$

  一端受纵向力$\dfrac{\partial u}{\partial x}\bigg|_{x=l}=\dfrac{F_0}{ES}\sin\omega t$

2.$u(x,t)\big|_{t=0}=\begin{cases}\dfrac{F_0}{T_0}\dfrac{l-h}{l}x & 0\leqslant x\leqslant h\\\dfrac{F_0}{T_0}\dfrac{h}{l}(l-x) & h\leqslant x\leqslant 1\end{cases}$

3. $\left.\dfrac{\partial u}{\partial x}\right|_{x=0}=-\dfrac{F_0}{ES}$，$\left.\dfrac{\partial u}{\partial x}\right|_{x=l}=\dfrac{F_0}{ES}$

4. $\left.\dfrac{\partial u}{\partial x}\right|_{x=0}=-\dfrac{q_0}{k}$，$\left.\dfrac{\partial u}{\partial x}\right|_{x=l}=\dfrac{q_0}{k}$

5. $\varphi_1(x)|_{\Sigma}=\varphi_2(x)|_{\Sigma}$，$\varepsilon_1\left.\dfrac{\partial\varphi_1}{\partial n}\right|_{\Sigma}=\varepsilon_2\left.\dfrac{\partial\varphi_2}{\partial n}\right|_{\Sigma}$

第八章

1. $u(x,t)=\sum\limits_{k=0}^{\infty}\dfrac{4hl}{(2k+1)^2\pi^2}(-1)^k\cos\left(\dfrac{(2k+1)\pi}{l}at\right)\sin\left(\dfrac{(2k+1)\pi}{l}x\right)$

2. $u(x,t)=\sum\limits_{n=0}^{\infty}\dfrac{2b}{a}\dfrac{l}{\left[\left(n+\frac12\right)\pi\right]^3}(-1)^n\sin\left[\dfrac{\left(n+\frac12\right)\pi}{l}at\right]\sin\left[\dfrac{\left(n+\frac12\right)\pi}{l}x\right]$

3. $u(x,t)=\sum\limits_{k=0}^{\infty}\dfrac{8b}{(2k+1)^3\pi^3}\mathrm{e}^{-\left(\frac{(2k+1)\pi}{l}a\right)^2 t}\sin\left(\dfrac{(2k+1)\pi}{l}x\right)$

4. $u(x,t)=\sum\limits_{n=1}^{\infty}\dfrac{A}{n\pi}\dfrac{1}{\mathrm{sh}\dfrac{n\pi}{a}b}\left[-\dfrac{\mathrm{e}^{\frac{n\pi}{a}y}}{\mathrm{e}^{\frac{n\pi}{a}b}}+\dfrac{\mathrm{e}^{\frac{n\pi}{a}b}}{\mathrm{e}^{\frac{n\pi}{a}y}}\right]\sin\left(\dfrac{n\pi}{a}x\right)$

5. (1) $u(r,\varphi)=\dfrac{r}{\rho_0}A\cos\varphi$

　(2) $u(r,\varphi)=A+\dfrac{r}{\rho_0}B\sin\varphi$

6. $u(r,\varphi)=\sum\limits_{m=1}^{\infty}\dfrac{2u_0}{\rho_0^m\pi m}[1-(-1)^m]r^m\sin m\varphi$

7. $u(r,\varphi)=\dfrac12\dfrac{u_1\ln\rho_2}{\ln\rho_2-\ln\rho_1}-\dfrac12\dfrac{\mu_1\ln r}{\ln\rho_2-\ln\rho_1}+\left(\dfrac{u_2\rho_2}{\rho_2^2-\rho_1^2}r-\dfrac{u_2\rho_1^2\rho_2}{\rho_2^2-\rho_1^2}\dfrac1r\right)\sin\varphi$

$\qquad +\left(\dfrac12\dfrac{u_1\rho_1^2}{\rho_1^4-\rho_2^4}r^2+\dfrac12\dfrac{u_1\rho_1^2\rho_2^4}{\rho_2^4-\rho_1^4}\dfrac1{r^2}\right)\cos 2\varphi$

8. 详见本书

第九章

1. $u(x,t)=-\sum\limits_{k=1}^{\infty}\dfrac{8}{\pi(2k-1)\left[(2k-1)^2-4\right]}\cos\dfrac{(2k-1)\pi}{l}at\sin\dfrac{(2k-1)\pi}{l}x$

$\qquad +\dfrac{f_0}{\rho}\dfrac{\cos\dfrac{2\pi}{l}at-\cos\omega t}{\omega^2-\left(\dfrac{2\pi}{l}a\right)^2}\sin\dfrac{2\pi}{l}x$

2. $u(x,t)=$

$$\sum_{n=0}^{\infty}\left[\frac{2b}{\left(n+\frac{1}{2}\right)^2\pi^2}e^{-\omega_n^2 t}+\frac{2A}{\pi}\frac{(-1)^n}{n+\frac{1}{2}}\left(e^{-\omega_n^2 t}\frac{\omega}{\omega^2+\omega_n^4}+\frac{\omega_n^2\sin\omega t-\omega\cos\omega t}{\omega^2+\omega_n^4}\right)\right]$$

$$\times\cos\frac{(n+\frac{1}{2})\pi}{l}x,\text{其中 }\omega_n=\frac{n+\frac{1}{2}}{l}\pi a$$

3. $u(x,t)=$

$$\sum_{k=0}^{\infty}\left[\frac{4u_0}{(2k+1)\pi}e^{-\left(\frac{2k+1}{l}\pi a\right)^2 t}+\frac{2A}{(2k+1)\pi a^2}\frac{1+e^{-\alpha l}}{\alpha^2+\left(\frac{2k+1}{l}\pi\right)^2}(1-e^{-\left(\frac{2k+1}{l}\pi a\right)^2 t})\right]$$

$$\sin\frac{2k+1}{l}\pi x$$

4. $u(x,t)=$

$$\sum_{n=0}^{\infty}\left\{\left[-\frac{F_0}{ES}\frac{2l}{\left[\left(n+\frac{1}{2}\right)\pi\right]^2}(-1)^n\right]\cos\omega_n t\right.$$

$$\left.+\left[\frac{F_0\omega^2}{ES}\frac{2l}{\left[\left(n+\frac{1}{2}\right)\pi\right]^2}(-1)^n\right]\frac{\cos\omega t-\cos\omega_n t}{\omega_n^2-\omega^2}\right\}$$

$$\times\sin\frac{\left(n+\frac{1}{2}\right)}{l}\pi x+\frac{F_0\cos\omega t}{ES}x$$

$$=\frac{F_0 a}{ES\omega}\frac{\sin\frac{\omega}{a}x}{\cos\frac{\omega}{a}l}\cos\omega t+\sum_{n=0}^{\infty}\frac{2}{l}\frac{F_0 a}{ES\omega}\frac{\omega a(-1)^n}{\omega^2-\omega_n^2}\cos\omega_n t\sin\frac{\left(n+\frac{1}{2}\right)}{l}\pi x$$

$$\text{其中 }\omega_n=\frac{n+\frac{1}{2}}{l}\pi a$$

5. $u(x,t)=-At\left(\frac{x}{l}-1\right)-\sum_{n=1}^{\infty}\frac{2A}{n\pi}\frac{1}{k_n^2 a^2}(1-e^{-k_n^2 a^2 t})\sin k_n x,\text{其中 }k_n=\frac{n}{l}\pi$

第十章

1. $u(x,t)=\frac{1}{2a\sqrt{\pi t}}e^{\frac{t^2}{2}}\int_{-\infty}^{\infty}f(\xi)e^{\frac{(x-\xi)^2}{4a^2 t}}d\xi$

2. $u(x,t)=\frac{A}{\sqrt{\pi}}\frac{1}{\sqrt{4a^2 t+1}}e^{-\frac{x^2}{4a^2 t+1}}$

3. $u(x,t) = -aH\left(t-\dfrac{x}{a}\right)\int_0^{t-\frac{x}{a}} f(\tau)d\tau$

第十一章

1. (1) $u(r,\varphi) = \dfrac{r}{a}A\cos\varphi$

(2) $u(r,\varphi) = A + \dfrac{r}{a}B\sin\varphi$

2. $u(x,y) = \dfrac{1}{\pi}\int_{-\infty}^{\infty} f(x_0)\dfrac{y}{(x-X_0)^2+y^2}dx_0$

第十二章

1. 证明略。

2. 证明略。

3. $f(x) = \dfrac{6}{5}P_0(x) + \dfrac{6}{5}P_1(x) + \dfrac{4}{7}P_2(x) + \dfrac{4}{5}P_3(x) + \dfrac{8}{35}P_4(x)$

4. $u(r,\theta) = \dfrac{\frac{1}{3}u_1 r_2 - u_0 r_1}{r_2 - r_1} + \dfrac{r_1 r_2\left(u_0 - \frac{1}{3}u_1\right)}{r_2 - r_1}\dfrac{1}{r} +$
$\left[\dfrac{\frac{2}{3}u_1 r_2{}^3}{r_2{}^5 - r_1{}^5}r^2 - \dfrac{\frac{2}{3}u_1 r_2{}^3 r_1{}^5}{r_2{}^5 - r_1{}^5}\dfrac{1}{r^3}\right]P_2(\cos\theta)$

5. (1) $u(r,\theta) = \sum\limits_{n=0}^{\infty} u_0 r_0{}^{-(2n+1)}\dfrac{4n+3}{2(n+1)}(-1)^n\dfrac{(2n)!}{2^{2n}(n!)^2}r^{2n+1}P_{2n+1}(\cos\theta)$

(2) $u(r,\theta) = u_0$

6. $f(\theta,\varphi) = P_1^1(\cos\theta)\cos\varphi + P_2^1(\cos\theta)\cos\varphi$

7. (1) $u(r,\theta,\varphi) = \dfrac{4}{3}P_0^0 - \dfrac{4}{3}r_0{}^{-2}r^2 P_2{}^0 + \dfrac{2}{3}r_0{}^{-2}r^2 P_2{}^2\sin 2\varphi$

(2) $u(r,\theta,\varphi) = \dfrac{4}{3}r_0 r^{-1}P_0{}^0 - \dfrac{4}{3}r_0{}^3 r^{-3}P_2{}^0 + \dfrac{2}{3}r_0{}^3 r^{-3}P_2{}^2\sin 2\varphi$

8. $u(r,\theta,\varphi) = \dfrac{u_1 r_1{}^2}{r_1{}^3 - r_2{}^3}rP_1{}^0 - \dfrac{u_1 r_1{}^2 r_2{}^3}{r_1{}^3 - r_2{}^3}r^{-2}P_1{}^0 + \dfrac{u_2}{3}\dfrac{r_2{}^3}{r_2{}^5 - r_1{}^5}r^2 P_2{}^1\sin\varphi - \dfrac{u_2}{3}$
$\dfrac{r_2{}^3 r_1{}^5}{r_2{}^5 - r_1{}^5}r^{-3}P_2{}^1\sin\varphi$

9. $u(r,\theta) = -\dfrac{A}{4}r_0 rP_1(\theta) + \dfrac{A}{4}r^2\cos\theta = \dfrac{A}{4}(r^2 - r_0 r)\cos\theta$

第十三章

1. $u(\rho,t) = \sum\limits_{n=1}^{\infty} \dfrac{8u_0}{(x_n^{(0)})^3 J_1(x_n^{(0)})} \cos\left(\dfrac{x_n^{(0)}}{\rho_0} at\right) J_0\left(\dfrac{x_n^{(0)}}{\rho_0}\rho\right)$

2. $u(r,z) = \sum\limits_{n=1}^{\infty} \dfrac{8u_0}{x_n^3 J_1(x_n) sh\left(\dfrac{x_n^{(0)}}{\rho_0}h\right)} sh\left(\dfrac{x_n^{(0)}}{\rho_0}z\right) J_0\left(\dfrac{x_n^{(0)}}{\rho_0}r\right)$

3. $u(r,z) = \dfrac{u_0}{2} + \dfrac{u_0}{2h}z + \sum\limits_{n=1}^{\infty} \dfrac{4u_0}{(x_n^{(1)})^2 J_0(x_n^{(1)})} \dfrac{sh\dfrac{x_n^{(1)}}{\rho_0}(h-z)}{sh\dfrac{x_n^{(1)}}{\rho_0}h} J_0\left(\dfrac{x_n^{(1)}}{\rho_0}r\right)$

4. $u(\rho,z) = \sum\limits_{n=1}^{\infty} \dfrac{2\rho_0 q_0 J_0\left(\dfrac{x_n^{(0)}}{\rho_0}\rho\right)}{\kappa\left[x_n^{(0)}\right]^2 J_1(x_n^{(0)})} \dfrac{ch\dfrac{x_n^{(0)}}{\rho_0}z - ch\dfrac{x_n^{(0)}}{\rho_0}(h-z)}{sh\dfrac{x_n^{(0)}}{p_0}h}$

5. $u(r,z,t) = \sum\limits_{n=1}^{\infty} \dfrac{hu_0}{a(l\pi)^2}\left[1-(-1)^l\right]\sin\left(\dfrac{l\pi}{h}at\right)\sin\dfrac{l\pi}{h}z + \sum\limits_{l=1}^{\infty}\sum\limits_{n=1}^{\infty}\dfrac{1}{k_{nl}a}$

$\dfrac{8u_0}{l\pi(x_n^{(1)})^2 J_0(x_n^{(1)})}[1-(-1)^l]\sin(k_{nl}at)J_0\left(\dfrac{x_n^{(1)}}{\rho_0}r\right)\sin\dfrac{l\pi}{h}z$

其中 $k_{nl} = \sqrt{\mu_n + v_l^2} = \sqrt{\left(\dfrac{x_n^{(1)}}{\rho_0}\right)^2 + \left(\dfrac{l\pi}{h}\right)^2}$

6. $u(\rho,z) =$

$\dfrac{u_2-u_1}{h}z + u_1 + \sum\limits_{n=1}^{\infty}\left[\dfrac{2u_2}{hn\pi}(2-h)(-1)^{n+1} - \dfrac{2u_2}{hn\pi}[1-(-1)^n]\right]\dfrac{I_0\left(\dfrac{n\pi}{h}\rho\right)}{I_0\left(\dfrac{n\pi}{h}\rho_0\right)}\sin\dfrac{n\pi}{h}z$

7. $u(\rho,z) = u_0 + \sum\limits_{n=0}^{\infty}\dfrac{2q_0}{\kappa h k_n^2}\dfrac{K_0(k_n\rho)}{K_0'(k_n\rho_0)}\sin k_n z$，其中 $k_n = \dfrac{n+1/2}{h}\pi$

8. $u(r,\theta,t) = -\sum\limits_{n=1}^{\infty}\dfrac{2r_0 u_0}{x_n j_0(x_n)}P_1(\cos\theta)j_1\left(\dfrac{x_n}{r_0}r\right)e^{-\left(\frac{x_n}{r_0}\right)^2 a^2 t}$

参考书目

[1] 郭敦仁.数学物理方法.第2版.北京:高等教育出版社,1991.

[2] 梁昆淼.数学物理方法.第4版.北京:高等教育出版社,2010.

[3] 吴崇试.数学物理方法.北京:北京大学出版社,1999.

[4] 顾樵.数学物理方法.北京:科学出版社,2012.

[5] 四川大学数学系高等数学教研室.高等数学(第四册).第2版.北京:人民教育出版社,1985.

[6] 杨华军.数学物理方法与仿真.第2版.北京:电子工业出版社,2011.

[7] 倪致祥.数学物理方法.合肥:中国科学技术大学出版社,2012.